室内设计尺度与数据手册

廖夏妍　编著

北京希望电子出版社
Beijing Hope Electronic Press
www.bhp.com.cn

内容简介

本书分为 4 章，各章分别从不同角度介绍室内设计常用到的尺寸和数据，其中包括人体尺度、布局尺寸、照明参数、建材规格、定制家具尺寸等。本书内容贴近室内空间设计实际需求，力求避免复杂数据的堆积和大段文字赘述，将各种尺寸数据放在立体化场景图或实景图中进行讲解，方便读者快速理解。不论是室内设计师还是普通业主，都可以通过阅读本书快速、有效地解决装修过程中涉及的常用尺寸问题。

图书在版编目（CIP）数据

室内设计尺度与数据手册 / 廖夏妍编著 . -- 北京 : 北京希望电子出版社 , 2024.7.
-- ISBN 978-7-83002-874-9

Ⅰ. TU238.2-62

中国国家版本馆 CIP 数据核字第 2024DV3038 号

出版： 北京希望电子出版社
地址： 北京市海淀区中关村大街 22 号
中科大厦 A 座 10 层
邮编： 100190
网址： www.bhp.com.cn
电话： 010-82626261
传真： 010-62543892
经销： 各地新华书店

封面： 张芳婷
编辑： 安 源
校对： 龙景楠
开本： 710mm × 1000mm 1/16
印张： 15
字数： 341 千字
印刷： 河南华彩实业有限公司
版次： 2024 年 7 月 1 版 1 次印刷

定价： 178.00 元

前言
PREFACE

室内设计需要大量的尺寸数据，看起来似乎比较杂乱，但如果弄清楚这些尺寸的类型及其数据的参考标准，就能够融会贯通地运用于室内设计之中。本书共分为4章。第一章主要介绍了空间布局尺寸和人体尺度，这两个尺寸可以延伸到整个家具摆放中，并且是很多布置数据的依据；第二章介绍了照明布置尺寸和灯具参数，具体从主灯、嵌灯、隐藏式灯光和辅助灯4个方面入手；第三章主要介绍了施工中会遇到的尺寸，包括一些施工的规范要求和建材的规格；第四章则主要介绍了各个功能空间定制家具的尺寸。这些数据与尺寸不仅与日常生活息息相关，而且也适合时下较小户型装修使用，提高对于空间的利用率。

本书在对尺寸和数据进行简明扼要的讲解与细致分析的同时，还能帮助读者快速查阅各种设计尺寸。本书参考了部分文献和资料，在此对这些作者表示衷心感谢。因编者水平有限，书中难免有不足和疏漏之处，还恳请广大读者给予指正，以便及时修订。

编者

2024年5月

目录
CONTENTS

1 第一章　空间布局尺寸与人体尺度

一、玄关
1. 一字形布局宽度不能低于 1.2m　003
2. 双侧布局中间通道间距至少 900mm　005
3. L 形布局玄关进深至少为 1.2m　007

二、客厅
1. 一字形布局最小面积只需 6.1m²　009
2. L 形布局最少只要 8.4m²　011
3. 面对面布局至少需要 8.19m²　013
4. 横厅布局开间至少要有 5m　015

三、餐厅
1. 客餐合一布局通道至少 900mm　017
2. 独立式布局最小面积应大于 5.25m²　019
3. 餐厨一体布局的备餐通道确保在 1.2m 以上　021

四、厨房
1. 一字形布局最小面积为 4.69m²　023
2. L 形布局最小面积为 4.29m²　025
3. 二字形布局长度不能小于 2.1m　027
4. U 形布局面积最小为 4m²　029
5. 岛形布局最小面积为 8m²　031

五、卧室

1. 床与衣柜平行的布局最小面积为 8m^2 033
2. 衣柜到床尾的布局确保通道至少 120mm 035
3. L 形衣柜步入式衣帽间布局，卧室至少 11.6m^2 037
4. U 形衣柜步入式衣帽间布局，卧室长度至少 4m 039
5. 床头不靠墙做衣帽间布局，卧室宽度需大于长度 041
6. 带婴儿床的卧室布局最小面积为 10.2m^2 043

六、儿童房

1. 组合式榻榻米布局最小面积为 4.8m^2 045
2. 上床下桌 047
3. 二孩儿童房最小面积宜为 10m^2 049

七、衣帽间

1. 一字形衣帽间宽度最小为 1500mm 051
2. 二字形布局建议房间宽度 2100mm 以上 053
3. L 形布局更适合狭长衣帽间 056
4. U 形布局至少需要 4.5m^2 的空间 057

八、卫生间

1. 一体式布局最小尺寸为 2700mm × 1300mm 059
2. 干湿二分离布局最小需要 2800mm × 1500mm 061
3. 三件套三分离布局最小尺寸为 1900mm × 2500mm 063
4. 四件套三分离布局最小尺寸为 2300mm × 2500mm 065

九、阳台

1. 摆放阳台柜的生活阳台长度为 1950mm 067
2. 摆放吧台的休闲阳台长度为 4~5m 069
3. 摆放书桌的办公型阳台最小宽度为 2600mm 071

2

第二章　照明设计尺寸与灯具参数

一、主灯

1. 向下发光的吊灯安装高度至少在 2130mm 以上 075
2. 整体发光的灯具房间层高至少在 2400mm 078
3. 餐厅吊灯离餐桌至少 700mm 079
4. 组合吊灯合计长度为餐桌长度的 1/3 较为合适 081
5. 吸顶灯直径以房间对角线长度的 1/10~1/8 为宜 083

二、嵌灯

1. 层高 2400mm 建议使用直径 100~150mm 的开孔 085
2. 大光束角（100° 以上）的泛光筒灯需距墙 400~600mm 087
3. 均匀排列的筒灯间距在 1.2~1.5m 之间 089
4. 客厅茶几上的射灯总功率在 15~20W 较为合适 091
5. 餐桌长度为 1.6m 最多用 3 个 5W 的射灯 093
6. 卧室床尾布置 2~3 个射灯 095
7. 卧室床头两边射灯邻墙距离不要超过 500mm 097
8. 衣柜前用 3~5 W 射灯补光 100
9. 离柜子 600mm 以上距离安装射灯或轨道灯照射 101
10. 卫生间镜前照明光源显色指数最好达 95 以上 104
11. 淋浴区筒灯防水级别要达 IP 65 105
12. 马桶区射灯可安装在马桶后面 107
13. 厨房射灯或筒灯距离吊柜 300~400mm 109

三、隐藏式灯光

1. 天花板灯槽出光槽的宽度在 100~150mm 111
2. 窗帘檐口照明挡板离墙至少 150mm 113
3. 柜内尽量选择 3~6W/m 的线性灯 116
4. 床头背景板内尽量安装 4~6W/m 的线性灯 117
5. 吊柜底安装线性灯确保台面足够光亮 119

四、辅助灯

1. 层高低于 2.8m 的落地灯高度不要超过 1.4m 121
2. 书桌桌面亮度要达到 750lx 123

3

第三章　施工规范尺寸与建材规格

一、拆建施工

1. 墙体拆除切割深度以超过墙体厚度 10mm 为宜　127
2. 木地板拆除要注意顺着龙骨铺设方向拆　128
3. 砖砌隔墙需提前一天对砌体浇水　129
4. 轻质水泥隔墙板的宽度在 600~1200mm 之间　131
5. 木龙骨隔墙应对龙骨进行防火、防蛀处理　132
6. 低于 3000mm 的轻钢龙骨隔墙需安装一道通贯龙骨　133
7. 玻璃隔墙接缝时应留 2~3mm 的缝隙　135
8. 玻璃砖隔墙砖缝宽度在 10~30mm 之间　137

二、水路施工

1. 水路布管注意冷热水管间距　139
2. 给水管热熔连接温度不要超过 270℃　141
3. 排水管粘接注意管件表面清洁　143
4. 水管打压测试保证压力在 0.9~1.0Mpa　145
5. 二次防水距墙面 300mm 位置也要涂刷　147
6. 地暖施工固定点间距不大于 500mm　149

三、电路施工

1. 一个开关控制一盏灯具的单开单控接线　151
2. 两个开关同时控制一盏灯具的单开双控接线　152
3. 一个开关分别控制两盏灯的双开单控接线　153
4. 两个开关分别控制两盏灯的双开双控接线　155

四、瓦工施工

1. 水泥砂浆找平养护时间需要 7 天　157
2. 水泥砂浆粉光养护时间为 7~14 天　159
3. 磐多魔地坪需 24 小时后方可进行打磨　161
4. 砖材干式施工定位带间隔 15~20 块砖　163

四、瓦工施工

5. 砖材湿式施工接缝宽度可在 1~1.5mm 之间调整 165
6. 石材硬底施工养护时间不应少于 7 天 167
7. 石材干式施工总体厚度在 25mm 以上 168
8. 石材干挂施工注意在上层石材底面和下层石材上端的切槽内涂胶 169
9. 石材半湿式施工应先切割石材长度 171
10. 石材无缝工法需粗磨 3 遍 172

五、木工施工

1. 木作吊顶水平度拉通线检查不超过 5mm 173
2. 木地板悬浮铺设需预留 8~12mm 的伸缩缝 175
3. 木地板龙骨铺设间距在 300mm 左右 176
4. 木地板直接铺设适用于长度在 350mm 以下的软木地板 177
5. 楼梯制安最佳坡度为 30° 178

六、油漆施工

1. 腻子层找平厚度在 8~10mm 179
2. 涂刷墙漆需刷 3 遍 181
3. 壁纸粘贴顺序是先垂直后水平，先上后下，先高后低 183

4 第四章 定制家具尺寸与收纳尺寸

一、玄关柜

1. 经典两段式玄关柜适宜宽度为 600~1000mm 187
2. 带换鞋凳与挂衣区的玄关柜适宜宽度为 1200~1500mm 189
3. 起隔断作用的玄关柜 191
4. 玄关柜底部悬空至少要有 150mm 193

一、玄关柜

5. 通顶式玄关柜最小进深 550mm 195
6. 换鞋凳的适宜高度在 450mm 左右 197

二、电视柜

1. 电视柜最小收纳深度为 300mm 199
2. 书架式电视柜柜格最小高度为 320mm 202
3. 手办展示电视柜柜格高度至少 260mm 203

三、餐边柜

1. 嵌入电器的餐边柜最好预留 100mm 的散热缝隙 205
2. 带卡座的餐边柜座椅宽度最好在 1300mm 以上 207
3. 带操作台的餐边柜中空部分至少预留 600mm 高度 209

四、衣柜

1. 两段式衣柜最小宽度至少 1600mm 211
2. 三段式衣柜最小宽度可达 1800mm 213
3. 满足收纳和工作需求的衣柜至少预留 1500mm 放办公桌 215

五、书柜

1. 衣柜、书桌和榻榻米结合的定制柜 217
2. 基础型书柜单格宽度最多 600mm 219
3. 适合二孩家庭使用的书柜适宜宽度为 3800mm左右 221

六、橱柜

1. 两组吊柜 + 两组地柜就能满足厨房所需 223
2. L 形橱柜高低差可以在 100mm 左右 225
3. 将空间最大化利用的 U 形定制橱柜 227
4. 与嵌入式电器结合的橱柜至少预留 600mm×600mm 229
5. 带吧台的橱柜最小宽度 500mm 231

第一章 空间布局尺寸与人体尺度

要想把各个功能空间设计得合理，首先需要掌握各个空间常见的布局形式，这样可以满足不同的生活需求。其次要了解家具布置的尺寸，知道达到可以舒适生活的最小尺寸与极限值，保证布局不会影响日常活动，满足最基本的合理需求。在本章中，不仅介绍了各个功能空间的最小布局尺寸，而且介绍了适宜的布局尺寸，这样可以保证满足最基本的舒适度，也能合理地利用并节约空间。

五 卧室

卧室最主要的家具是床和衣柜，所有布局都要以床为中心来设计。

六 儿童房

儿童房的布局核心在于省去多余的过道，留足活动空间。

七 衣帽间

衣帽间的内部尺寸不同，能满足的衣物存放需求不同。

一 玄关

玄关的布局最好满足两个基本需求：收纳需求和通行需求。

二 客厅

客厅的布局由不同的使用需求决定。不同的布局，家具布置尺寸不同。

三 餐厅

餐厅的布局重点在于把握好餐桌大小和餐椅四周的空间。

四 厨房

厨房常见的布局有一字形、二字形、L形、U 形和岛形。

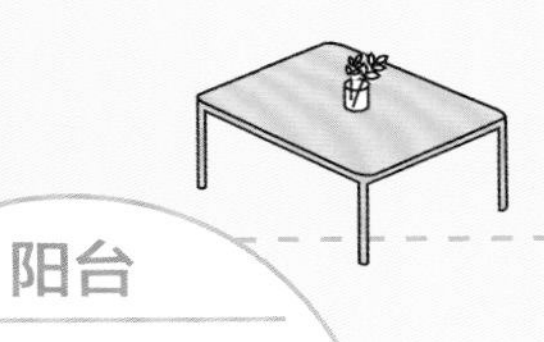

九 阳台

阳台不再仅仅是晾晒衣物的地方，也可以是洗衣房、办公房、小花园，甚至是餐吧。

八 卫生间

卫生间的布局可以根据使用功能划分出三个区域：洗漱区、便溺区和淋浴区。

一、玄关

1. 一字形布局宽度不能低于1.2m

一字形布局如果想设置玄关柜，那么玄关宽度不能低于1.2m，这样预留出900mm的最小过道宽度后，仅能在靠墙一侧设计进深最小300mm的玄关柜。玄关柜的长度可根据玄关长度决定，但最少要有800mm。

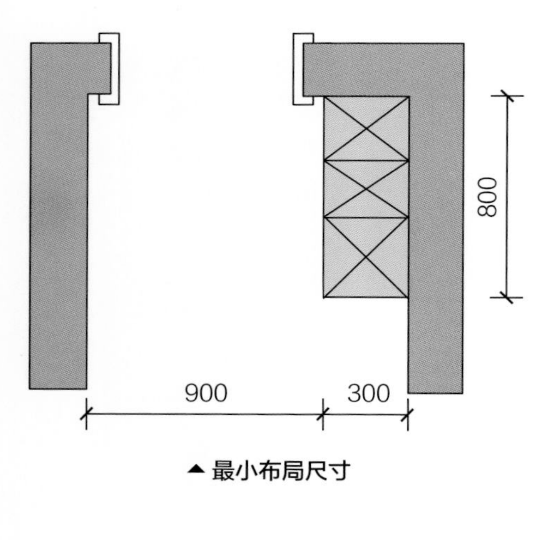

▲ 最小布局尺寸

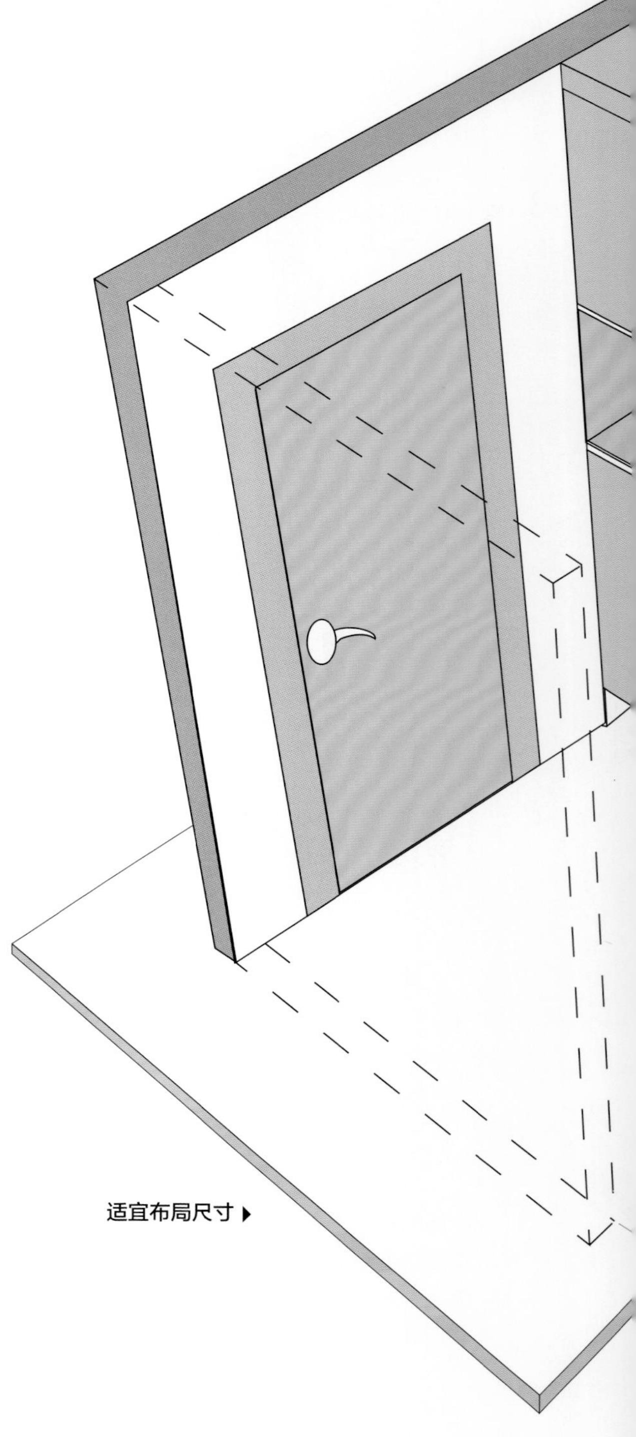

适宜布局尺寸 ▶

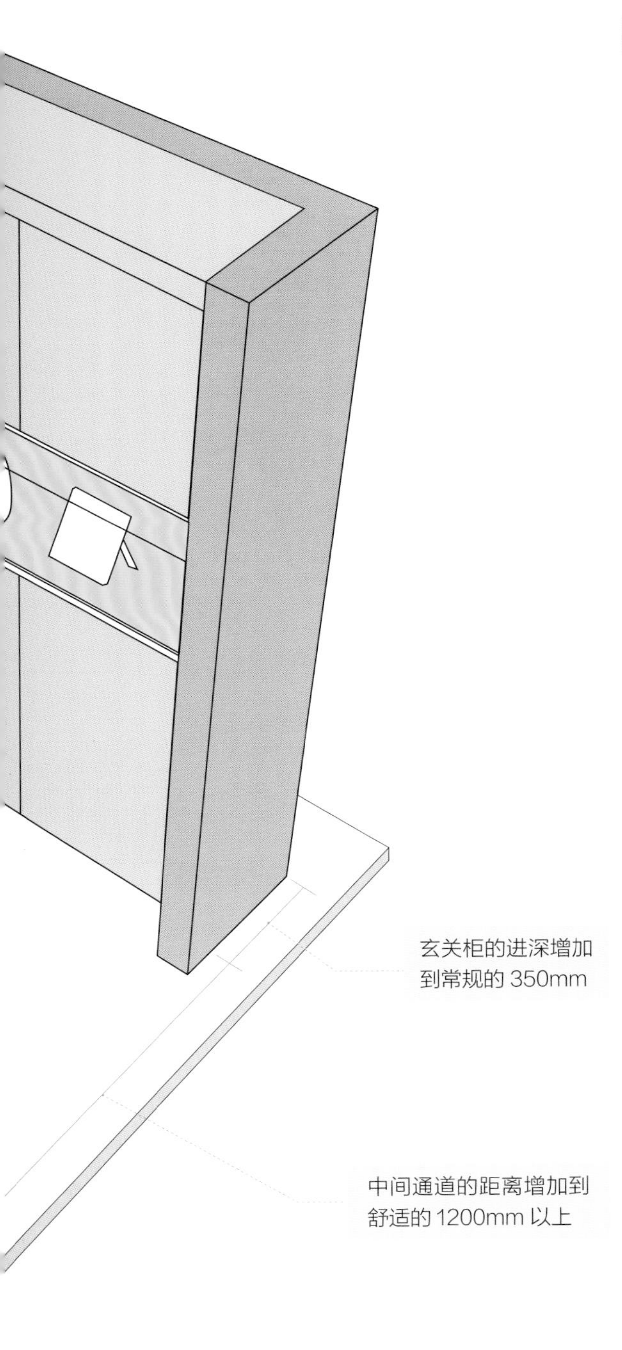

柜体前预留尺寸

1 人站立时侧身尺寸最小 450mm

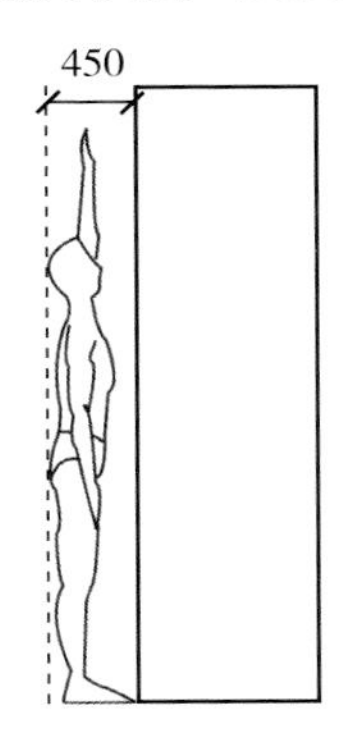

2 人完全下蹲时侧身尺寸最小 900mm

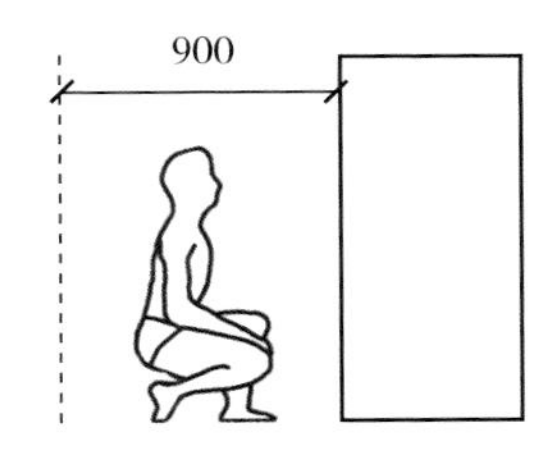

3 人半蹲时侧身尺寸最小 900mm

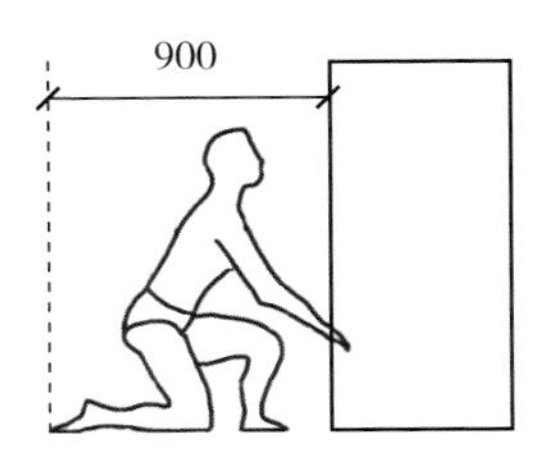

4 人弯腰时侧身尺寸最小 900mm

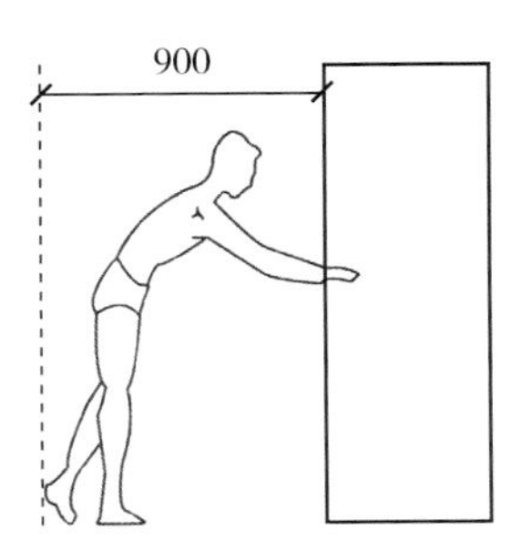

2. 双侧布局中间通道间距至少 900mm

如果玄关两侧墙体之间的距离大于或等于 1.6m，那么可以考虑设计双侧玄关柜，或者一侧玄关柜一侧换鞋凳，中间预留出大于或等于900mm的通道距离。

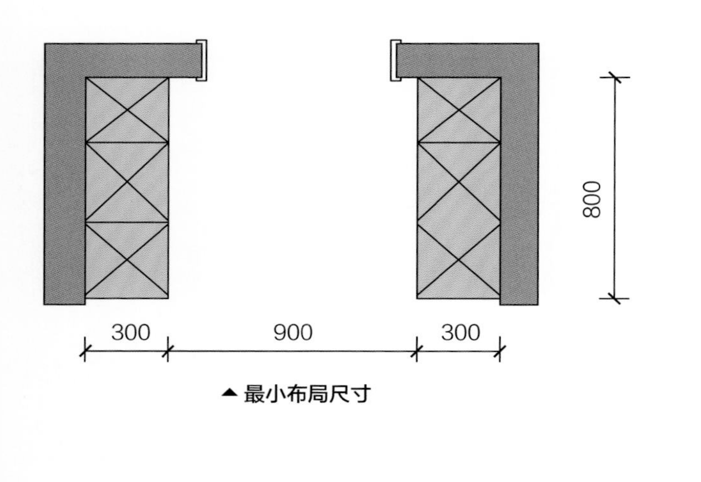

▲ 最小布局尺寸

适宜布局尺寸 ▶

玄关柜的进深增加到常规的 350mm

中间通道的距离增加到舒适的 1200mm 以上

一侧玄关柜可以换成 350mm 的换鞋凳

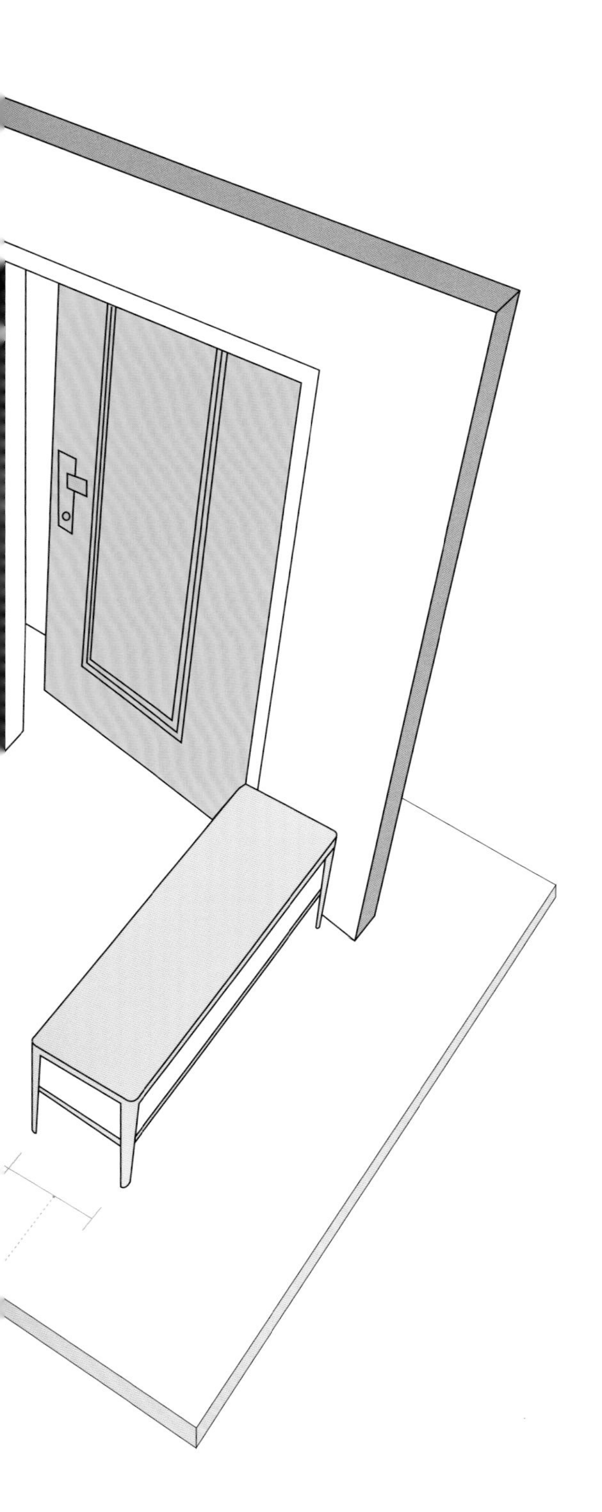

通行尺寸

1 侧身通行最小宽度为 400mm

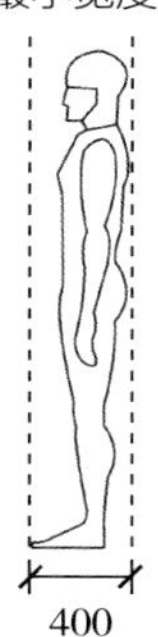

2 一人通行宽度最小为 550mm

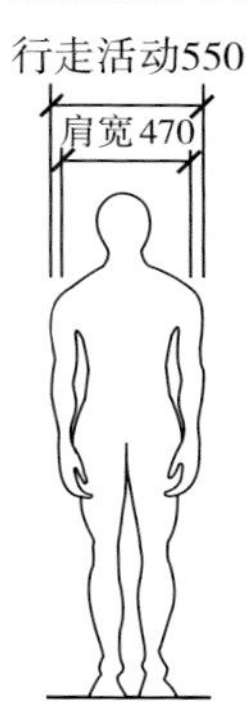

3 双手端物通行最小宽度为 750mm

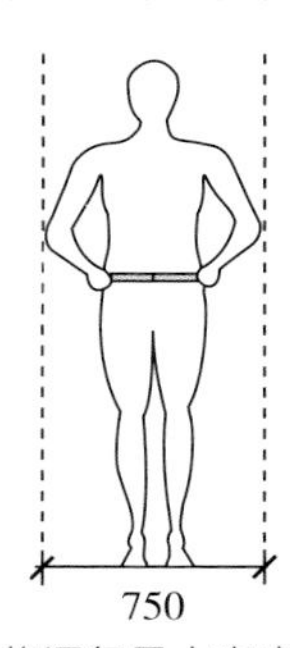

4 单手拿物通行最小宽度为 800mm

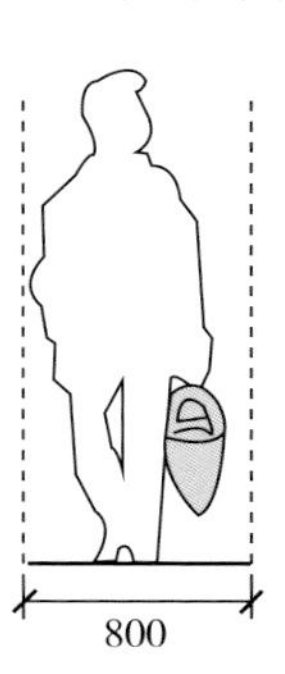

3. L 形布局玄关进深至少为 1.2m

玄关开门见墙，可以考虑 L 形布局，靠墙设计一排玄关柜或者换鞋凳，但要注意玄关进深要大于或等于 1.2m，这样才能放得下进深 300mm 的玄关柜，同时柜前能预留出 900mm 以上的活动空间。

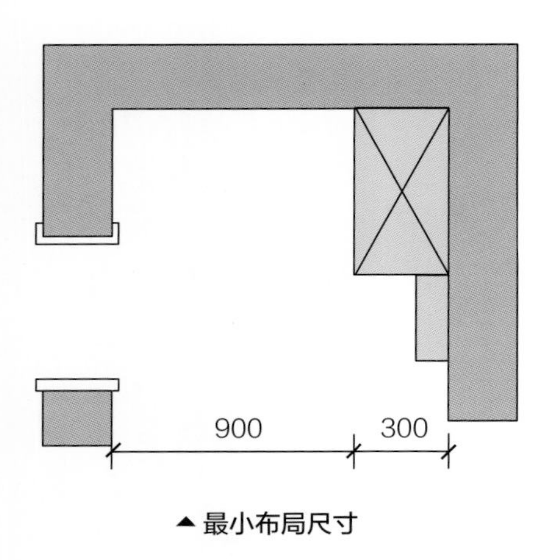

▲ 最小布局尺寸

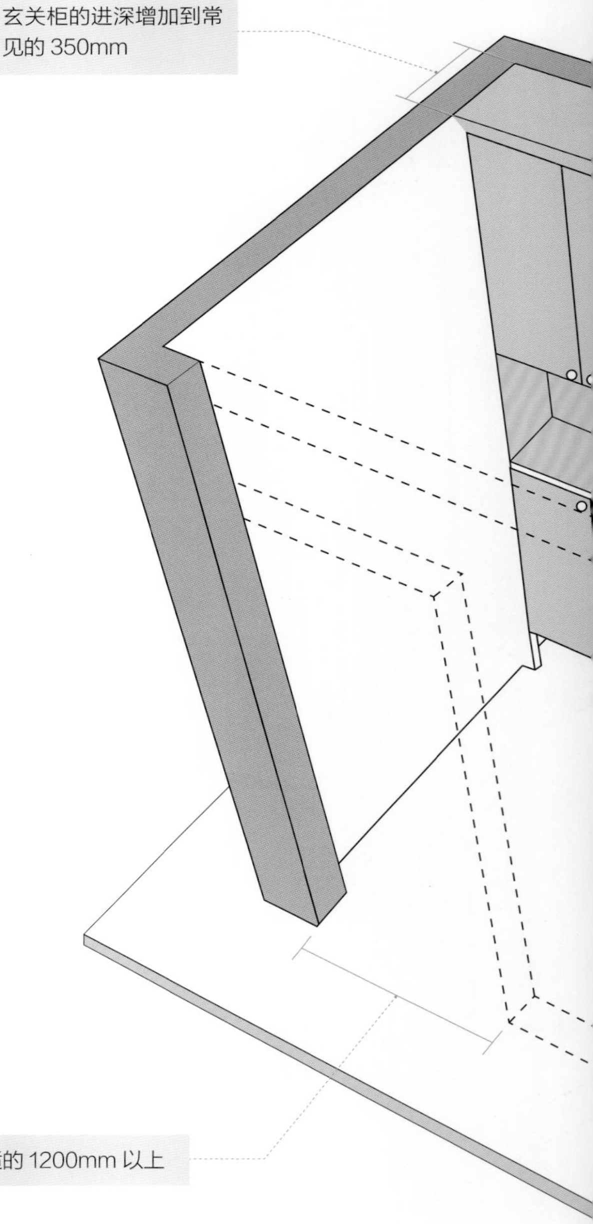

通行尺寸

5 拿行李通行最小宽度为 900mm

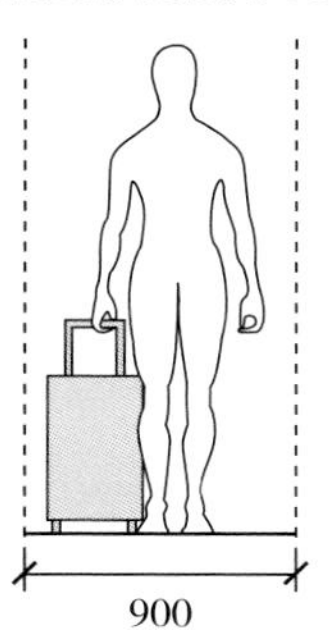

6 成人与孩子通行最小宽度为 1000mm

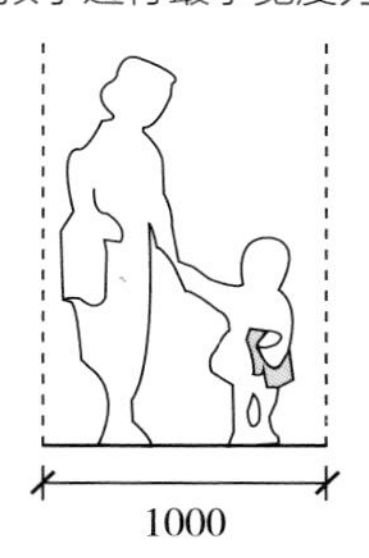

7 双手拿物通行最小宽度为 1000mm

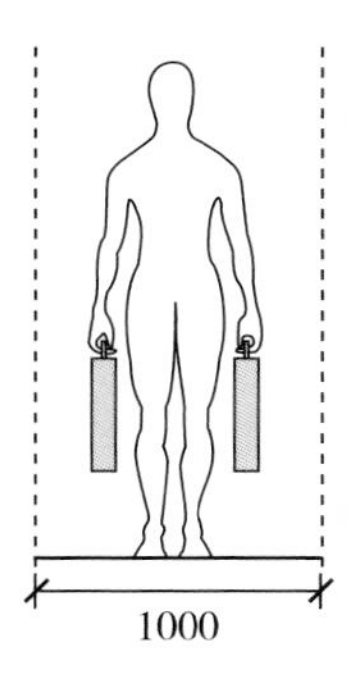

8 两人通行最小宽度为 1200mm

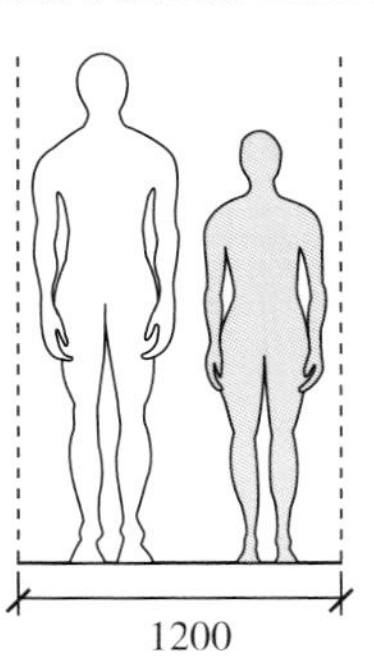

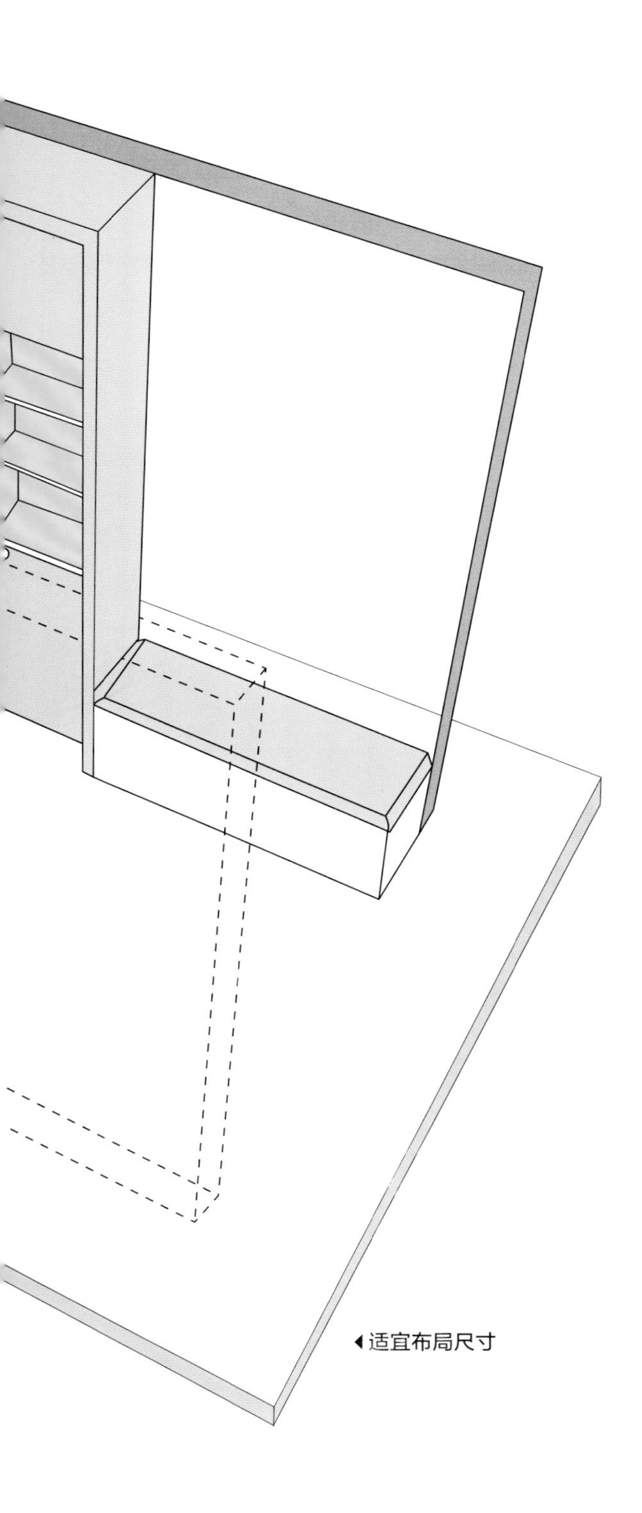

◀适宜布局尺寸

二、客厅

1. 一字形布局最小面积只需 6.1m^2

客厅最基础的布局是以电视机为中心，这种布局主要由电视柜、茶几和沙发三者之间的距离决定。一字形布局中茶几到电视柜的距离最小为 900mm，这样才能保证人可以蹲下拿取电视柜内的物品。茶几与沙发之间的最小间距为 400mm，此时刚刚能够放下脚，空间比较紧凑。

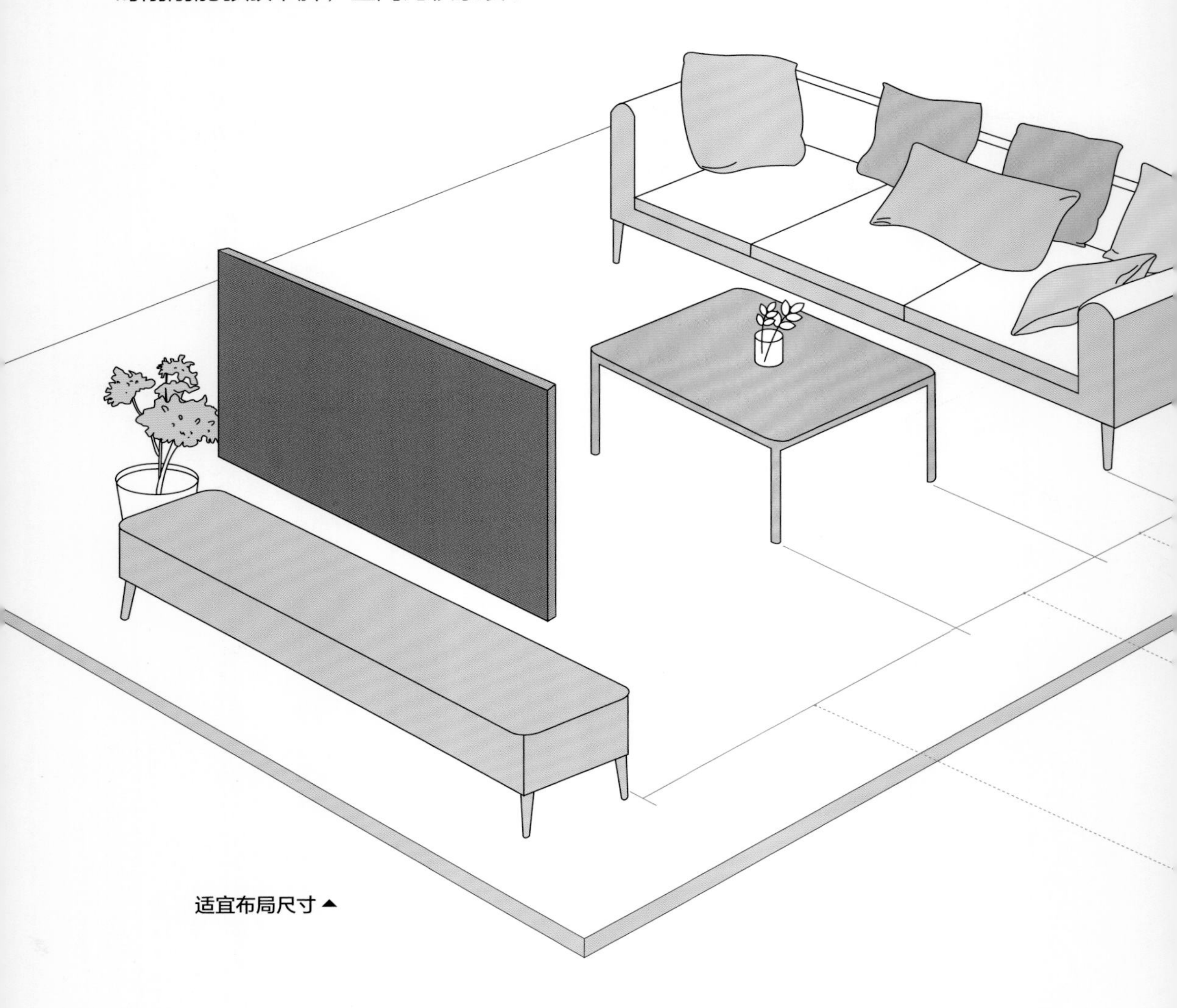

适宜布局尺寸▲

电视柜、收纳

中心桌

三人沙发

2100

350　900　450　400　800

2900

▲ 最小布局尺寸

沙发选择深度 900mm 的可以半躺

茶几到沙发的间距调整到比较舒适的 550~600mm

茶几的宽度宜为 550~600mm

茶几到电视柜的间距调整到舒适的 1200~1500mm

沙发相关尺寸

1 单人沙发适宜长度为 800~900mm

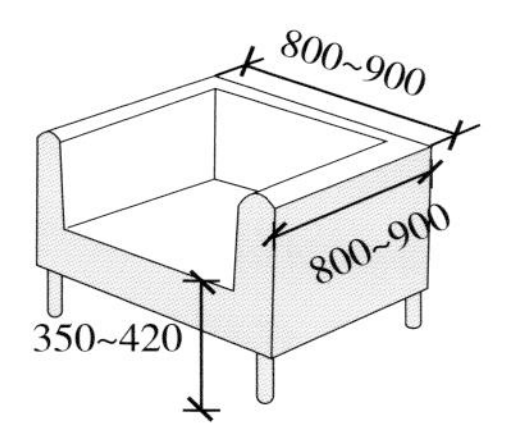

2 双人沙发适宜长度为 1300~1600mm

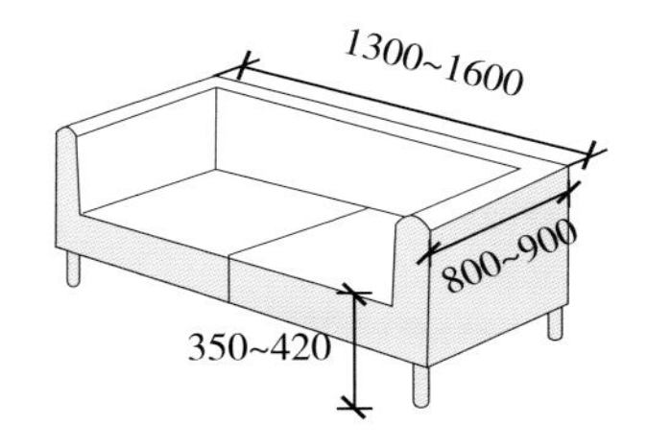

3 三人沙发适宜长度为 2100~2400mm

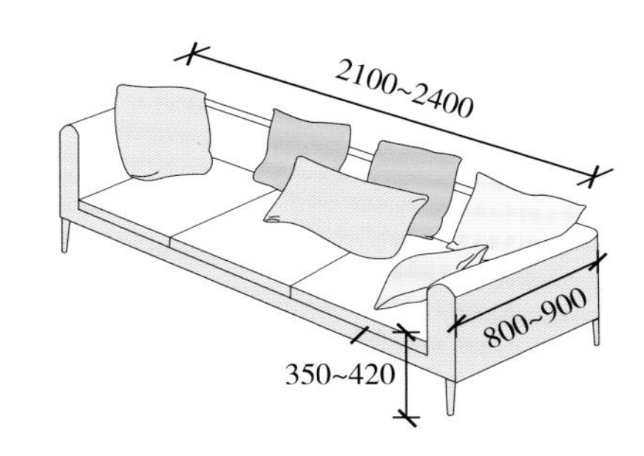

4 转角沙发适宜长度为 2800~3400mm

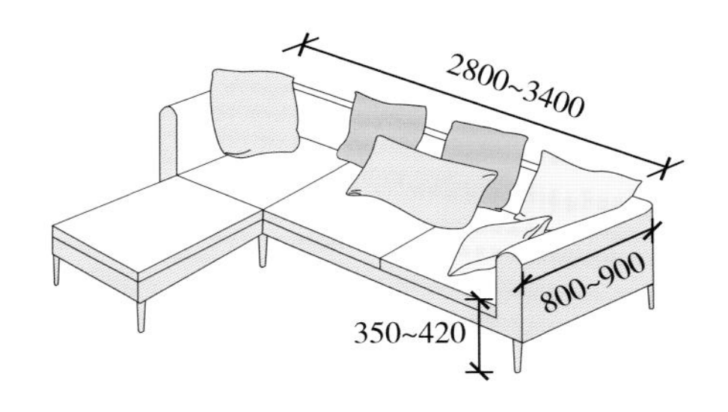

2. L 形布局最少只要 $8.4m^2$

L 形布局也是客厅常见布局之一，即三人沙发 + 单人沙发的布局，它可以满足四人以上同时使用客厅。这样的布局沙发背景墙宽度最小需要 3m，才可勉强放下一张 2.1m 长的三人沙发和一张单人沙发。

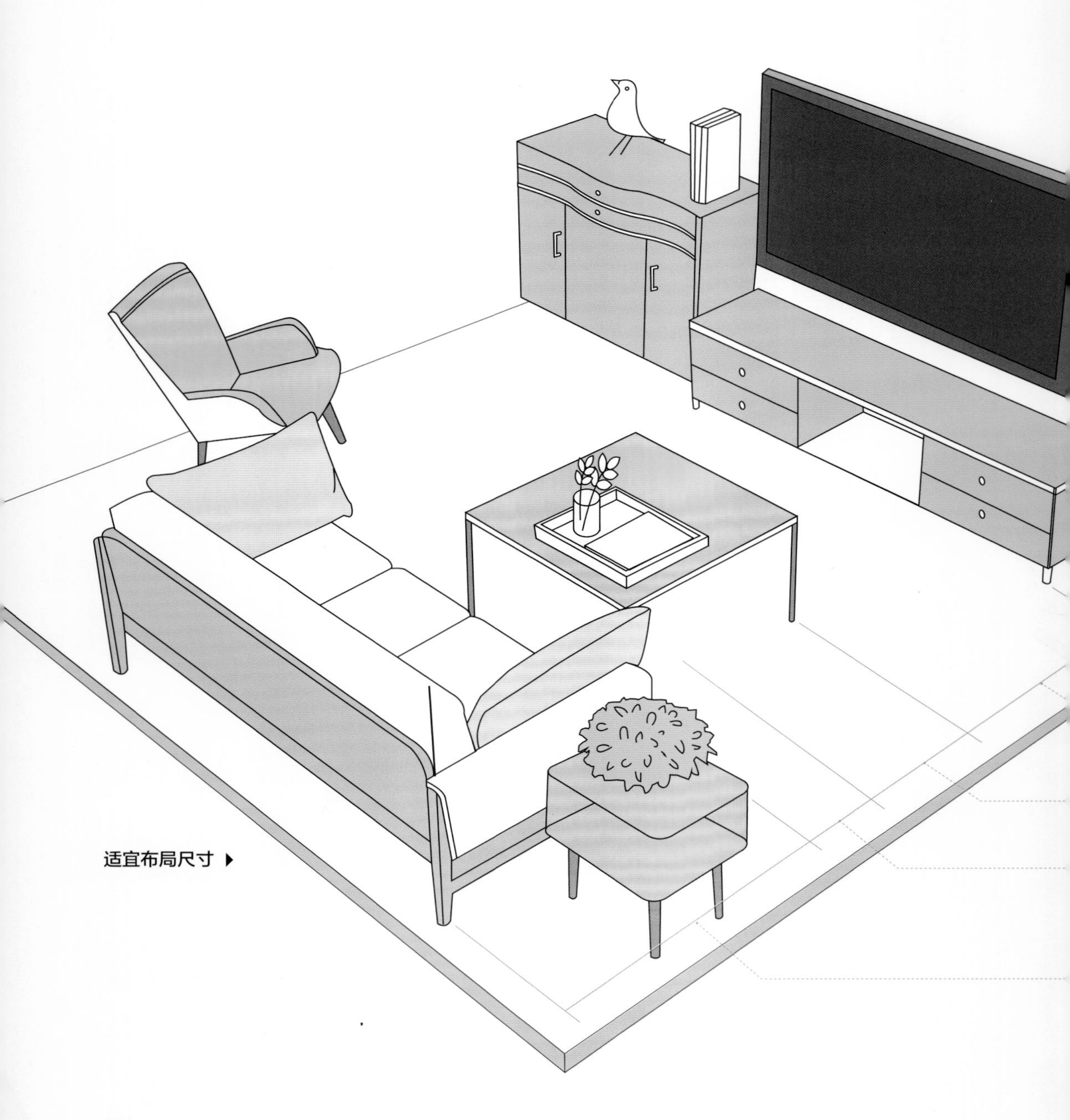

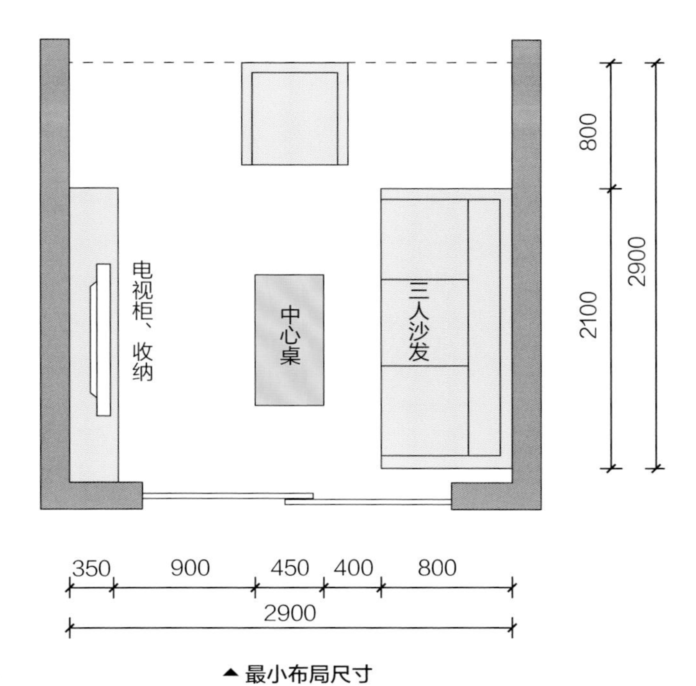

▲ 最小布局尺寸

茶几到电视柜的间距调整到舒适的 1200~1500mm

茶几的宽度宜为 550~600mm

茶几到沙发的间距调整到比较舒适的 550~600mm

沙发选择深度为 900mm 的可以半躺着

沙发相关尺寸

5 沙发到茶几最小距离为 300~400mm

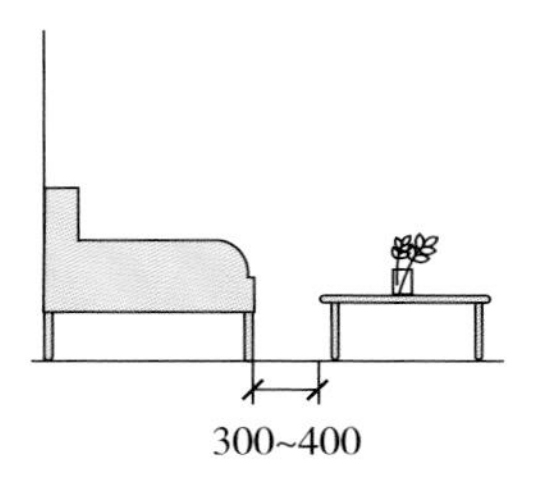

6 沙发到茶几舒适距离为 550~600mm

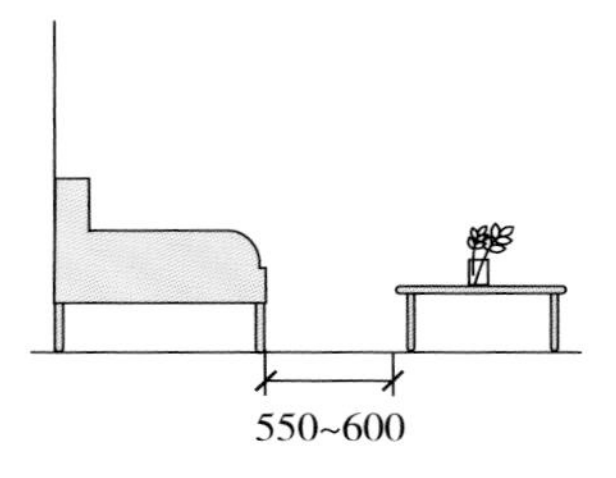

7 常规沙发坐深为 480~600mm

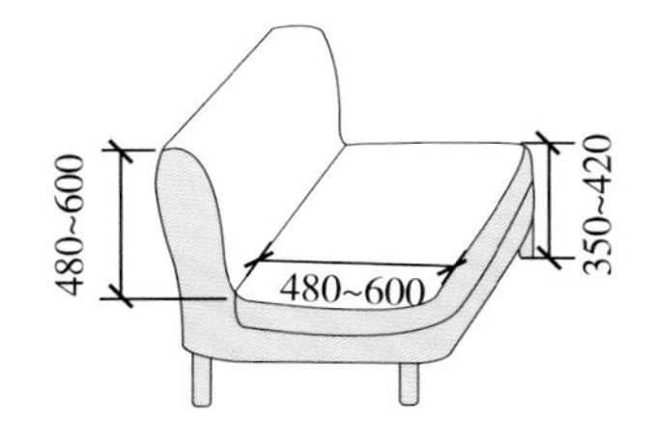

8 可躺沙发坐深至少为 900mm

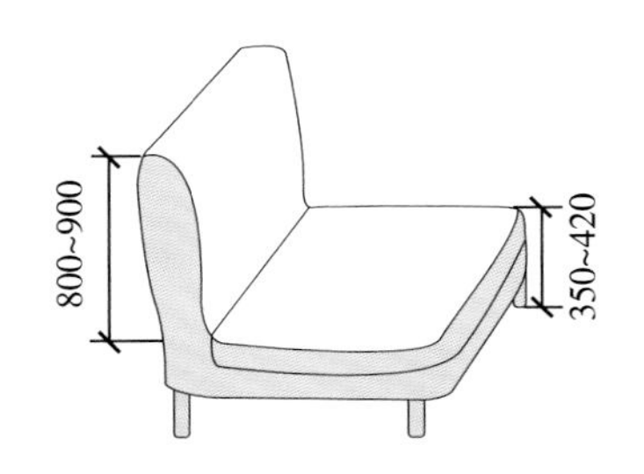

3. 面对面布局至少需要 8.19m²

面对面的布局非常适合常有客人来访的家庭，这样的布局方便大家面对面地交流。因为需要在茶几与电视柜之间加一组长 600mm 的单人沙发，同时，单人沙发与茶几之间留空至少 400mm，所以茶几到电视柜的最小距离不再是 900mm，而是 1900mm（900+600+400）。

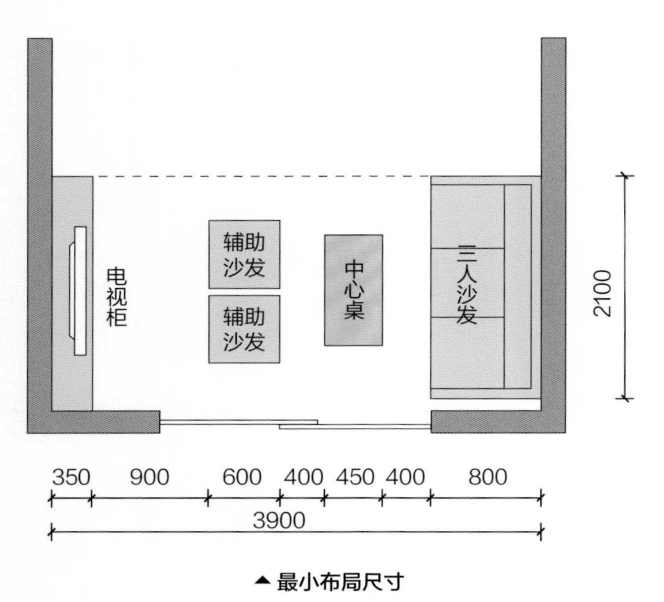

▲ 最小布局尺寸

视听距离

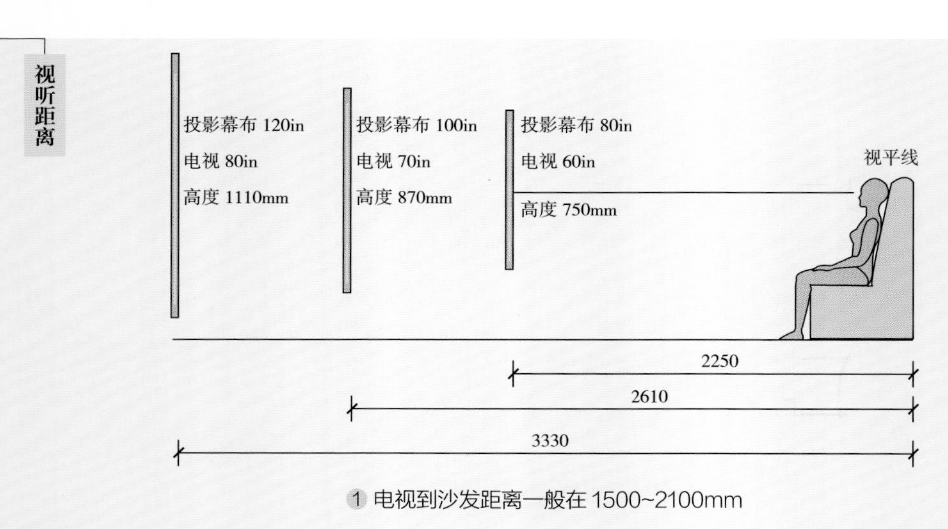

1 电视到沙发距离一般在 1500~2100mm

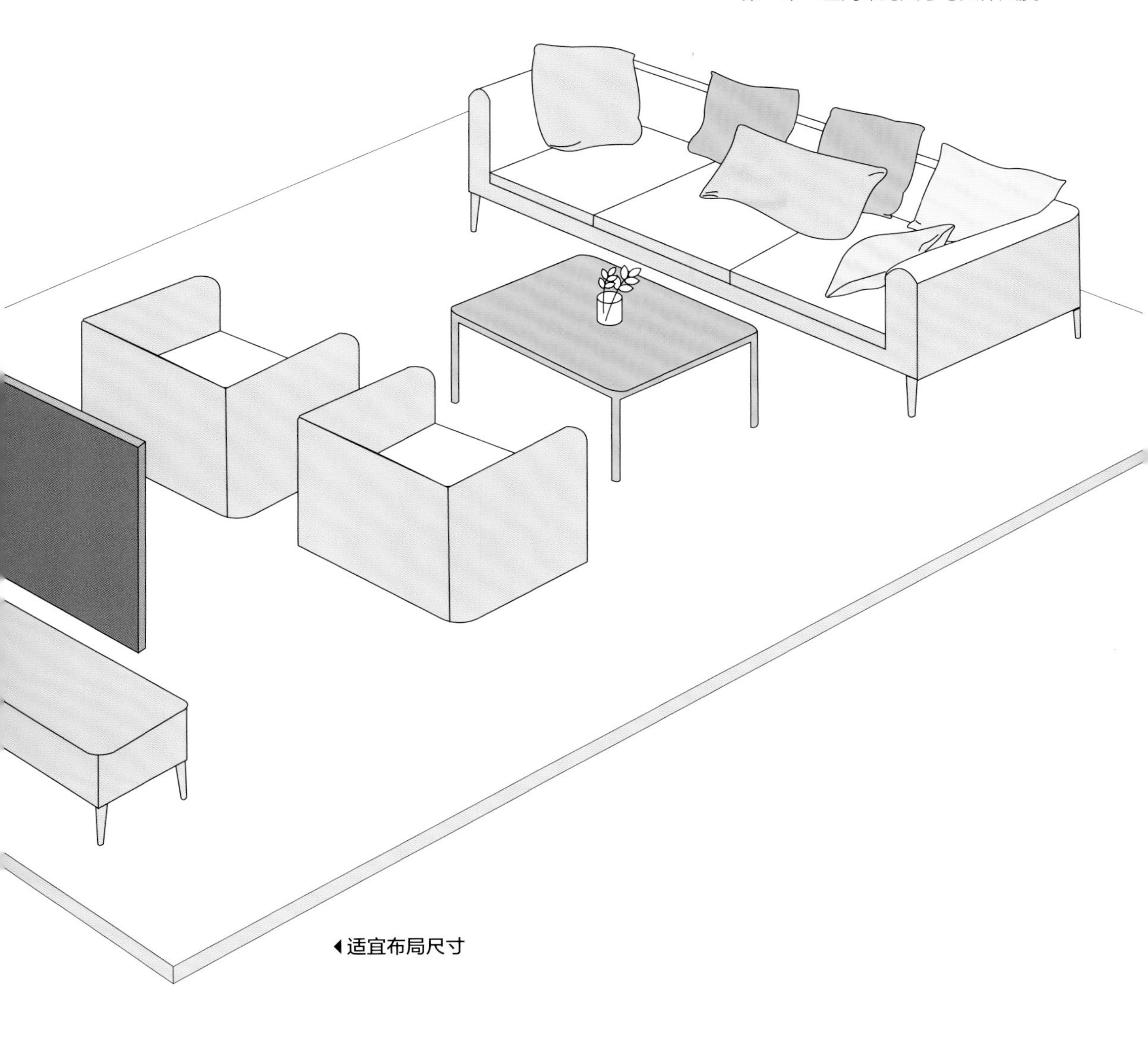

◀适宜布局尺寸

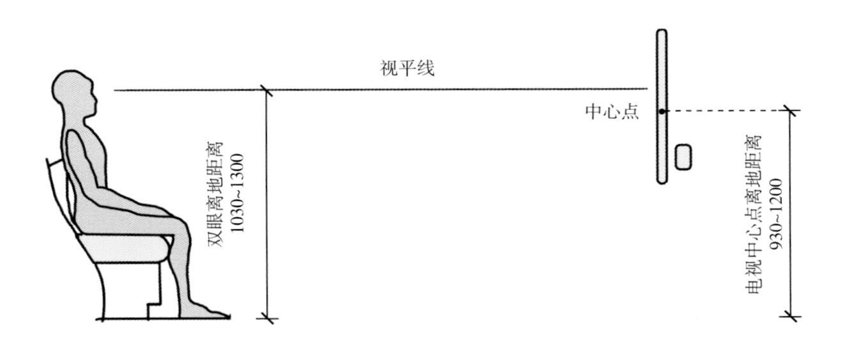

2 电视安装最佳高度在 930~1200mm

4. 横厅布局开间至少要有 5m

当开间大于进深时，客厅为横厅。开间是指两个横墙之间的距离，它是房间的主要采光面；进深是指两个竖墙之间的距离，也就是前墙与后墙间的实际长度。横厅内常会融合其他空间功能，例如书房，根据沙发区最小宽度为 2900m，书桌最小宽度为 600mm，书桌椅最小宽度为 600mm，书桌椅后预留最小通行距离为 550mm，因此横厅的开间至少要有 5m，才能摆放得下家具。

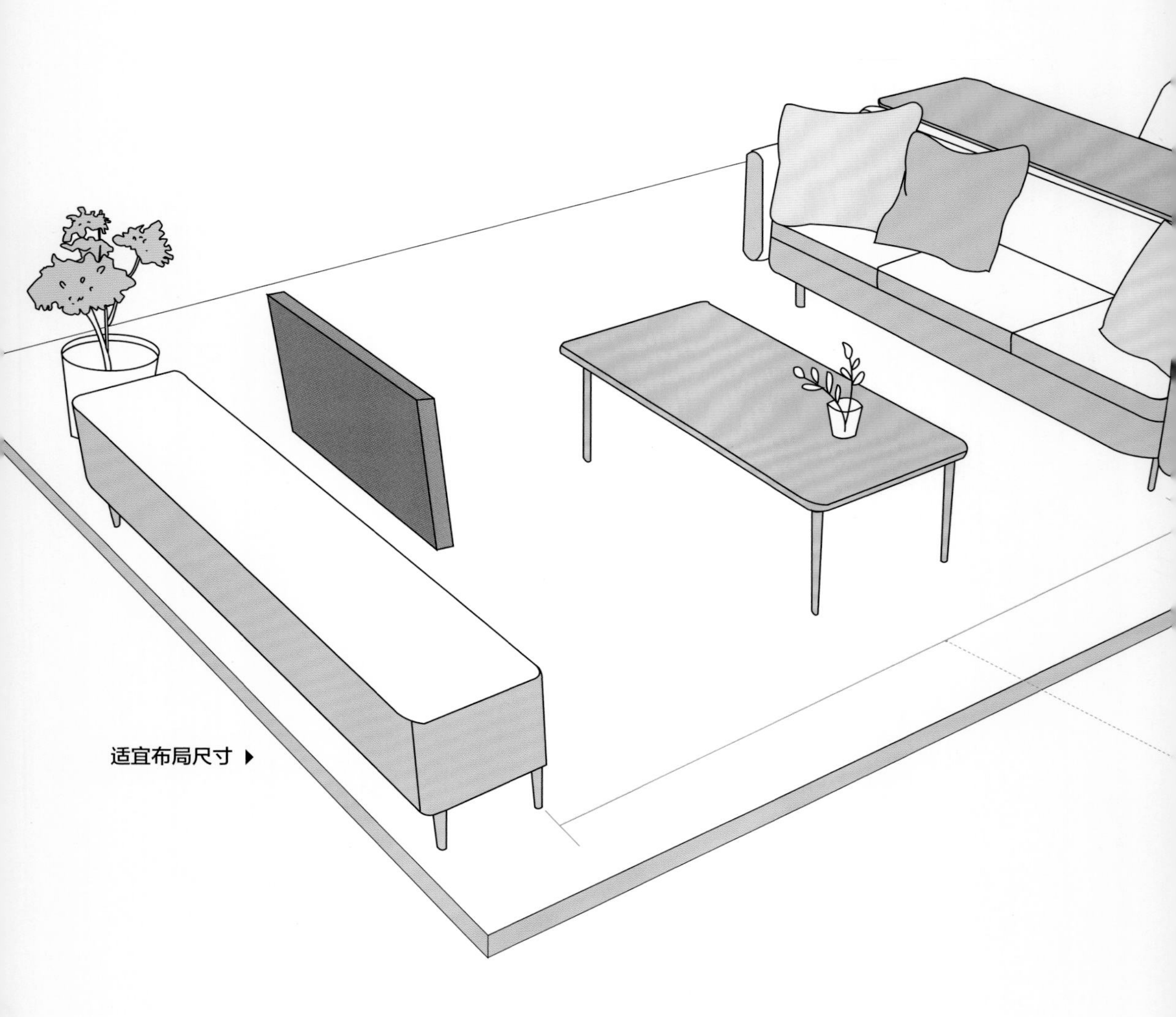

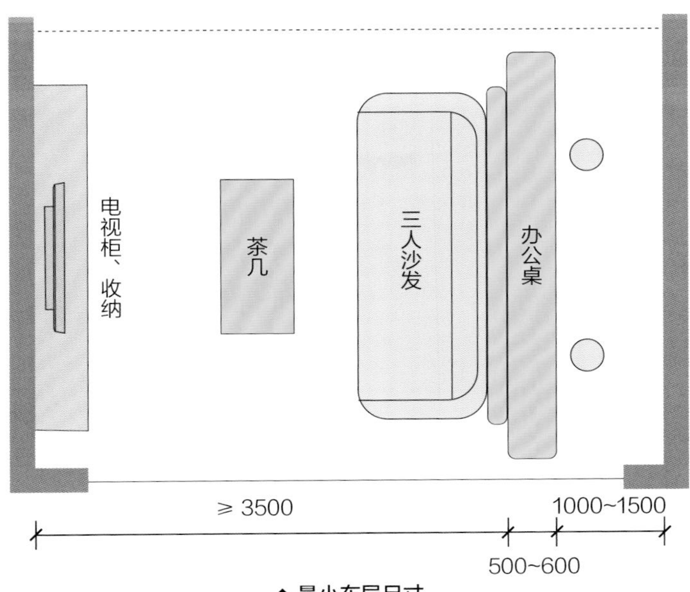

▲ 最小布局尺寸

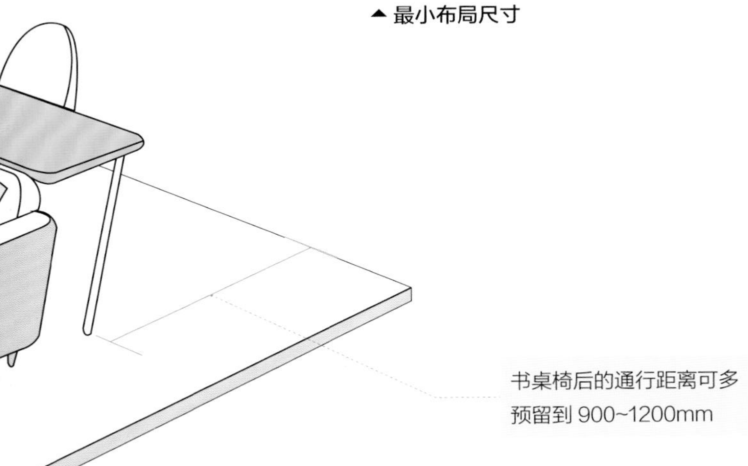

书桌椅后的通行距离可多预留到 900~1200mm

沙发到电视柜的距离可以增加到 3550mm

人体活动尺寸

1 双臂伸展运动至少需要 2000mm 宽度

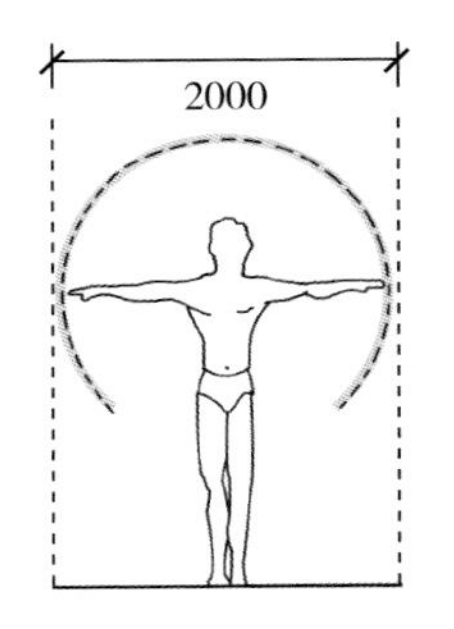

2 抬腿运动至少需要 2000mm 宽度

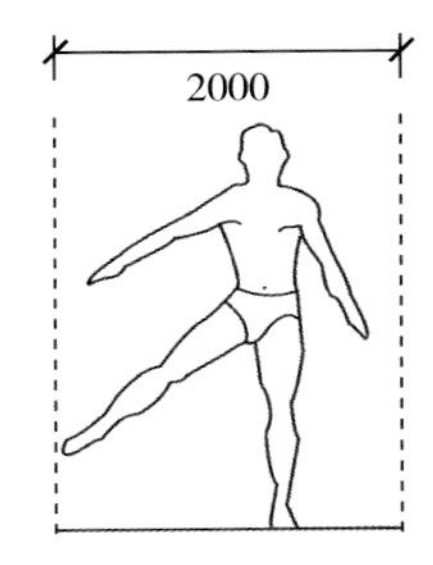

3 跪姿运动至少需要 1400mm 宽度

4 躺姿运动至少需要 1600mm 宽度

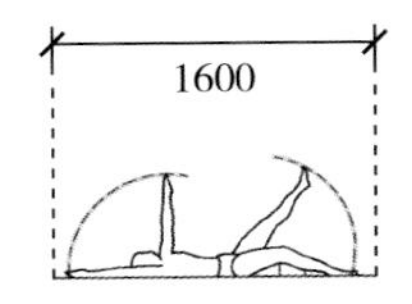

三、餐厅

1. 客餐合一布局通道至少 900mm

餐厅有时候会与客厅相连，那么就会形成一体式的布局。一体式布局最需要注意的是餐椅周围的通道间距，如果餐椅后面处在其他动线上，则至少应预留间距 900mm 以上，以方便餐桌椅周围能正常过人。此时餐桌也只能选择尺寸最小的 1000mm × 1000mm 的方形桌。

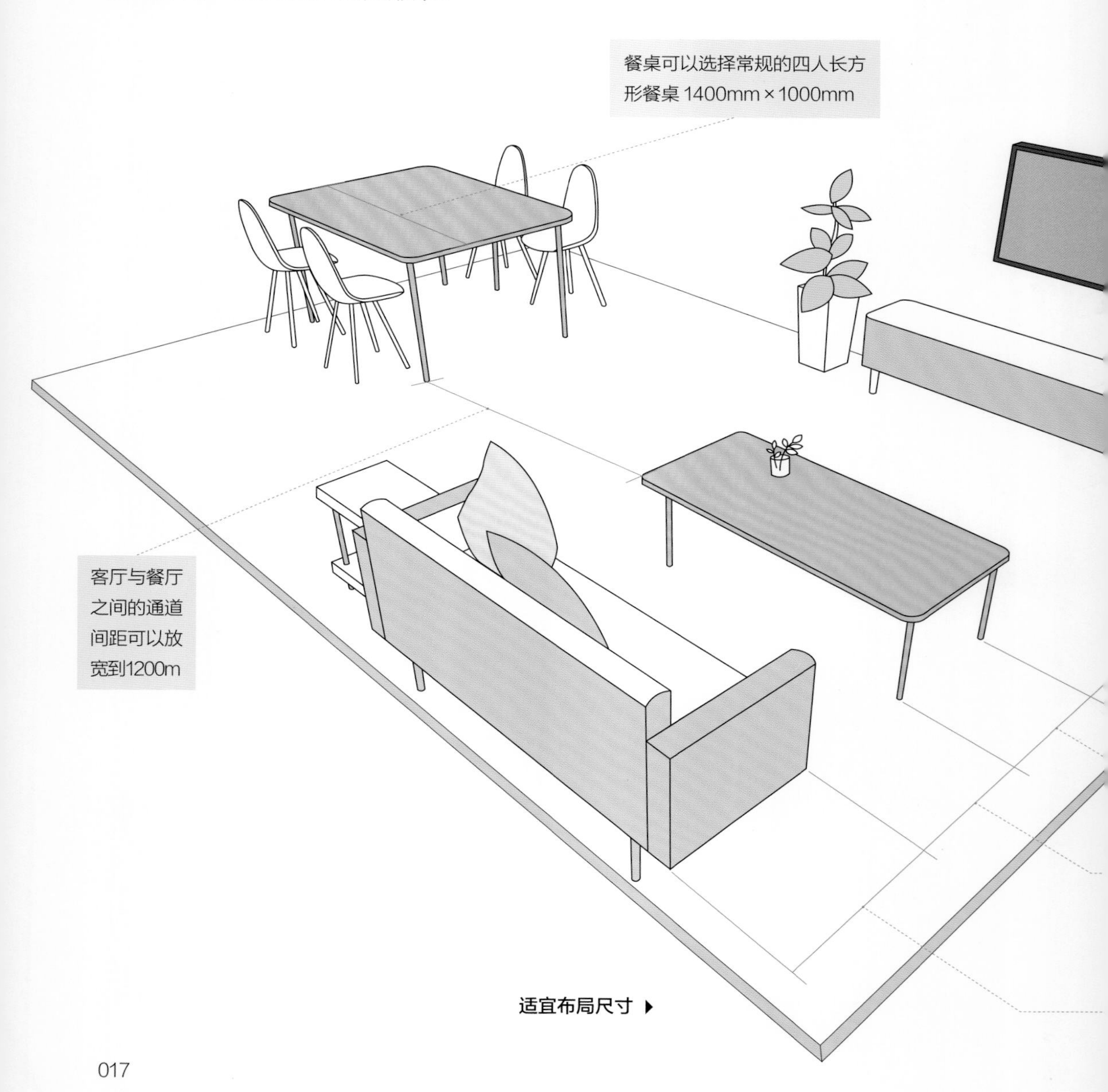

适宜布局尺寸 ▶

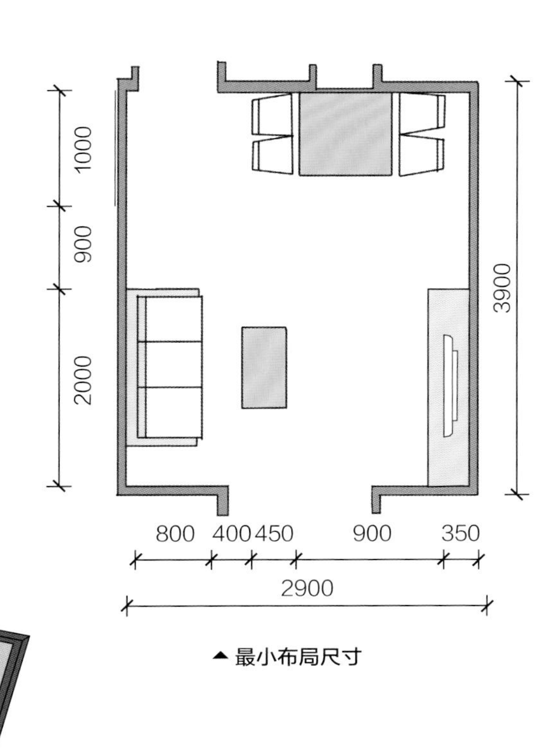

▲最小布局尺寸

茶几到电视柜的间距调整到舒适的 1200mm

茶几的宽度宜为 550~600mm

茶几到沙发的间距调整到比较舒适的 550~600mm

沙发选择深度为 900mm 的可以半躺着

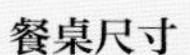

餐桌尺寸

1 两人餐桌最小尺寸 800mm × 800mm

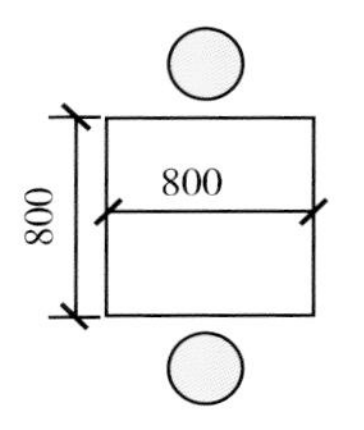

2 四人餐桌最小尺寸 1400mm × 1000mm

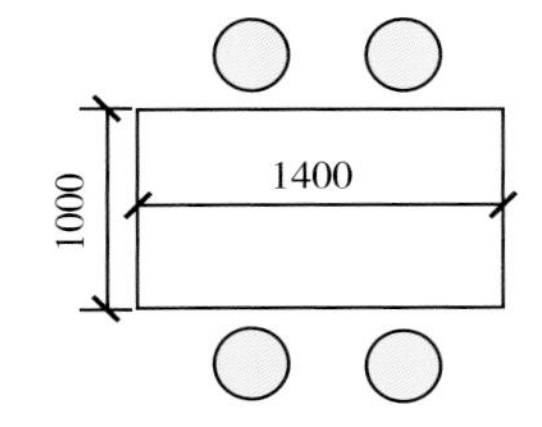

3 六人餐桌最小尺寸 1800mm × 1000mm

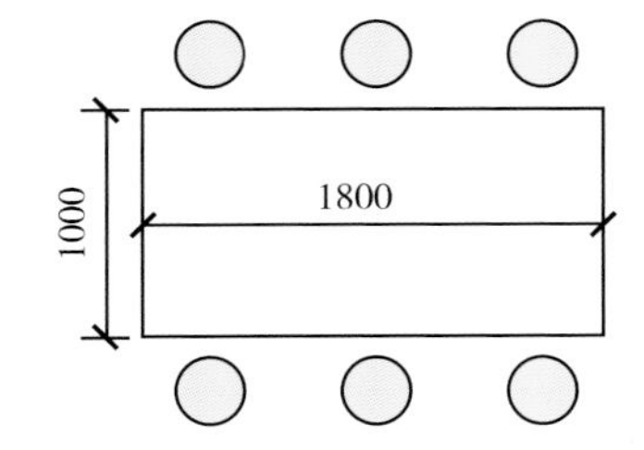

4 八人餐桌最小尺寸 2200mm × 1000mm

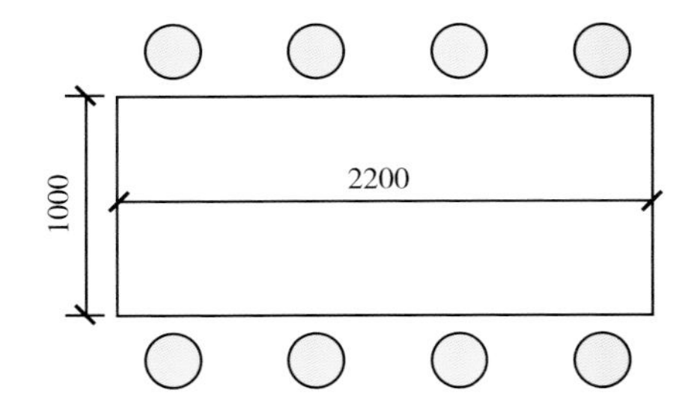

2. 独立式布局最小面积应大于 5.25 ㎡

独立式餐厅比较适合面积较大的户型，因为需要给餐厅单独划出一块区域。独立式餐厅面积极限值为 5.25m^2，布局只要注意餐椅到墙的距离最小为 750mm，保证人能正常入座。

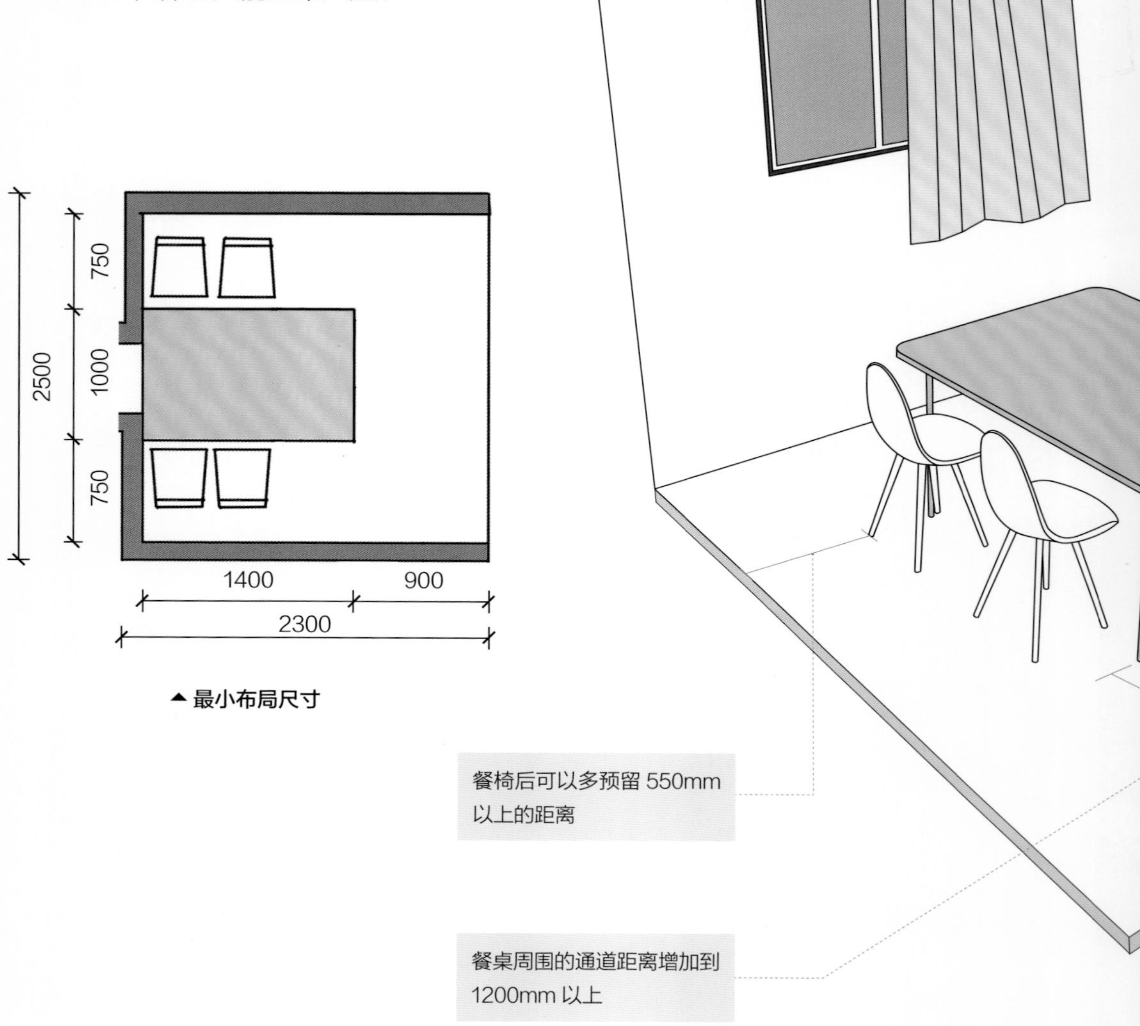

▲ 最小布局尺寸

餐椅周围通行距离

餐桌可以选择更舒适的四人方桌（1800mm×1000mm）

◀适宜布局尺寸

① 邻座餐椅的最小间距为 600mm

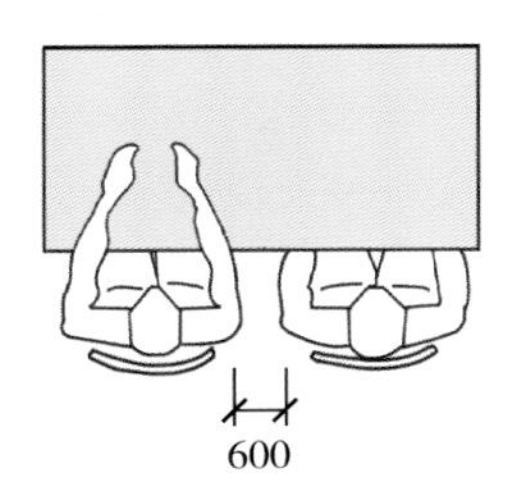

② 仅能转动餐椅入座的最小间距为 750mm

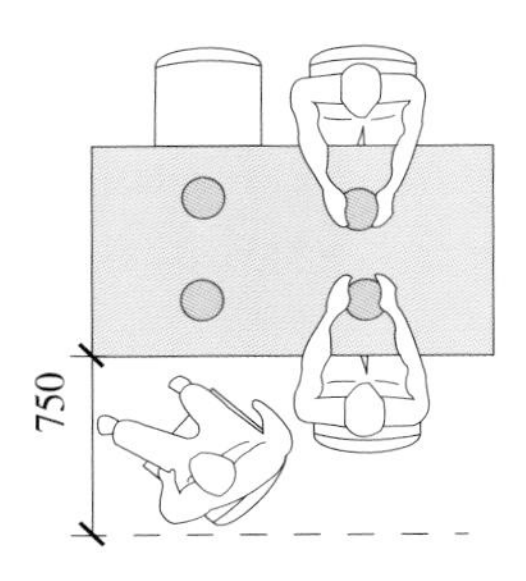

③ 仅可向后拉出餐椅入座的最小间距为 900mm

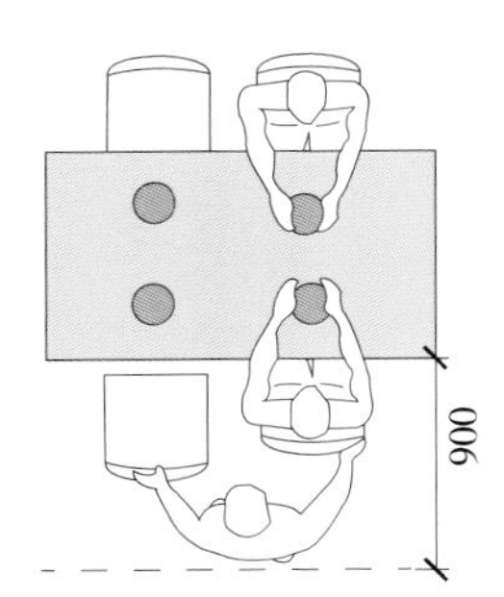

④ 餐椅后可通过人的最小间距为 1200mm

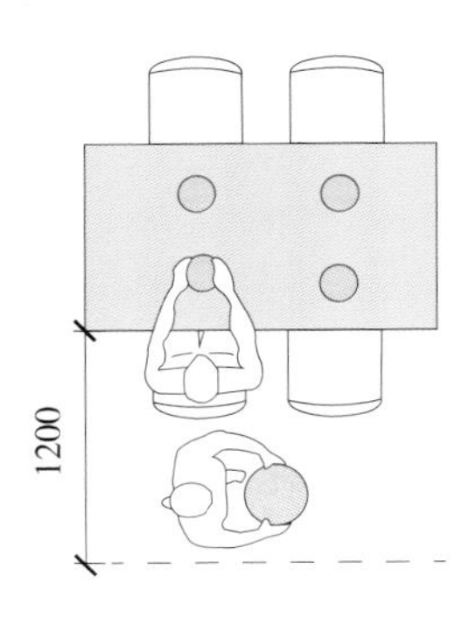

3. 餐厨一体布局的备餐通道确保在 1.2m 以上

在空间有限的情况下，厨房常以开放的形式与餐厅公用一个空间。通常餐桌会摆放在厨房中央，那么四周就需要预留出足够的行动路线，确保厨房活动能正常进行。考虑到侧身站在厨房台面前的宽度为 450mm，餐椅的坐宽为 450mm，那么餐椅到厨房台面的通行距离最少要有 900mm(450+450)。

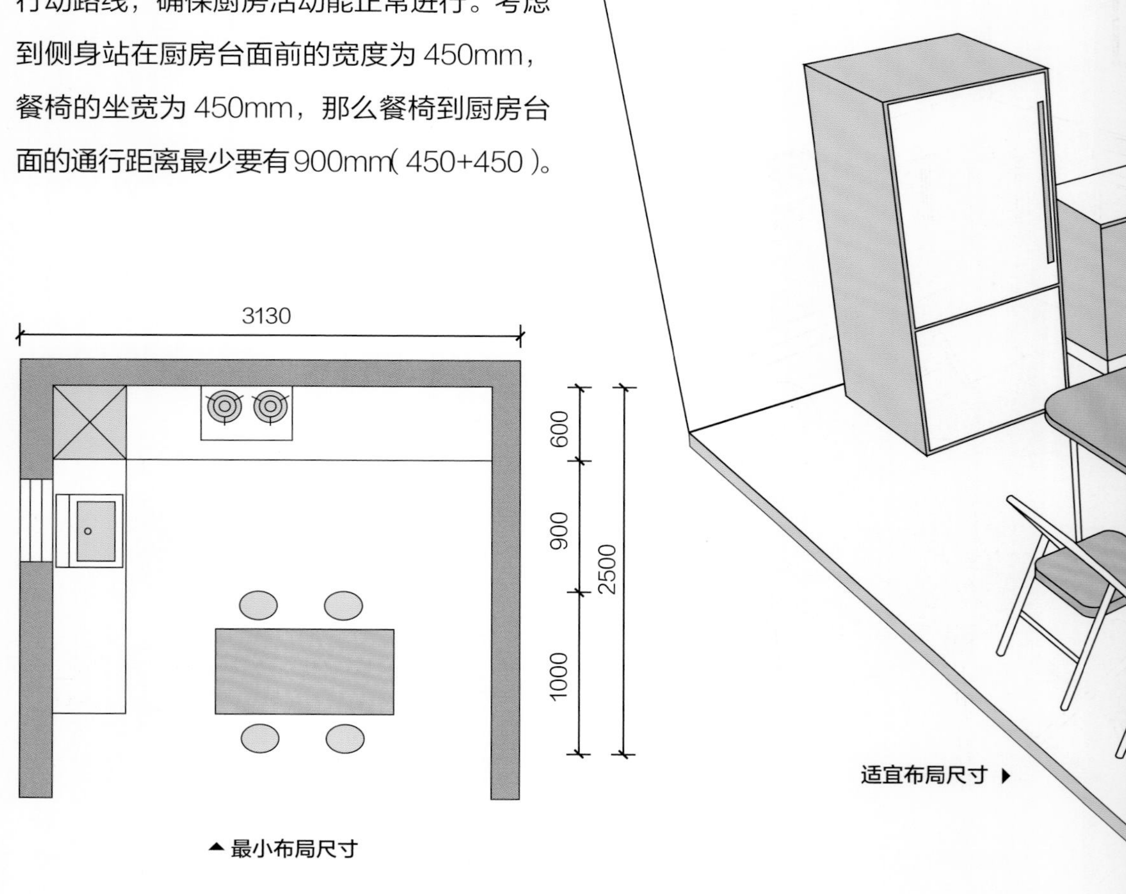

▲ 最小布局尺寸

适宜布局尺寸 ▶

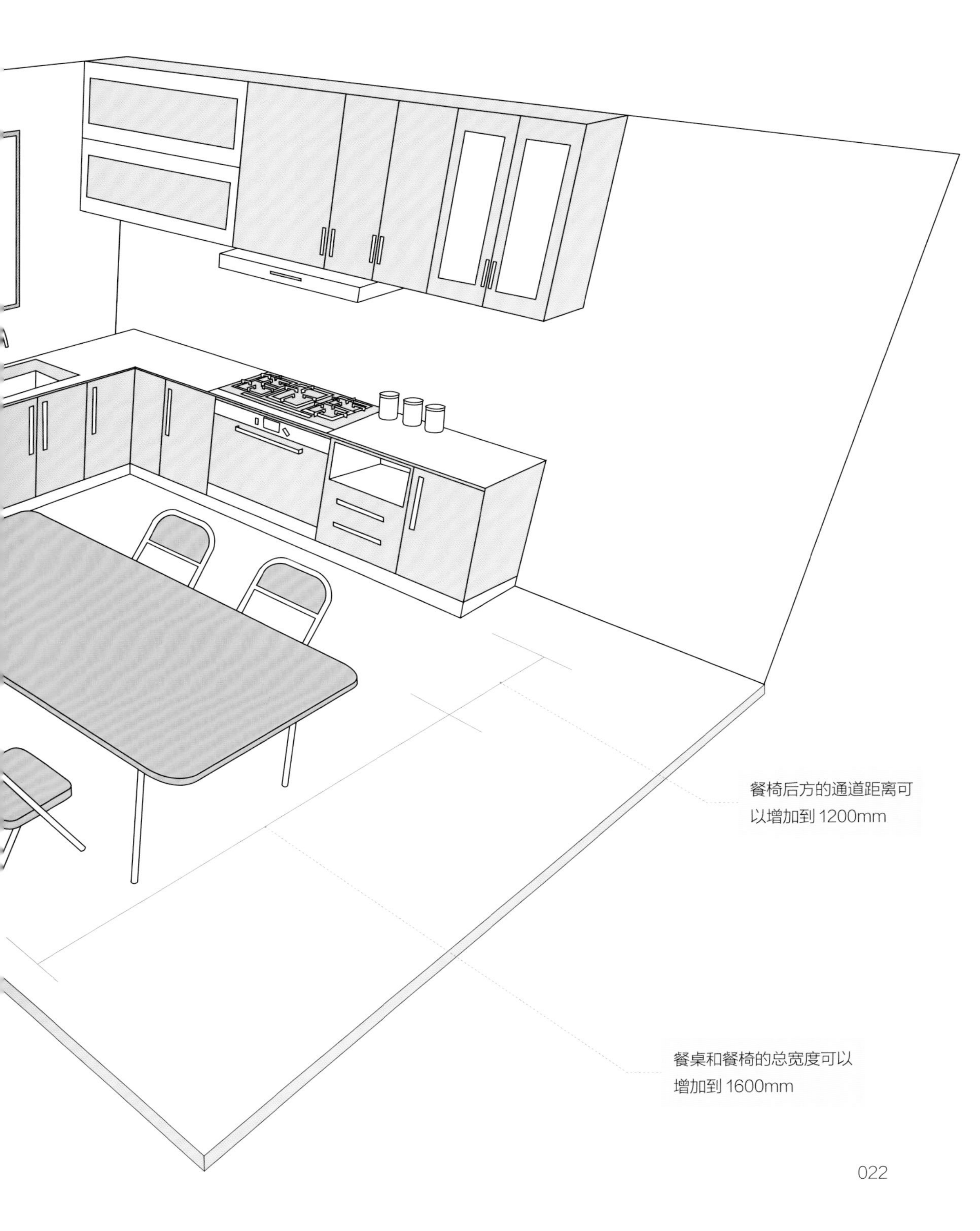
餐椅后方的通道距离可
以增加到 1200mm
餐桌和餐椅的总宽度可以
增加到 1600mm

四、厨房

1. 一字形布局最小面积为 4.69m²

一字形布局就是在厨房一侧布置橱柜等，整个备餐工作的动线是成一条直线的，比较适合开间较窄的厨房。一字形布局的宽度至少要有1500mm，长度有 3130mm，才能放得下基本设备和预留出最小通行距离（900mm）。此时厨房只能使用最小尺寸的水槽（540mm），并且灶台旁只能预留最小空间400mm用来盛菜装盘以及560mm的备餐区。

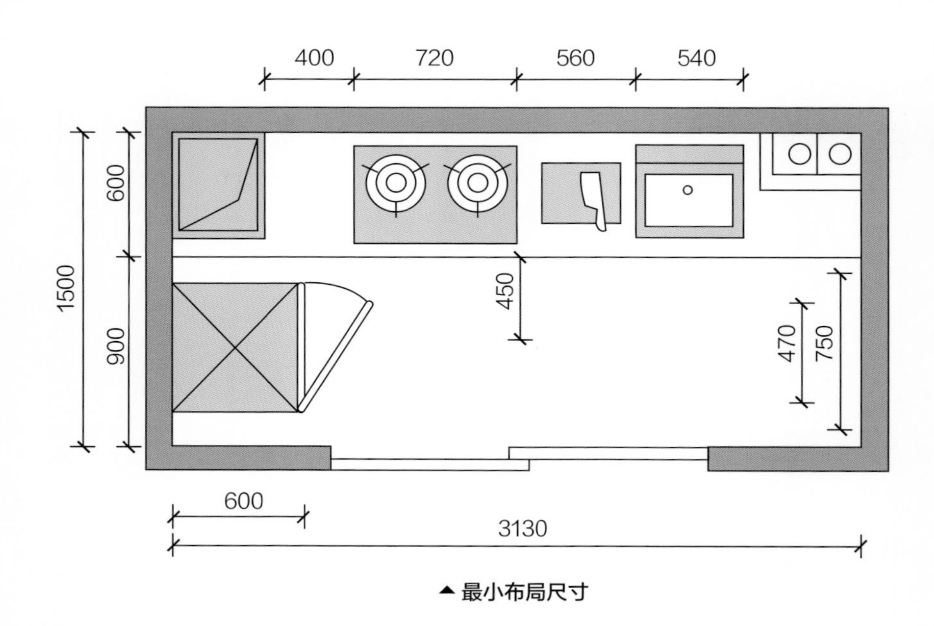

▲ 最小布局尺寸

橱柜安装尺寸

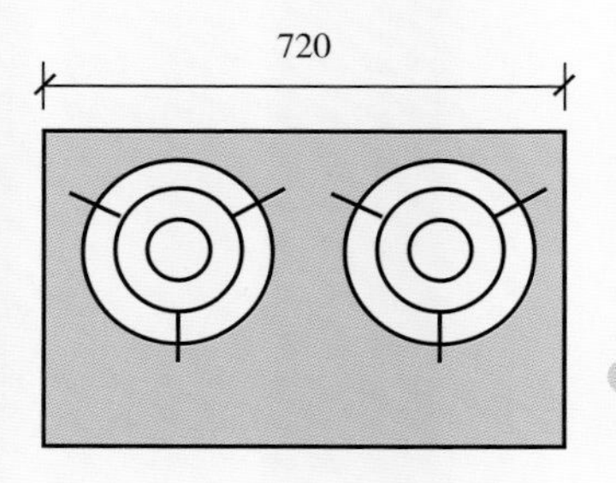

① 灶台区的地柜长度最小为 720mm

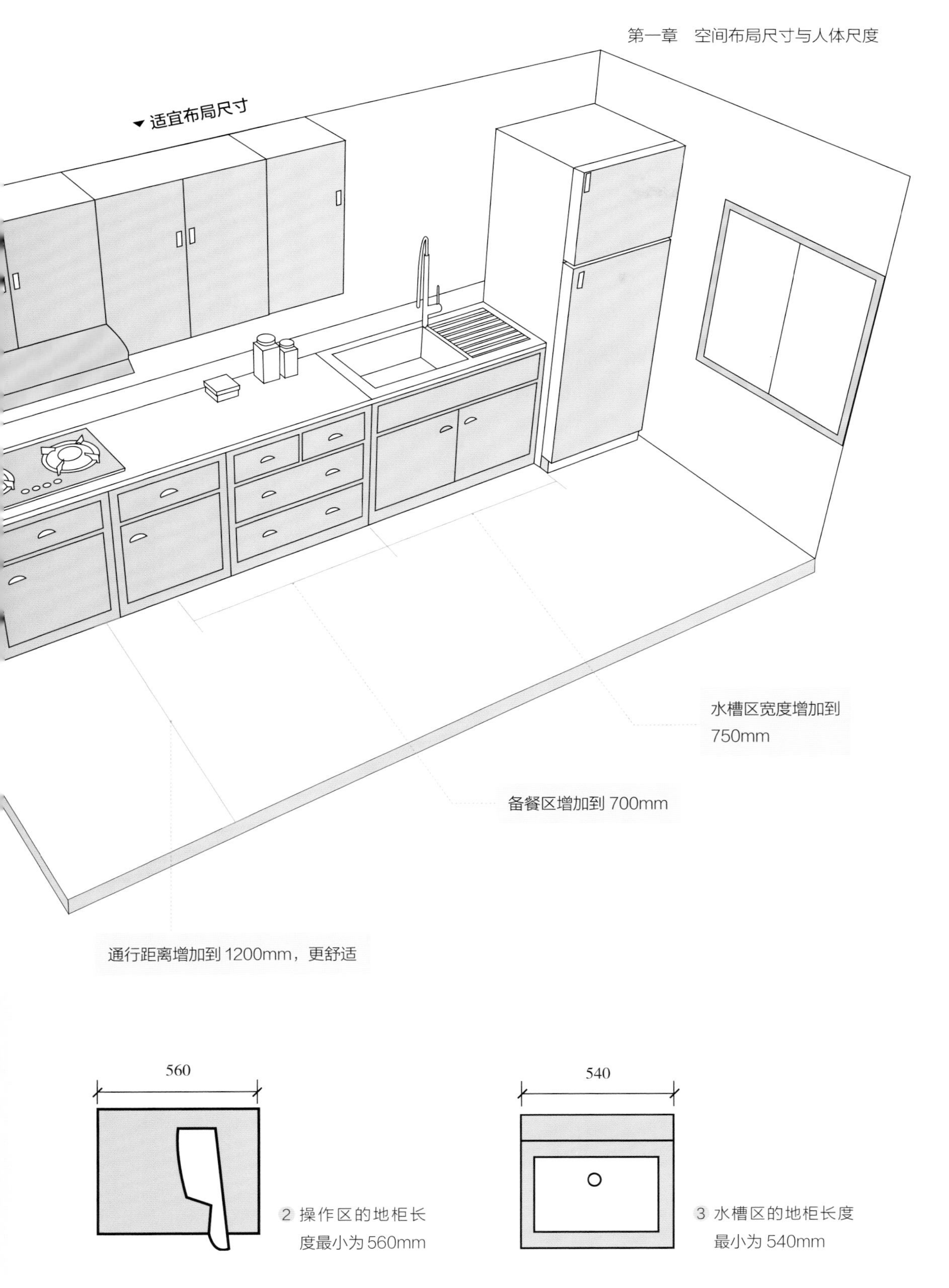
▼适宜布局尺寸
水槽区宽度增加到
750mm
备餐区增加到 700mm
通行距离增加到 1200mm，更舒适
560
2 操作区的地柜长
度最小为 560mm
540
3 水槽区的地柜长度
最小为 540mm

2. L 形布局最小面积为 $4.29m^2$

L 形布局比较适合狭长的长方形空间，一般会将灶台设在短边，水槽和其他区域设置在长边，但具体布置位置应依据厨房的燃气管道、烟道和下水道的位置而定。L 形布局需要厨房进深在1500mm 以上，宽度在2860mm 以上。

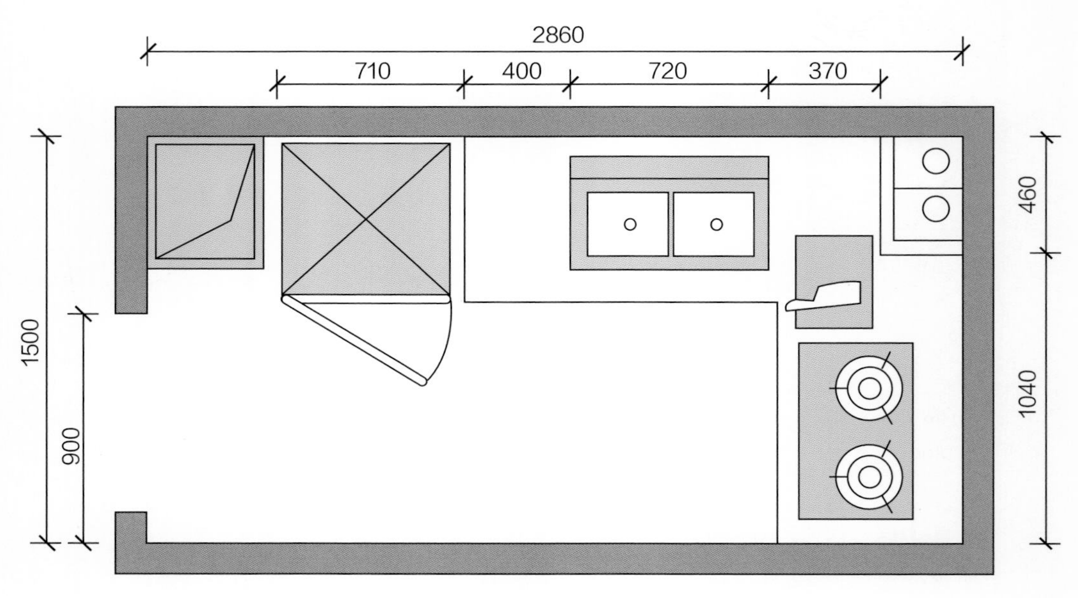

▲ 最小布局尺寸

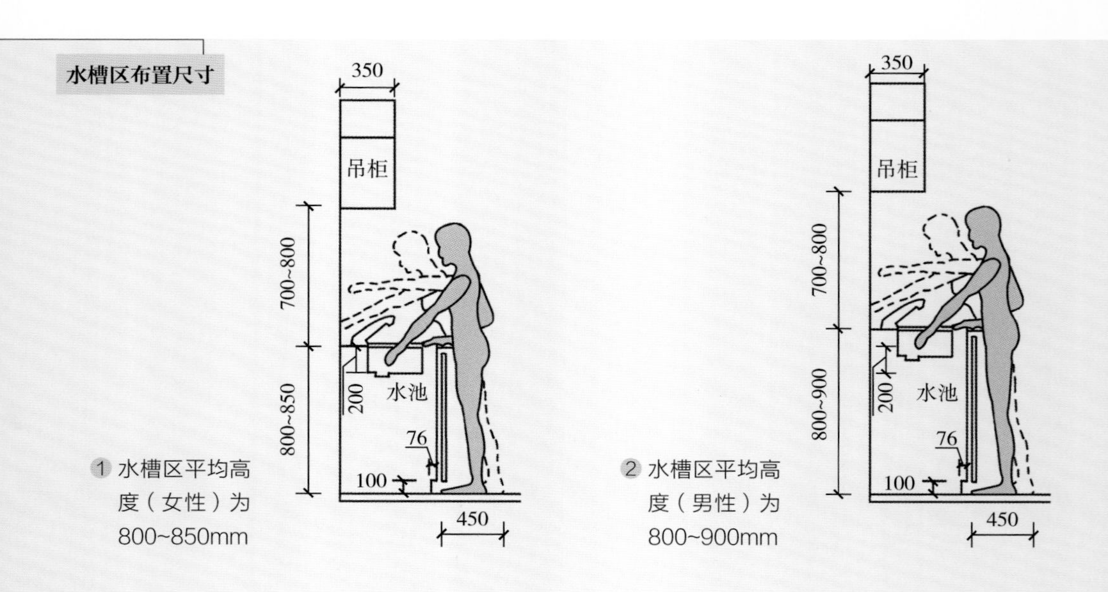

◀适宜布局尺寸

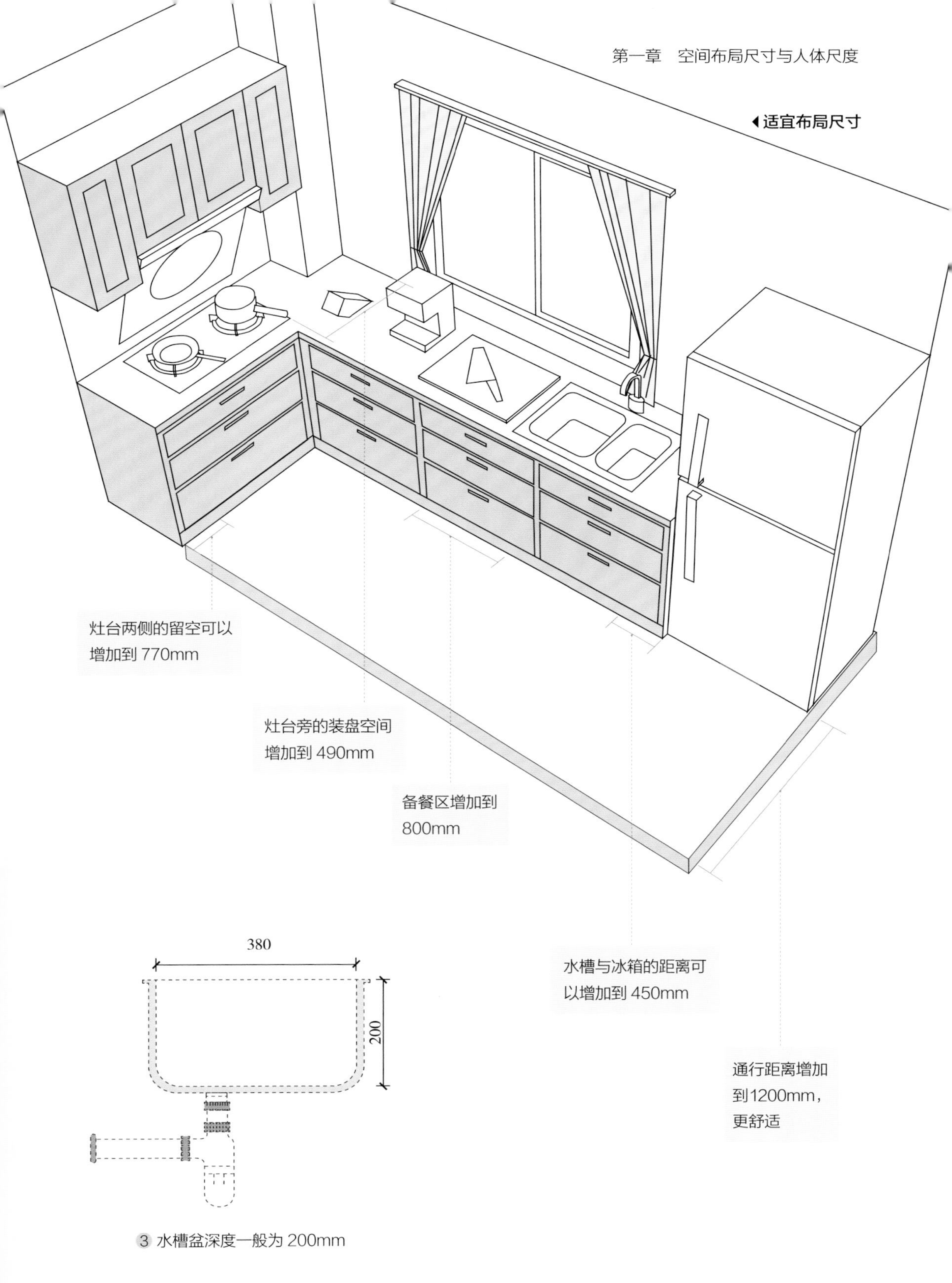

③ 水槽盆深度一般为 200mm

3. 二字形布局长度不能小于 2.1m

二字形厨房又叫通道式厨房，一般厨房外面还有一个生活阳台，厨房门正对着阳台门，人需要从厨房中间穿过才能达到阳台。通道式布局会沿厨房两侧较长的墙并列布置橱柜，将水槽、燃气灶、操作台布置在一边，将配餐台、储藏柜、冰箱等电器设备布置在另一边。二字形布局的进深和宽度至少要在 2100mm 以上，中间通道最小要预留出 900mm 的距离。

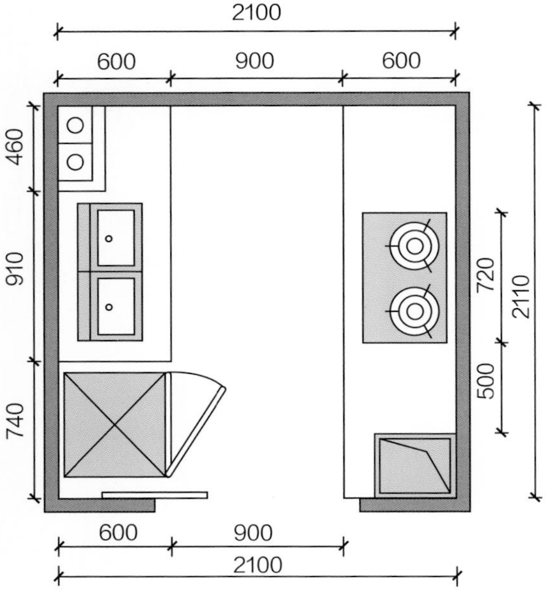

2100
600 900 600
460
910
740
720
500
2110
600 900
2100

▲ 最小布局尺寸

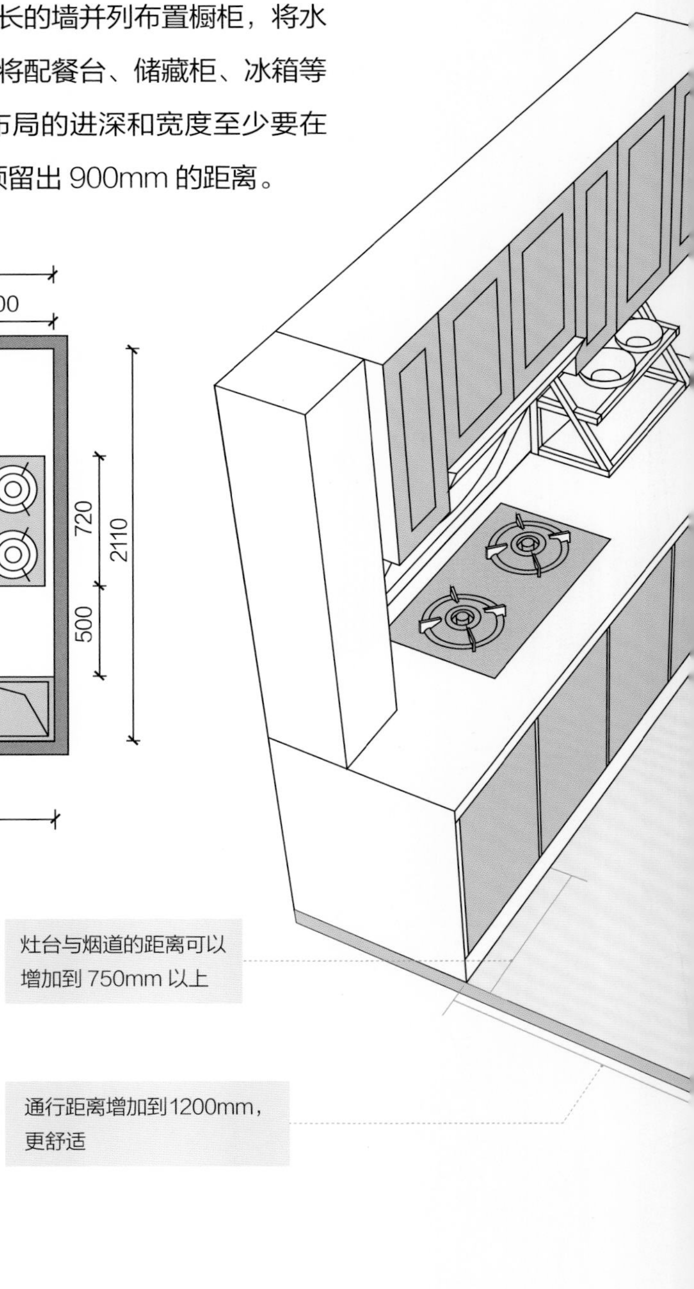

灶台与烟道的距离可以增加到 750mm 以上

通行距离增加到1200mm，更舒适

单门冰箱可以换成双开门冰箱（1000mm × 600mm）

备餐区的距离可以增加到 1000mm 以上

水槽区宽度增加到 750mm

◀适宜布局尺寸

炉灶区布置尺寸

1 顶吸式油烟机距离台面至少 650mm

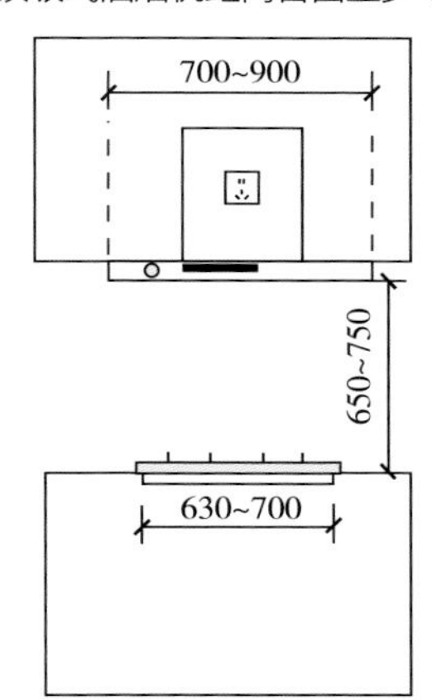

2 侧吸式油烟机距离台面至少 300mm

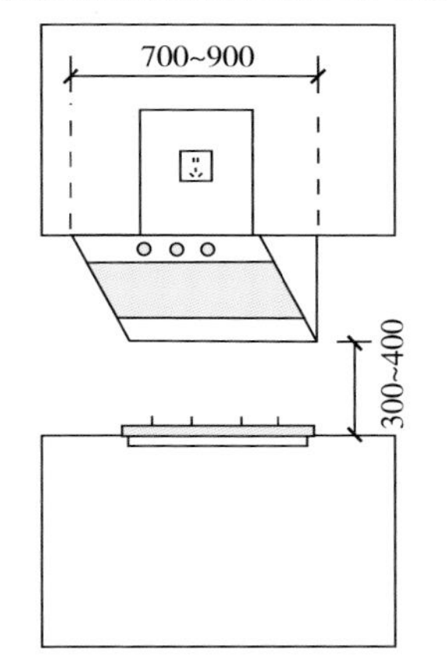

3 集成式油烟机距离吊柜至少 300mm

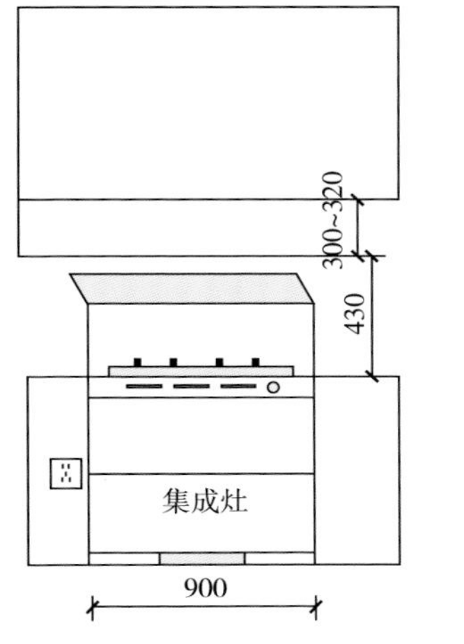

4. U 形布局面积最小为 $4m^2$

U 形布局就是将厨房三面墙都布置橱柜和设备，相互连贯，操作台面长，储藏空间充足。橱柜围合而产生的空间可供使用者站立，左右转身灵活方便。U 形布局面积最小为 $4m^2$，厨房的宽度不能低于 2100mm，才能保证通道最小有 900mm 的距离。

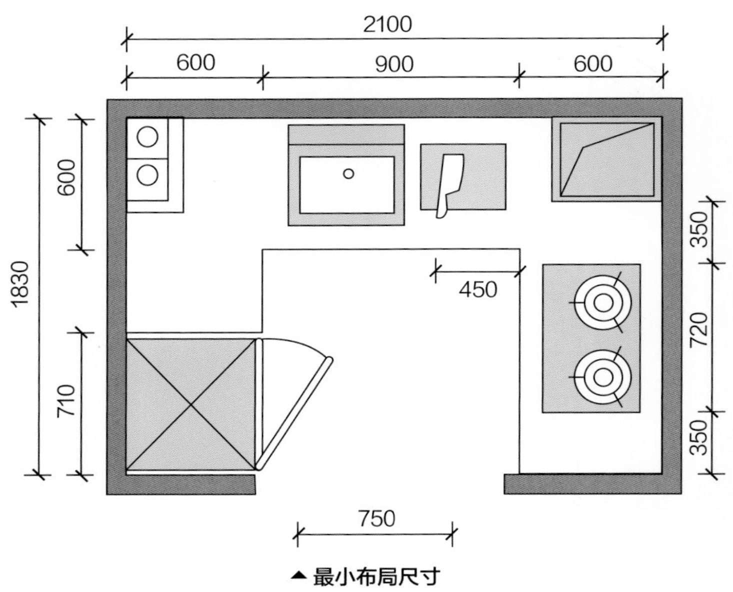

▲ 最小布局尺寸

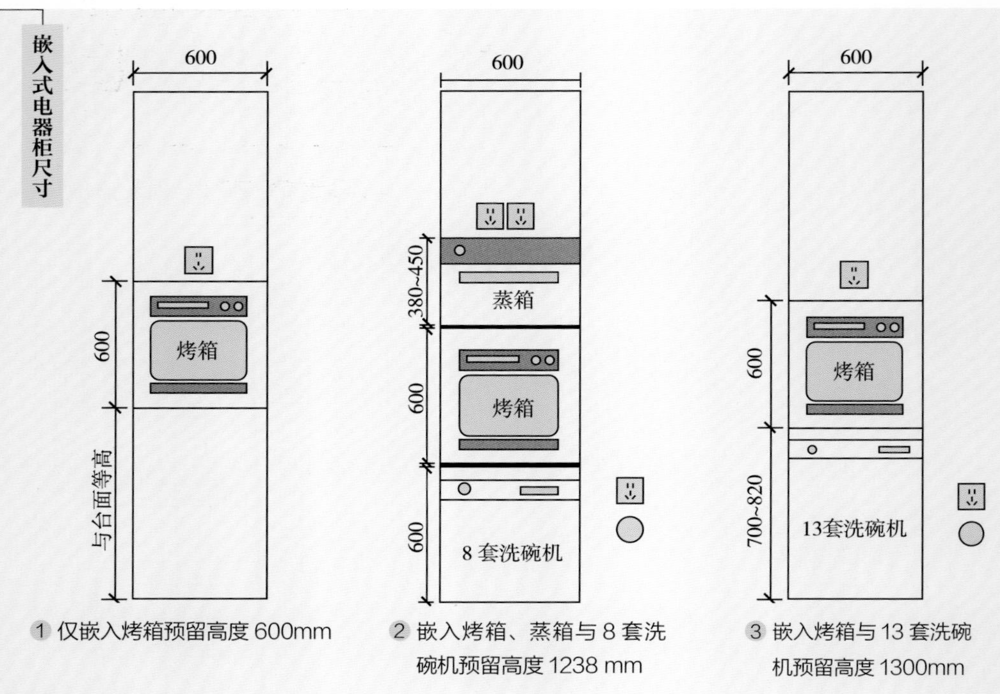

① 仅嵌入烤箱预留高度 600mm

② 嵌入烤箱、蒸箱与 8 套洗碗机预留高度 1238 mm

③ 嵌入烤箱与 13 套洗碗机预留高度 1300mm

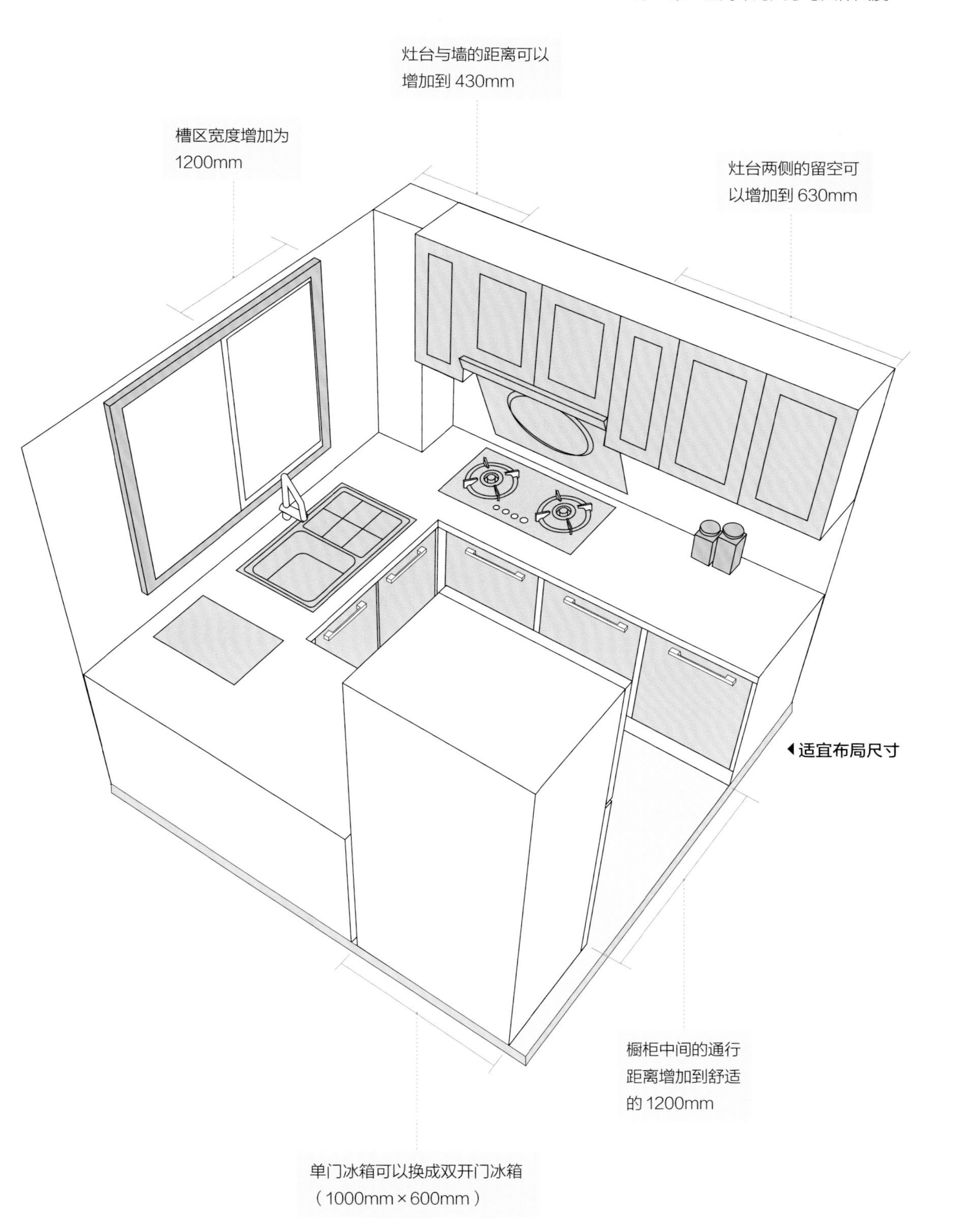
灶台与墙的距离可以
增加到 430mm
槽区宽度增加为
1200mm
灶台两侧的留空可
以增加到 630mm
橱柜中间的通行
距离增加到舒适
的 1200mm
单门冰箱可以换成双开门冰箱
（1000mm × 600mm）

◀适宜布局尺寸

5. 岛形布局最小面积为 $8m^2$

岛形布局并不是大户型才能拥有，开放式或半开放式厨房都可以采用岛形布局。岛形厨房不仅储物空间多，还能根据需求改变区域的布置，中岛不仅是备餐区，也可以是水槽区和灶台区。

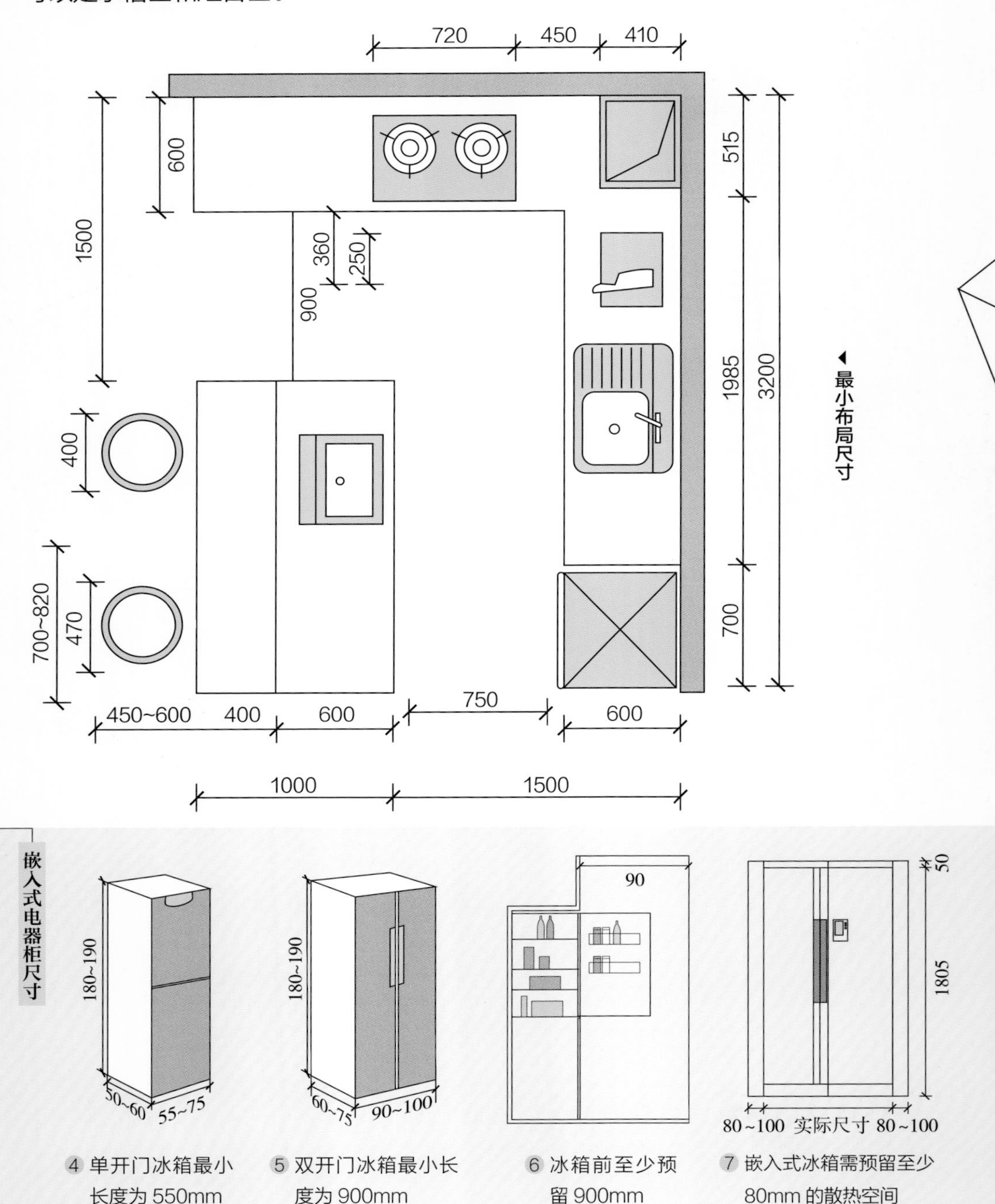

④ 单开门冰箱最小长度为 550mm

⑤ 双开门冰箱最小长度为 900mm

⑥ 冰箱前至少预留 900mm

⑦ 嵌入式冰箱需预留至少 80mm 的散热空间

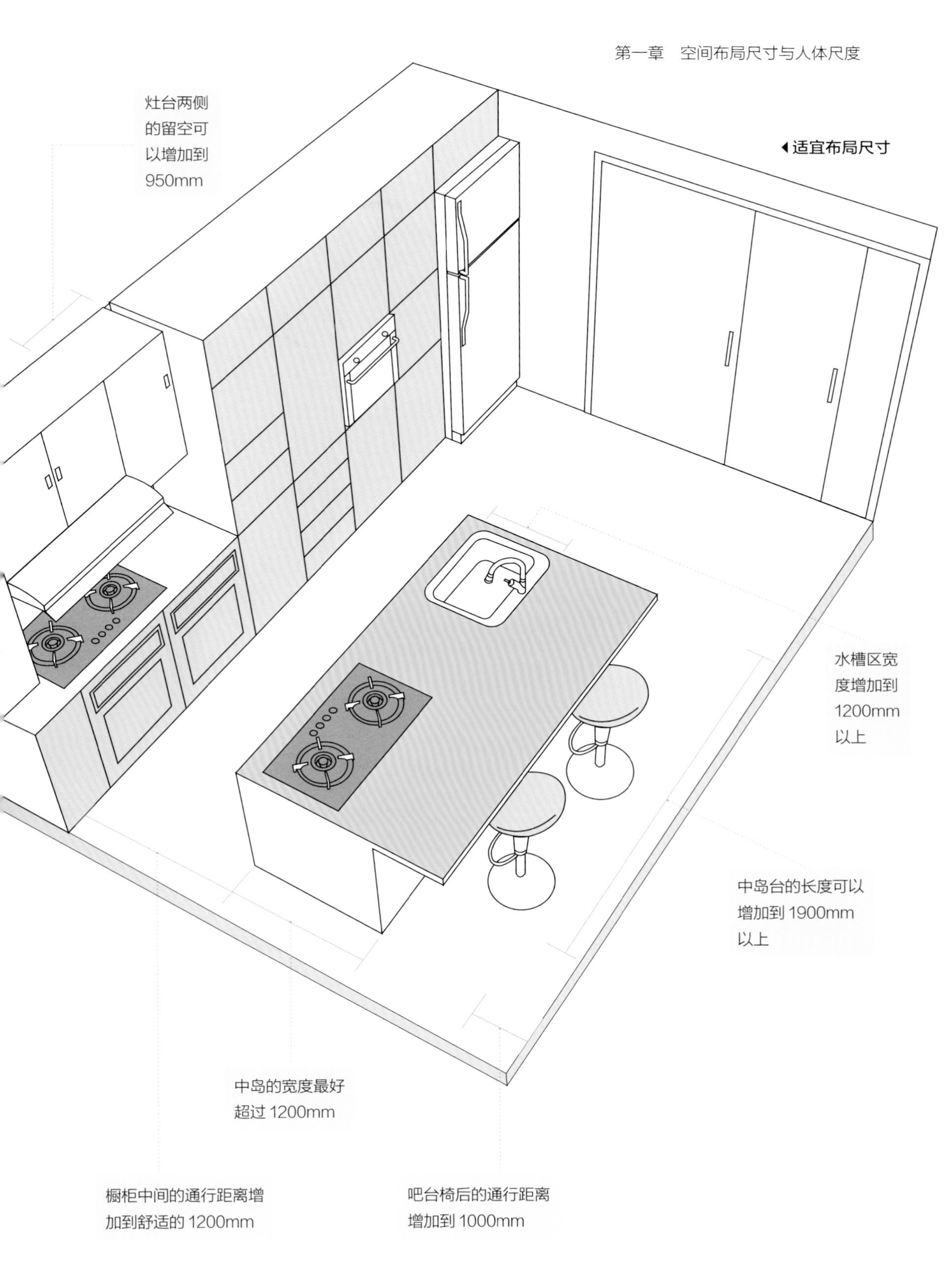
灶台两侧
的留空可
以增加到
950mm
◀适宜布局尺寸
水槽区宽
度增加到
1200mm
以上
中岛台的长度可以
增加到 1900mm
以上
中岛的宽度最好
超过 1200mm
橱柜中间的通行距离增
加到舒适的 1200mm
吧台椅后的通行距离
增加到 1000mm

五、卧室

1. 床与衣柜平行的布局最小面积为 $8m^2$

传统主卧布局中，衣柜一般放在床的一侧，中间的距离最小有 550mm，这是人通行最小的距离，如果少于这个距离，在衣柜前拿东西会很憋屈。床尾的活动距离要预留大一点，最小的距离为 900mm，而双人床的最小尺寸为 1500mm×2000mm。

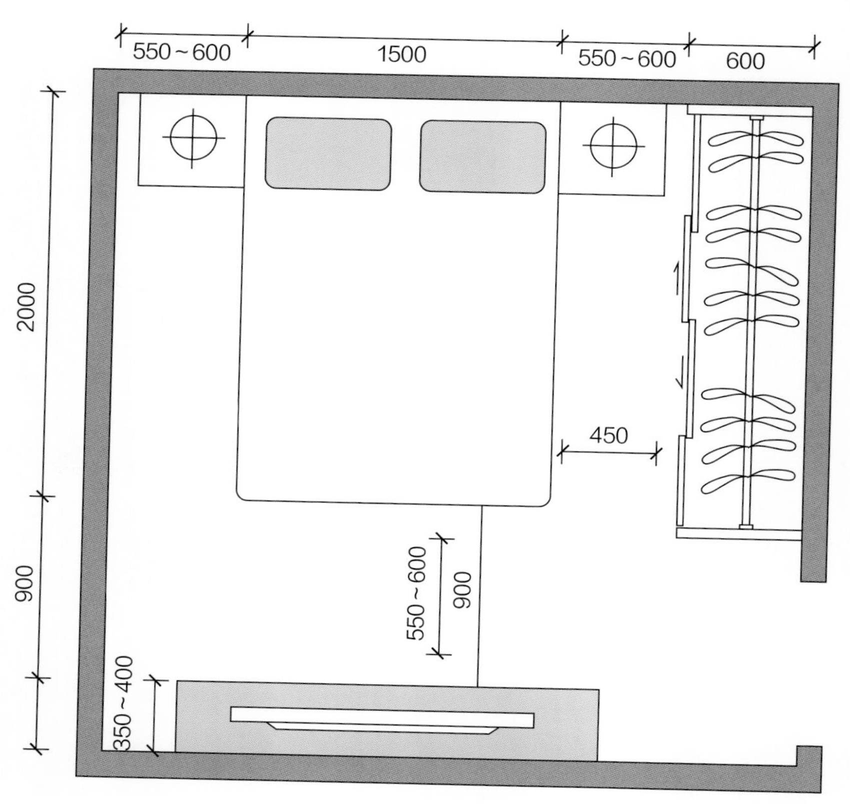

▲ 最小布局尺寸

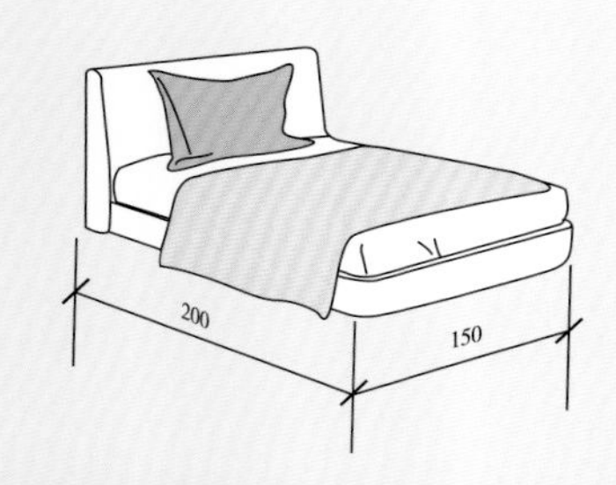

① 单人床尺寸为 900mm×2000mm×450mm

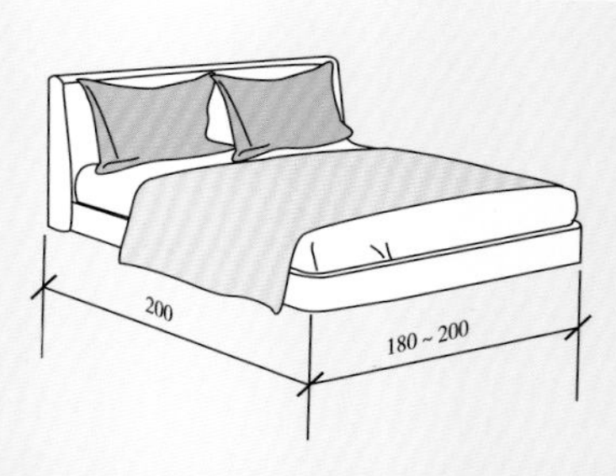

② 双人床尺寸为 1800mm×2000mm×450mm

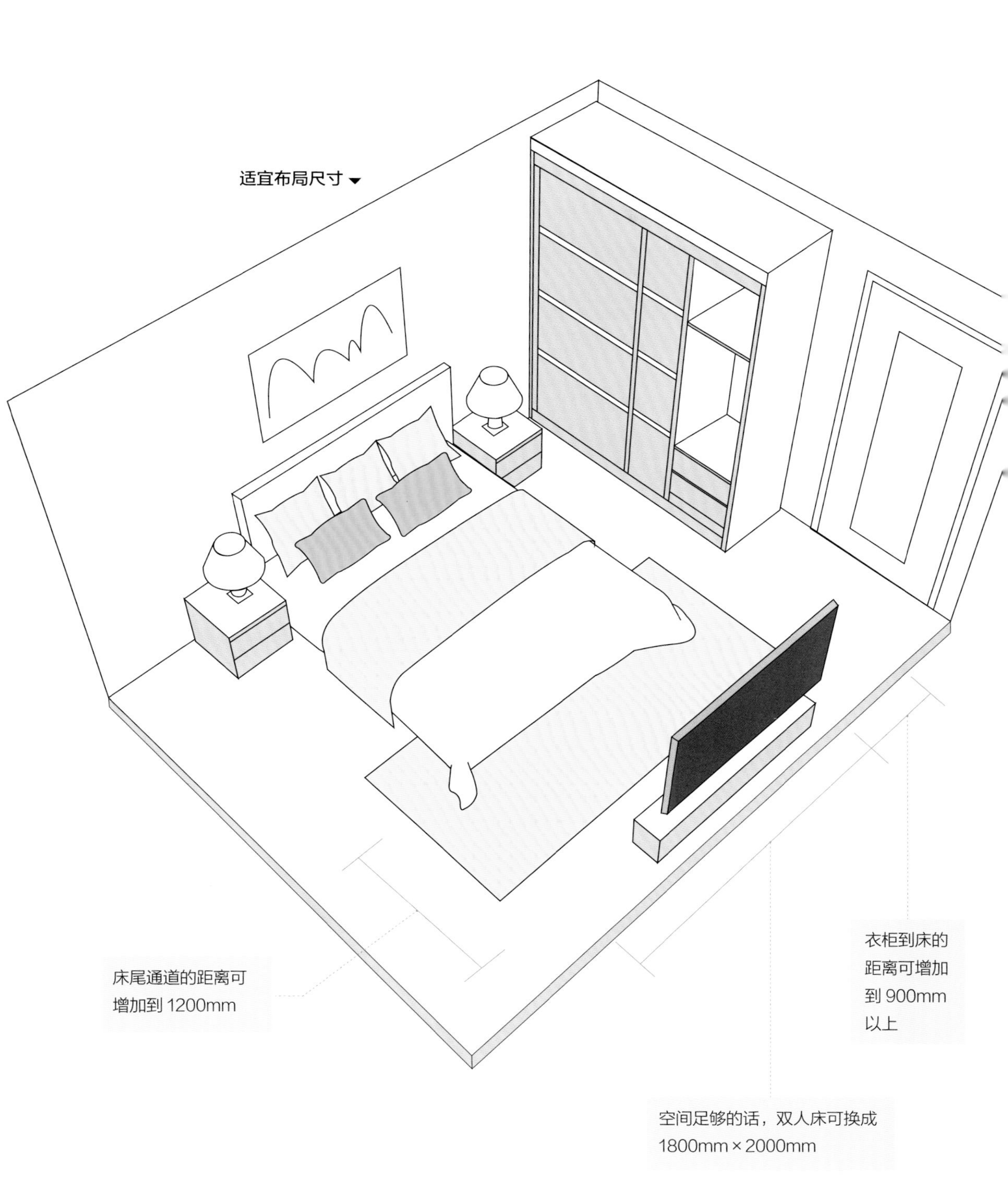
适宜布局尺寸
床尾通道的距离可
增加到 1200mm
衣柜到床的
距离可增加
到 900mm
以上
空间足够的话，双人床可换成
1800mm × 2000mm

2. 衣柜到床尾的布局确保通道至少 120mm

衣柜除了与床平行外，还可以与床垂直。将衣柜放置在床尾，不仅可以让床两侧的空间可以变得更宽敞，而且床尾的衣柜长度更长，收纳空间会更多。唯一要注意的是，由于床尾衣柜前的空间与主卧的通道重合，所以需要预留 1200mm 的空间。

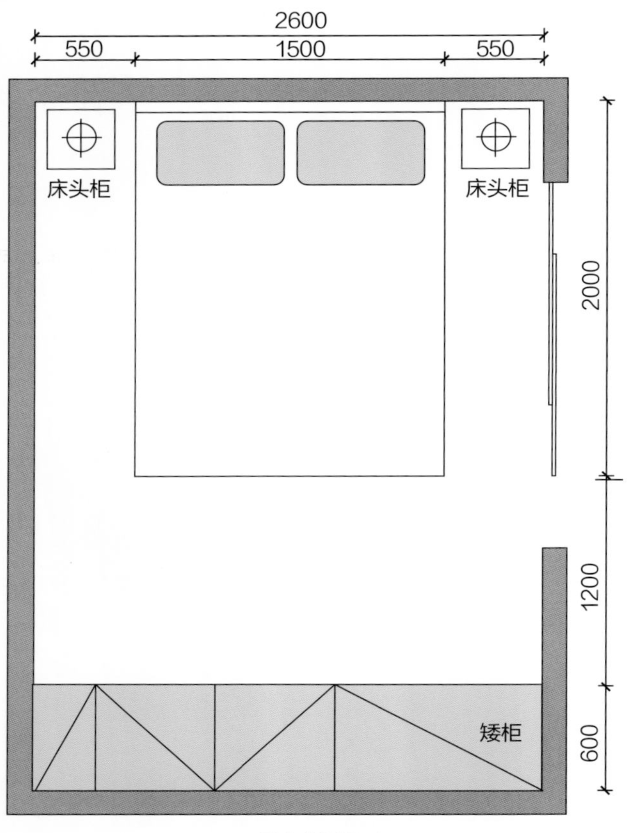

▲ 最小布局尺寸

衣柜到床的距离可增加到 900mm 以上

床周围的通行距离

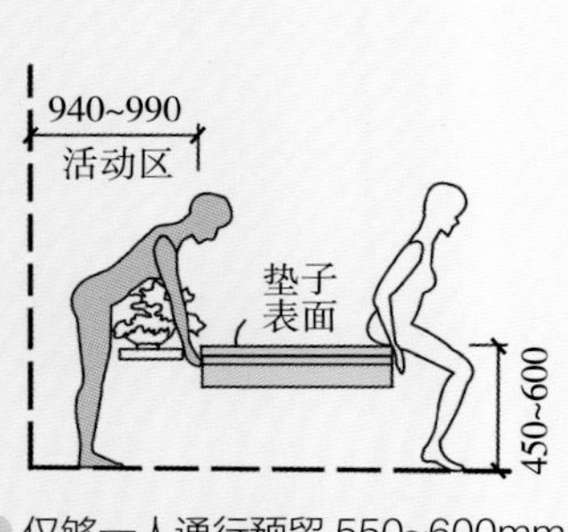

① 仅够一人通行预留 550~600mm

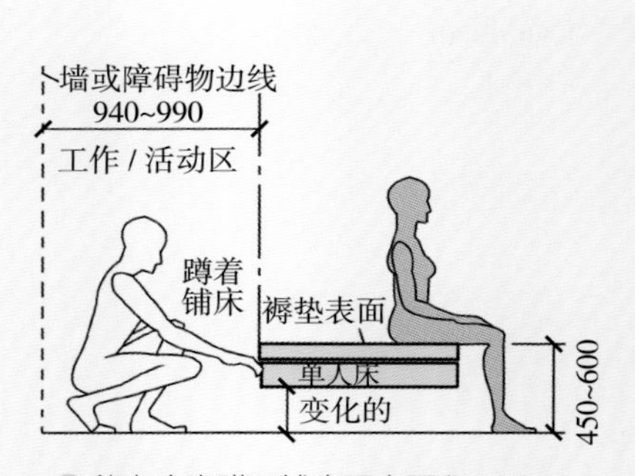

② 能在床旁蹲下铺床至少预留 950mm

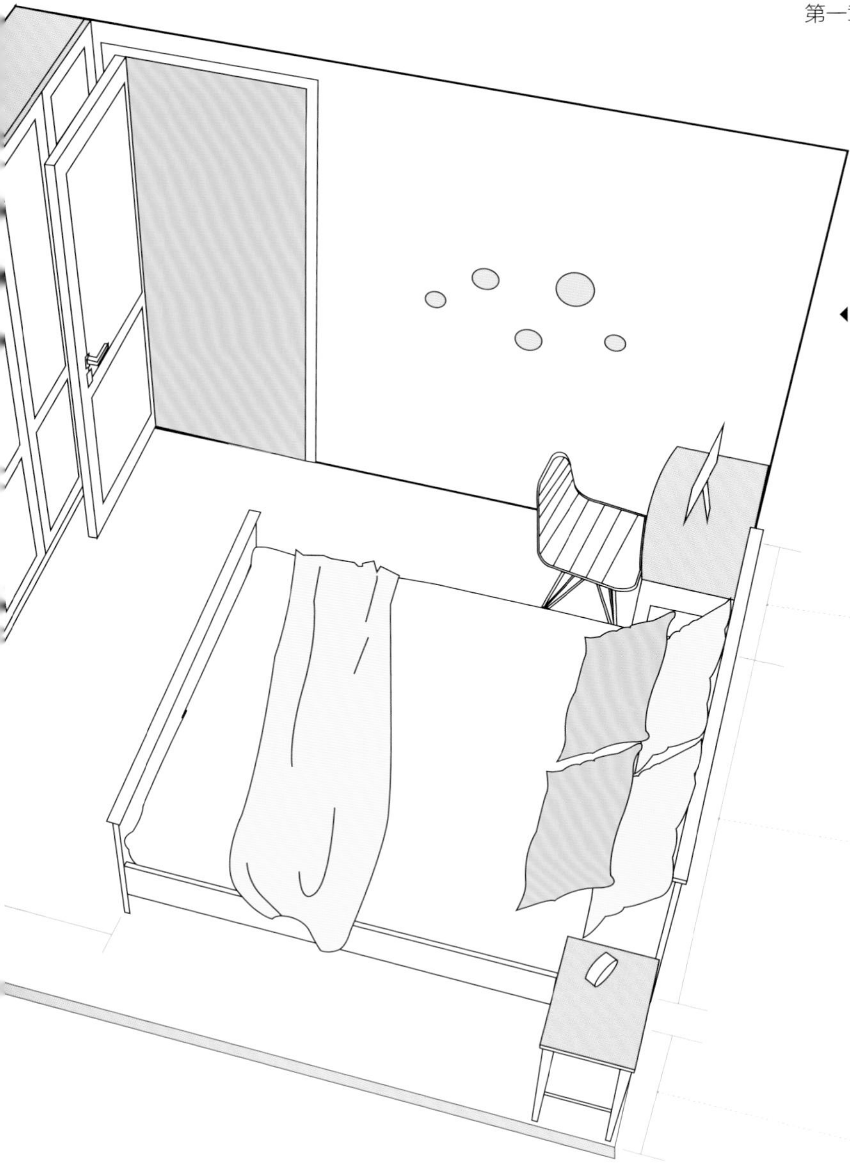

◀适宜布局尺寸

床到墙的距离也可以增加到1200mm 方便摆放桌子

空间足够的话，双人床可换成 1800mm × 2000mm

床到墙的距离可以增加到900mm，方便通行

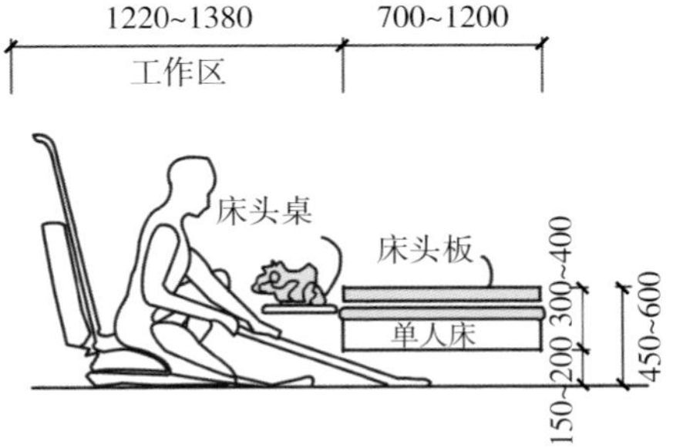

3 能进行清扫活动至少预留 1200mm

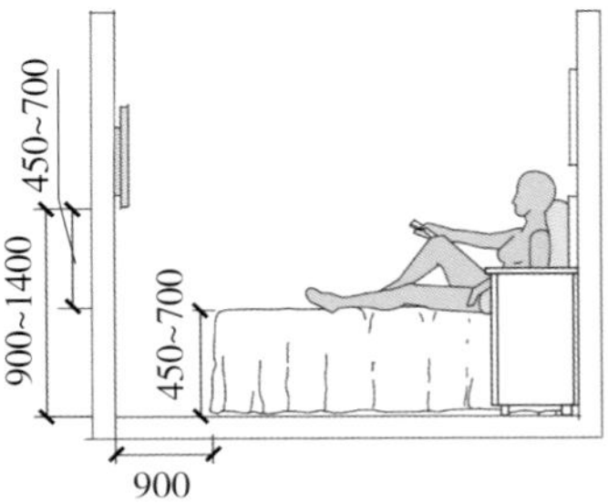

4 床尾边沿与电视柜至少预留 900mm

3. L 形衣柜步入式衣帽间布局，卧室至少 11.6m²

如果卧室宽度达到 2900mm 以上，可以利用卧室的一面墙和 L 形衣柜围合出一个小衣帽间。小衣帽间的通道预留最小 800mm 即可。如果主卧室里的卫生间正对着床，也可以用这个方法将主卧与主卫分隔开。

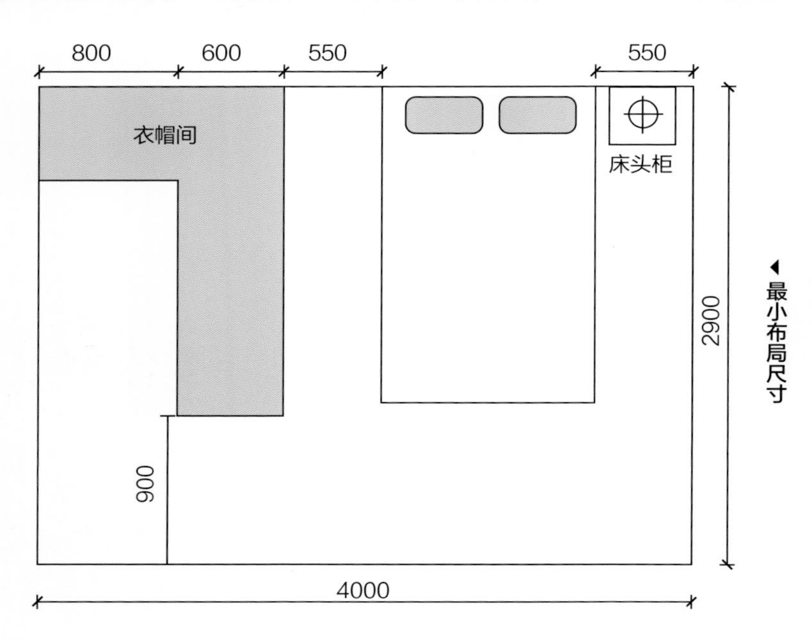

▲最小布局尺寸

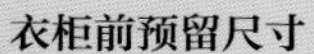

① 推拉门衣柜预留 550mm 以上

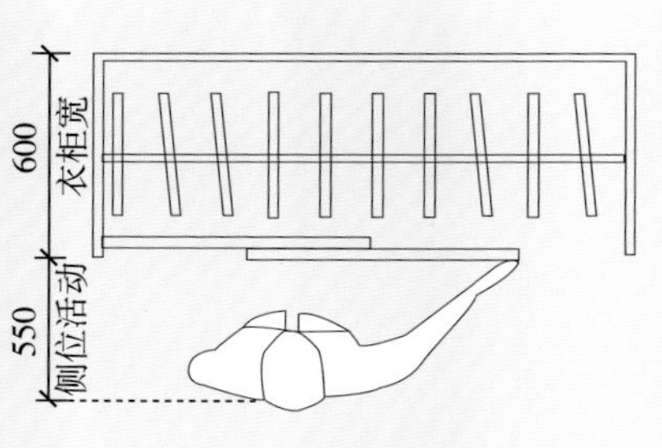

衣帽间内的通行距离适当增加到 1200mm

床到衣柜的距离调整到 900mm 以上

② 平开门衣柜预留 630mm 以上

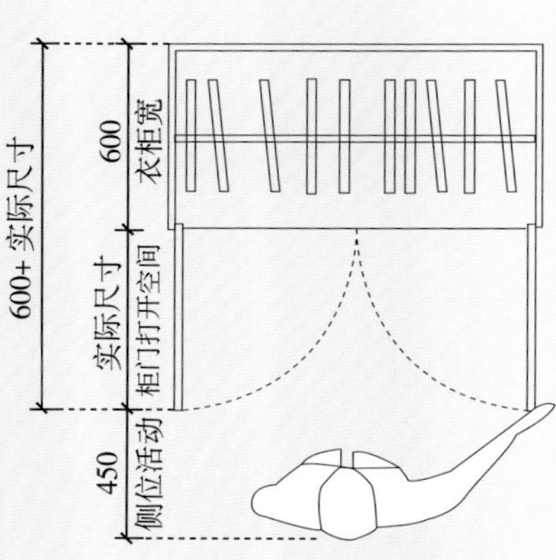

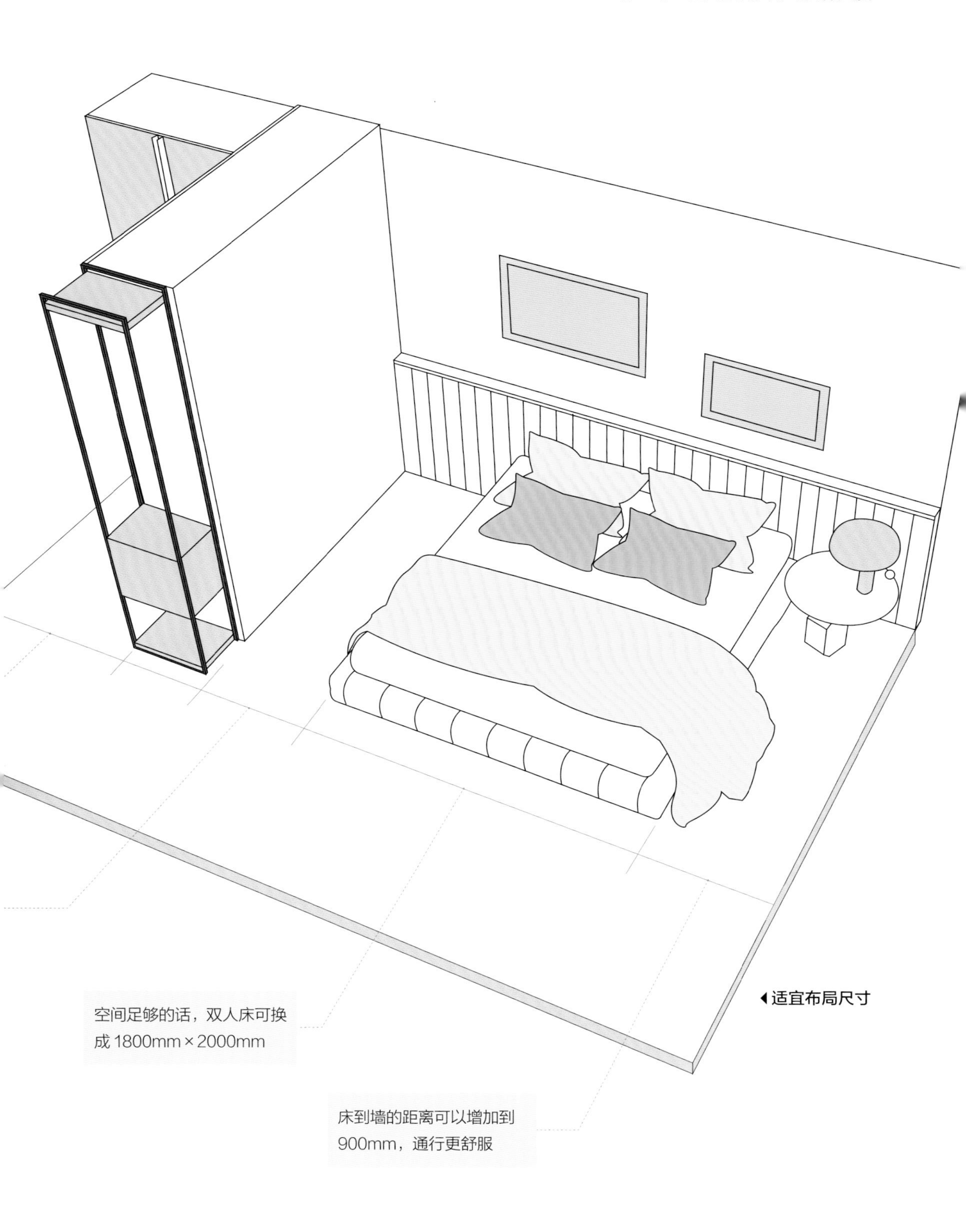

◀适宜布局尺寸

4. U 形衣柜步入式衣帽间布局，卧室长度至少 4m

如果主卧的长度在 4m 以上，可以考虑在床一旁用 U 形衣柜围合出一个半开放式的衣帽间。衣帽间衣柜的深度为 600mm，衣帽间内的通行距离最少留 800mm。

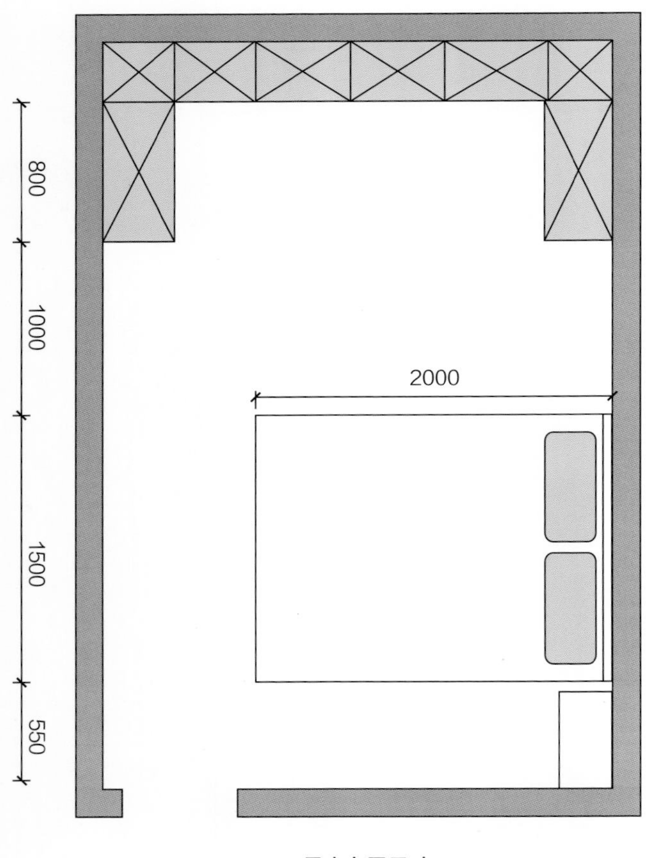

▲ 最小布局尺寸

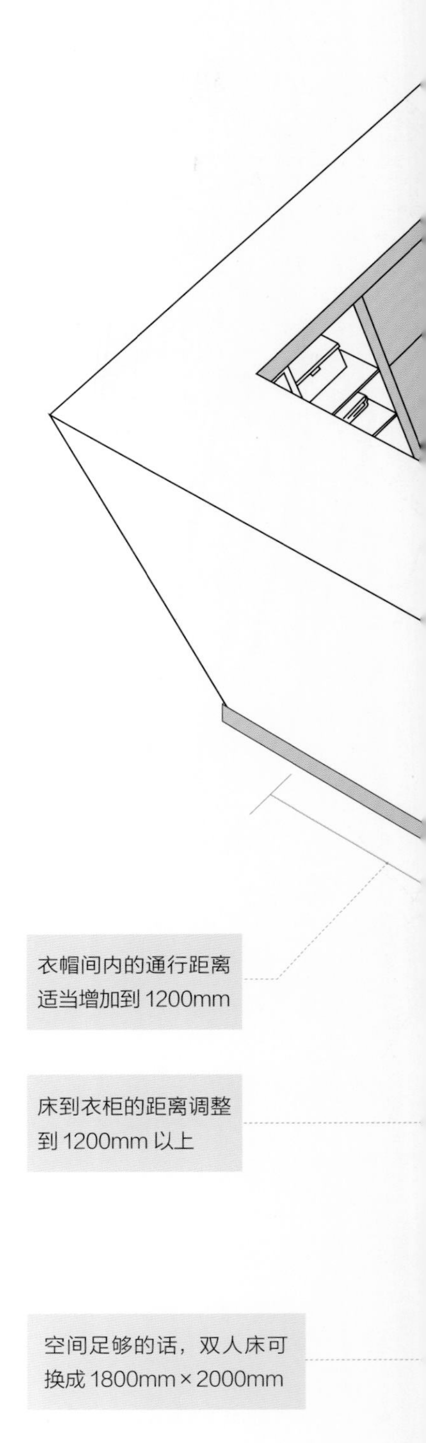

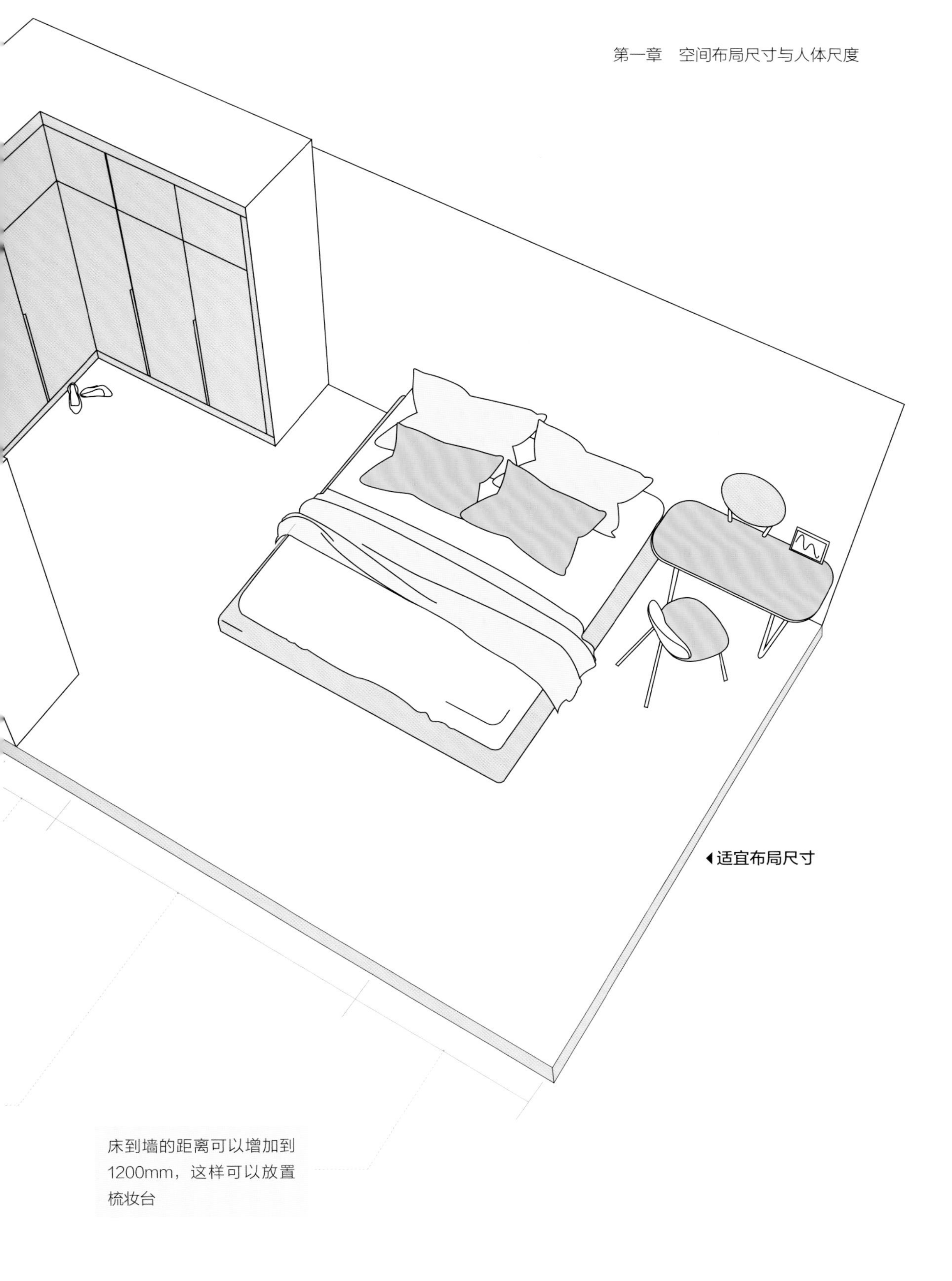

床到墙的距离可以增加到1200mm，这样可以放置梳妆台

5. 床头不靠墙做衣帽间布局，卧室宽度需大于长度

如果主卧的宽度大于长度，可以考虑把衣帽间设计在床头或者床尾，同样是用 L 形衣柜或 U 形衣柜围合出相对独立的区域，只要保证通道距离在 800mm 以上即可。

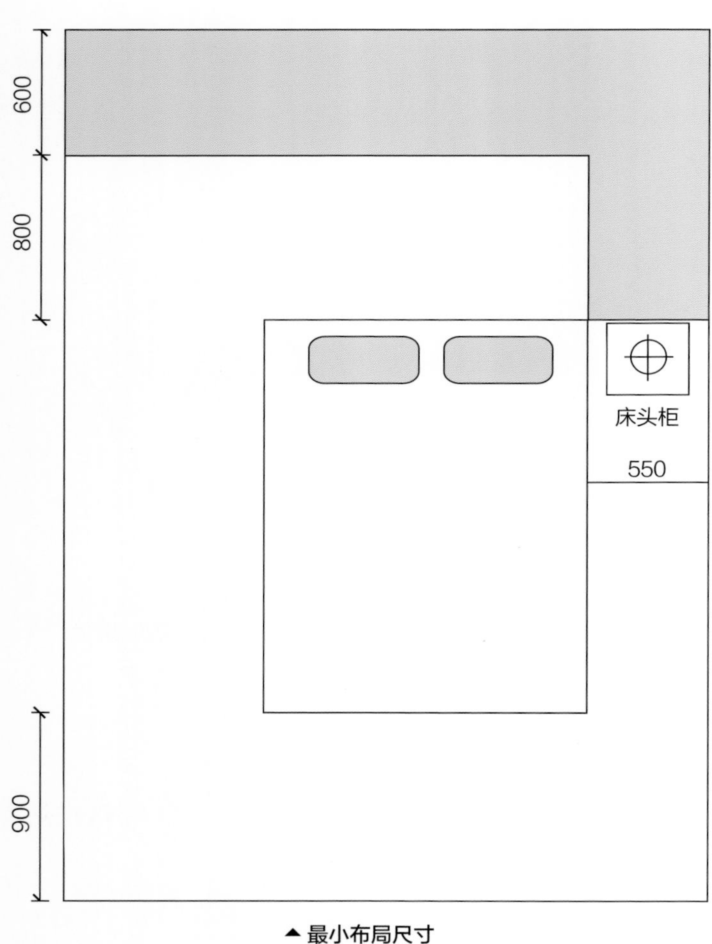

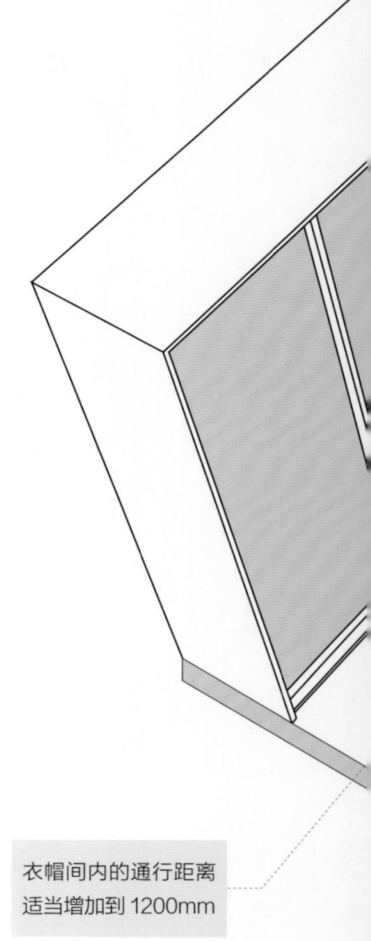

▲ 最小布局尺寸

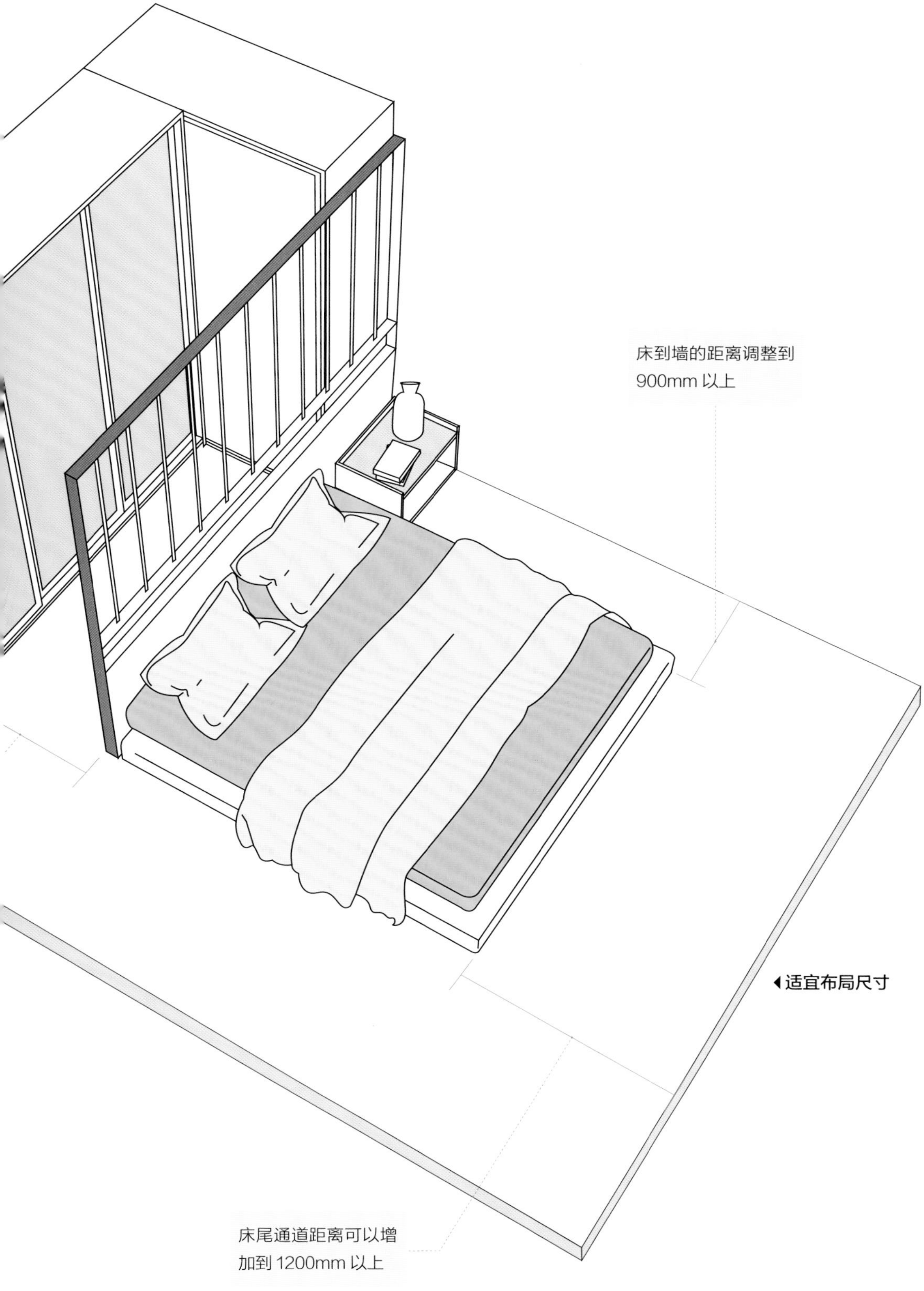

床到墙的距离调整到
900mm 以上

◀适宜布局尺寸

床尾通道距离可以增
加到 1200mm 以上

6. 带婴儿床的卧室布局最小面积为 10.2m²

带婴儿床的卧室布局要考虑床一侧需要预留出至少 550mm 的间距摆放婴儿床，方便父母起夜照顾孩子。衣柜可以放置在床尾也可以放置在床侧，但要确保预留出至少 550mm 以上的间距。如果衣柜是平开门，要给衣柜门预留至少 630mm 的空间。

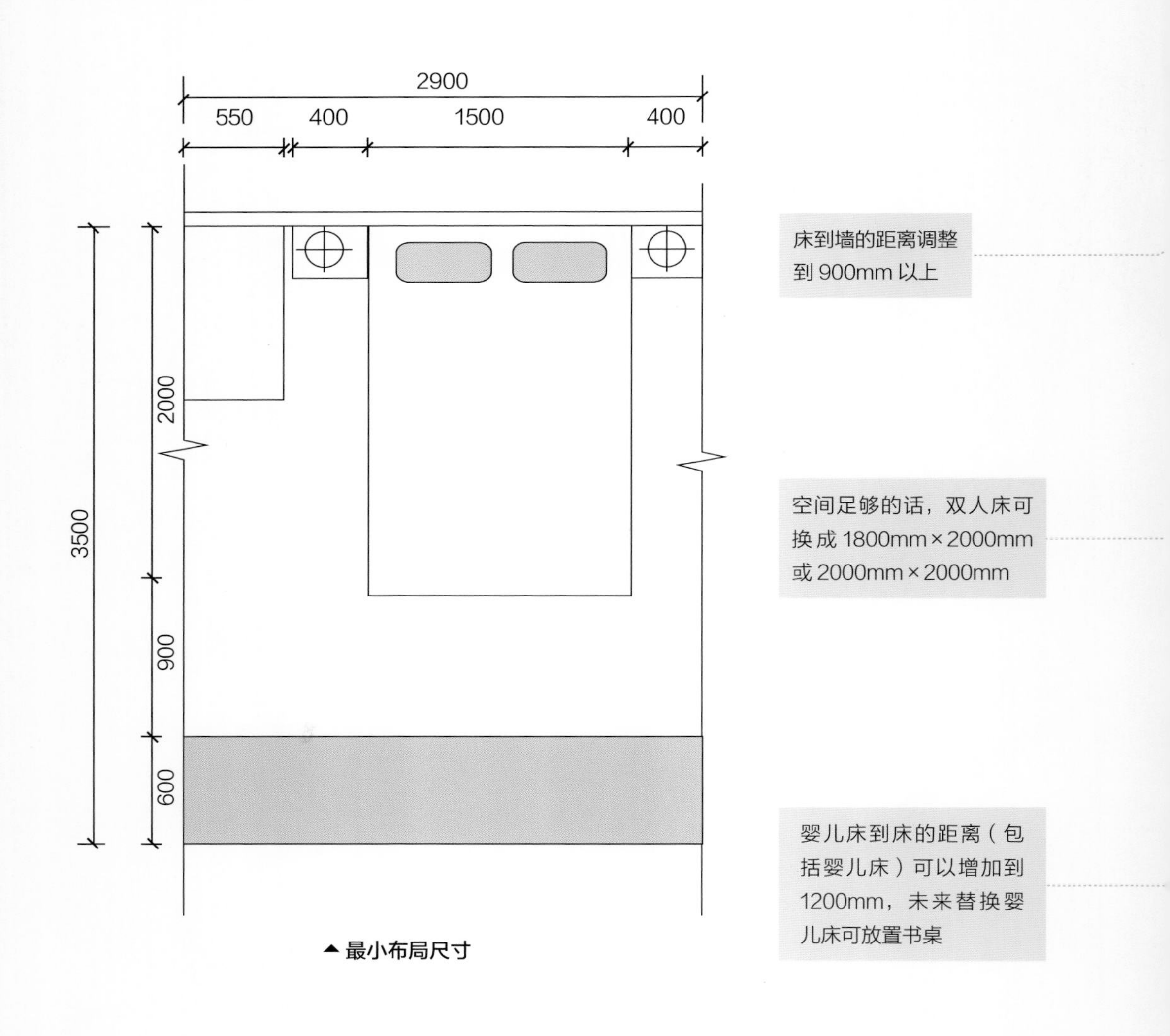

▲ 最小布局尺寸

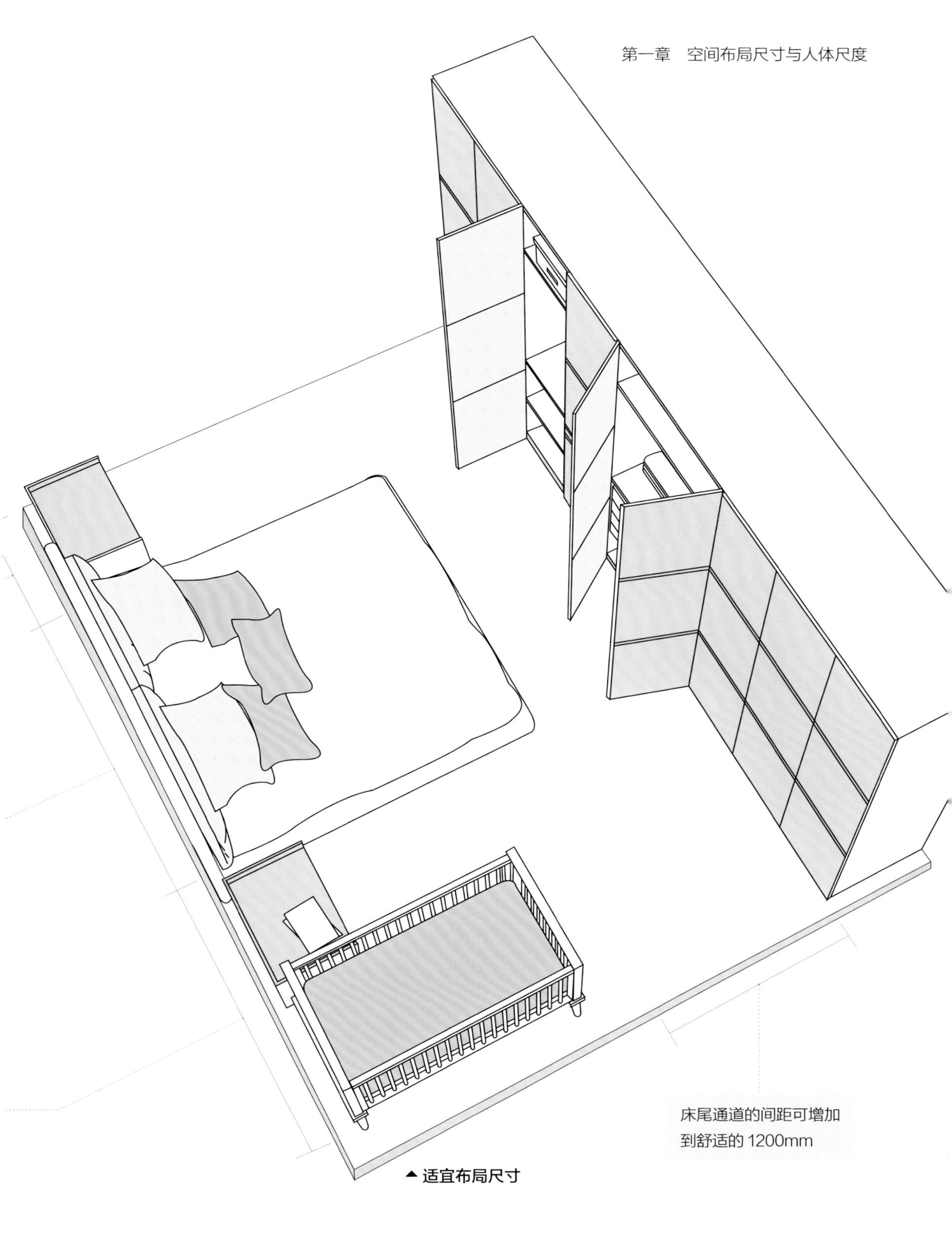

▲ 适宜布局尺寸

六、儿童房

1. 组合式榻榻米布局最小面积为 4.8m²

6~12 岁的儿童已经步入学校了，房间不仅是休闲区，也是学习区，所以需要摆放书桌椅、书柜以及衣柜等家具。相比零散的摆放，不如使用组合式榻榻米，将所有家具一体化，可以提高空间的利用率，留出更多的休闲区。要注意书桌椅的后面要预留出足够的通道距离，至少要有 900mm。

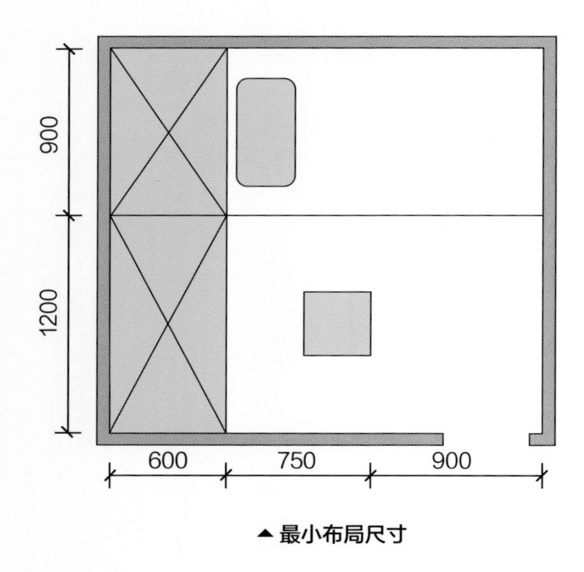

▲ 最小布局尺寸

书桌的长度可增加到 1500mm

书桌的宽度可增加到 1200mm

椅子拉出的活动距离可增加到 900mm

中间通道的距离可增加到 1200mm

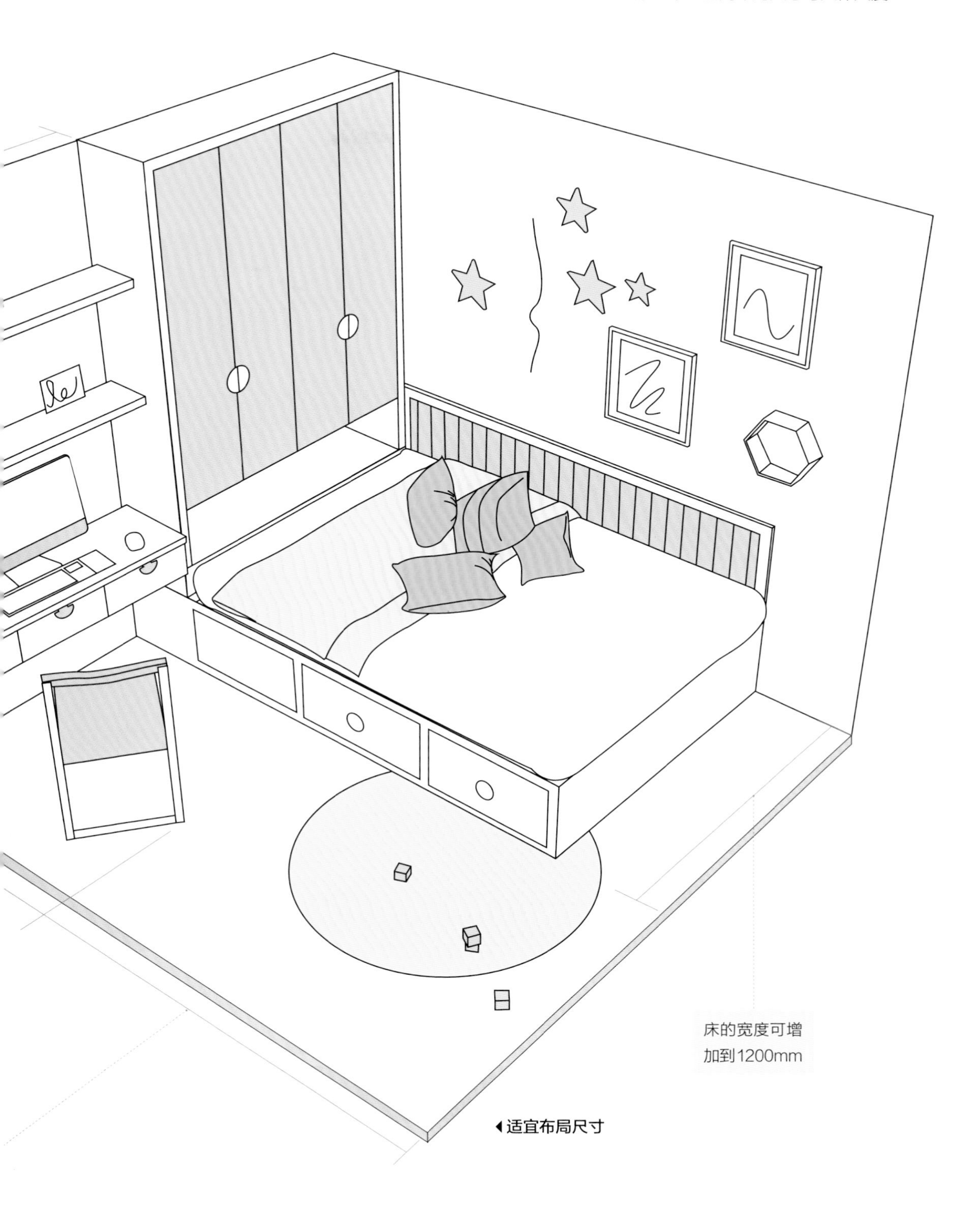

◀适宜布局尺寸

2. 上床下桌

如果房间小，但层高足够，那么可以做成上床下桌的空间形式，节省空间。如果是儿童房中的上下床则多采用楼梯柜设计，而非上下的直梯，这样会更安全，同时踏步楼梯还能作为储物柜使用，要注意踏步楼梯的宽度不能低于 600mm。上床层高不能低于 1200mm，下层层高不能低于 1500mm。

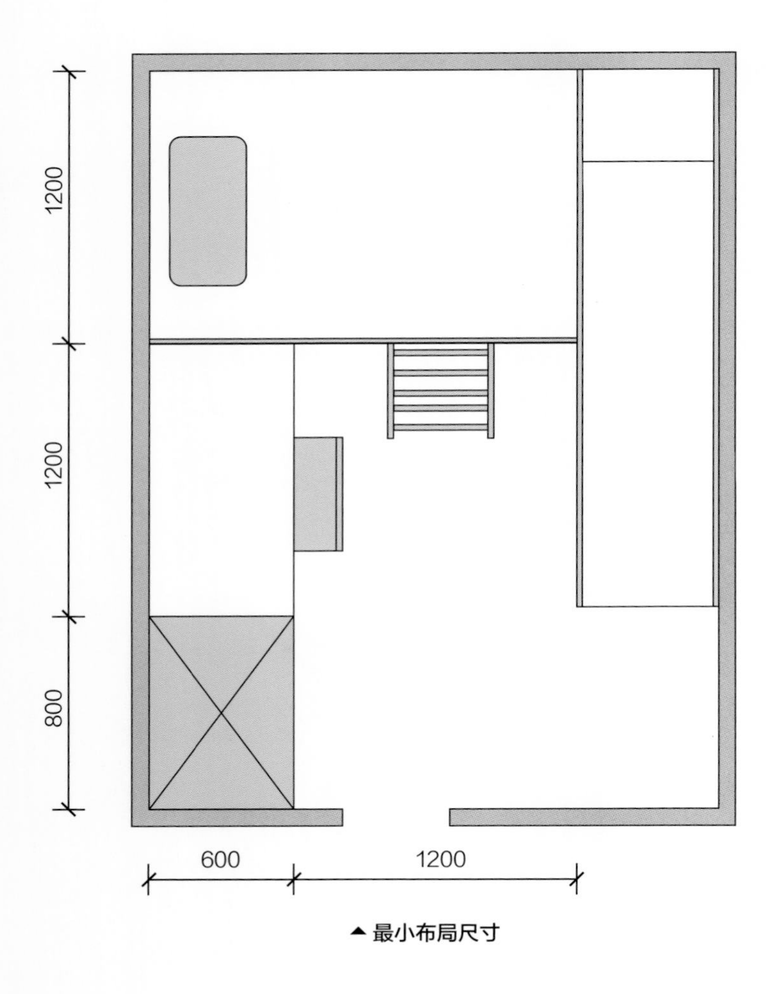

▲ 最小布局尺寸

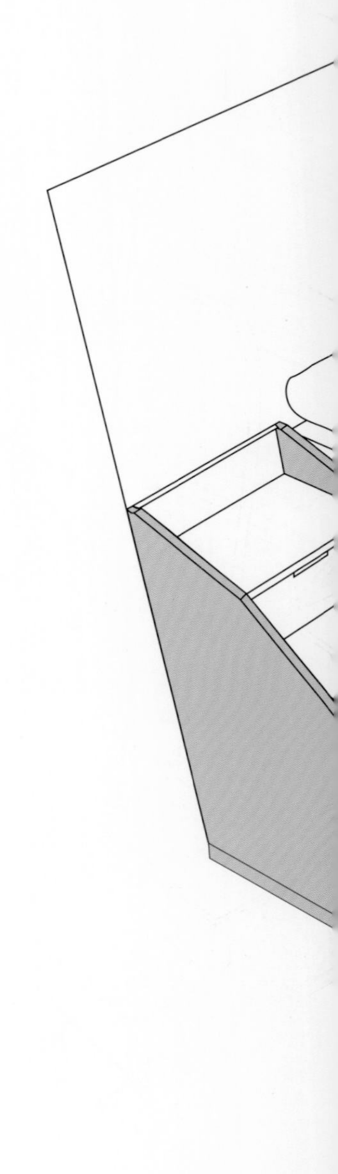

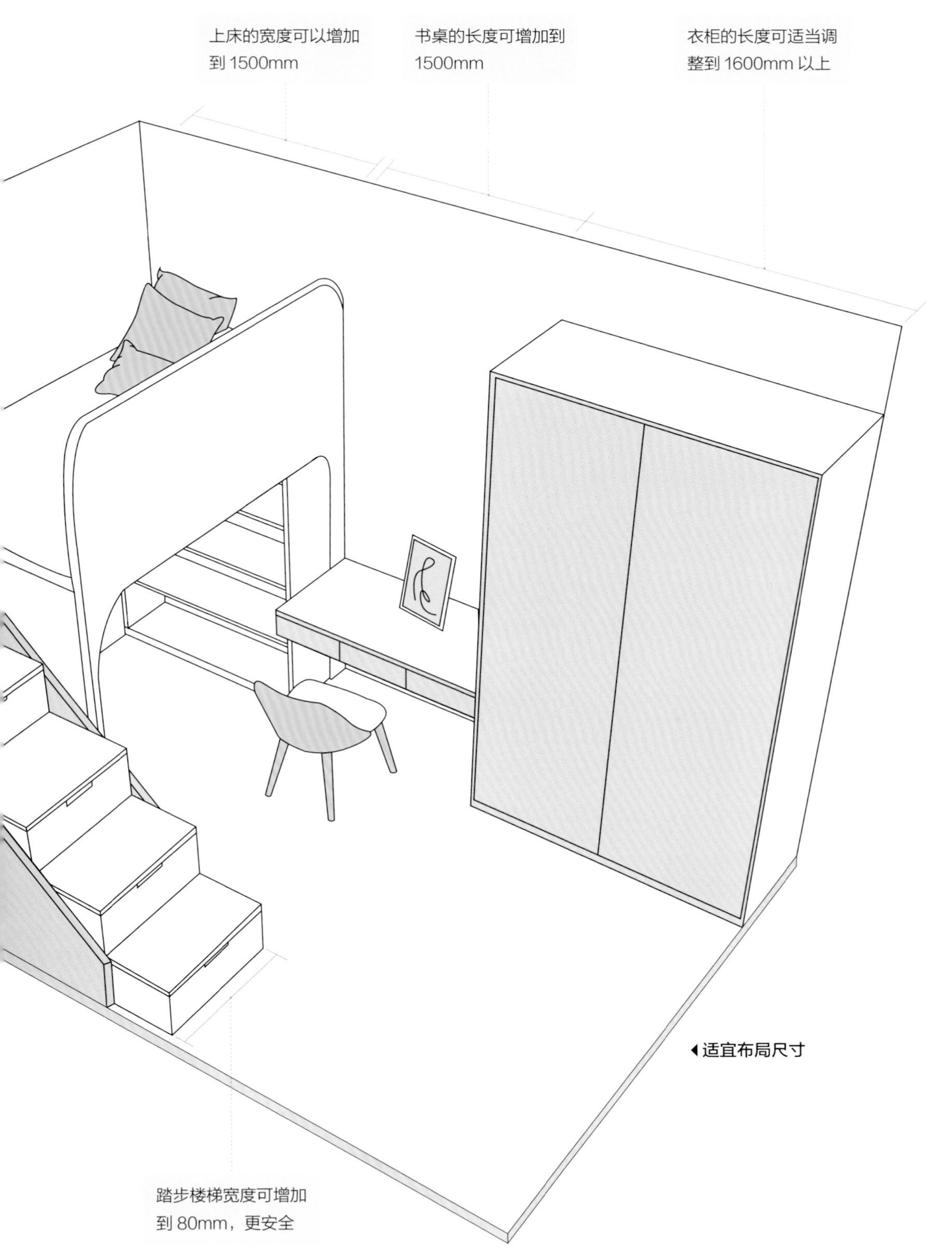
上床的宽度可以增加
到 1500mm
书桌的长度可增加到
1500mm
衣柜的长度可适当调
整到 1600mm 以上
踏步楼梯宽度可增加
到 80mm，更安全

◀适宜布局尺寸

3. 二孩儿童房最小面积宜为 $10m^2$

高低床比较适合房间较小的儿童房，但是考虑到要在房间摆放书桌和床，所以面积最小也要有 $10m^2$。使用高低床要注意室内净层高要有 2.4m。

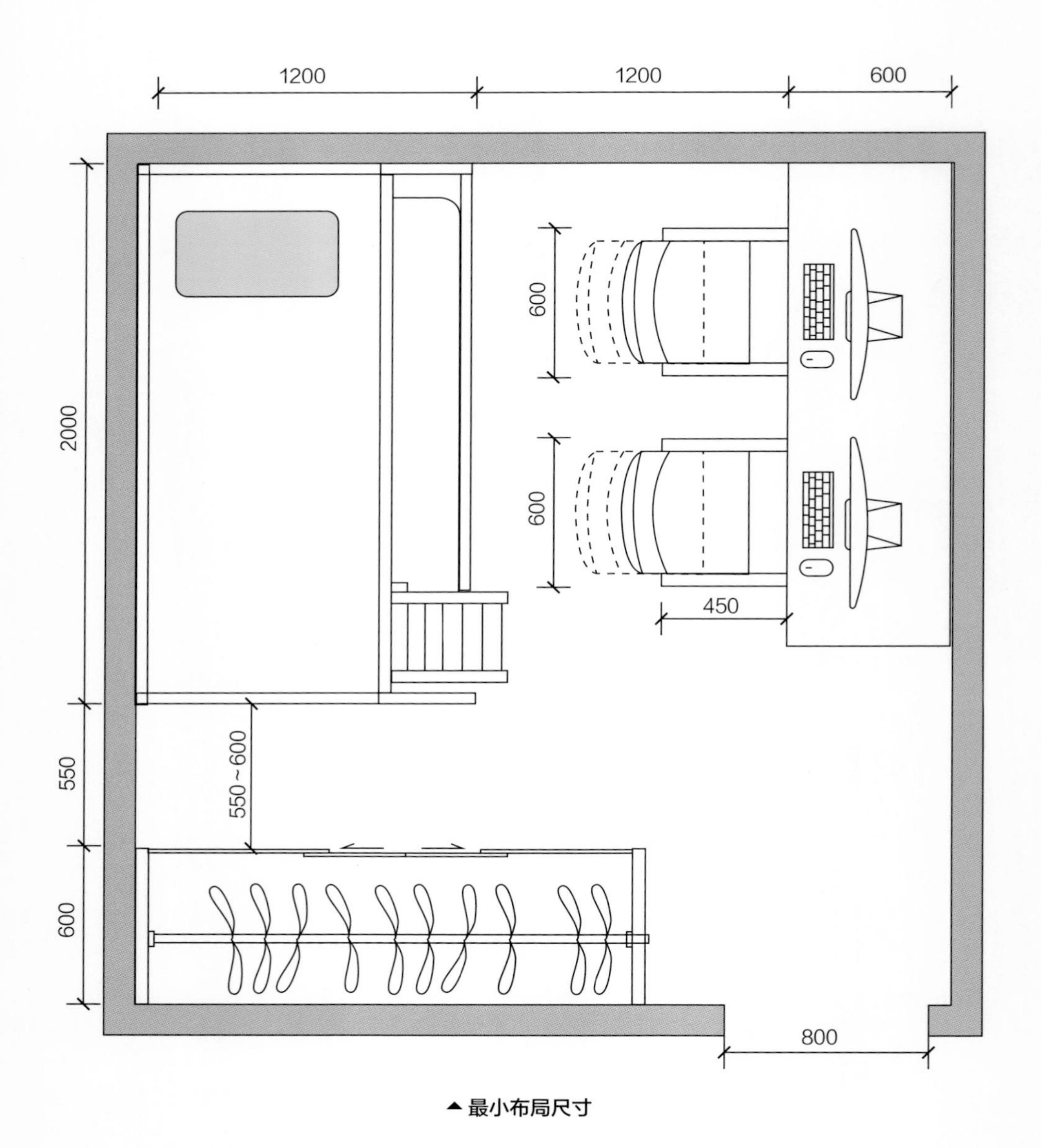

▲最小布局尺寸

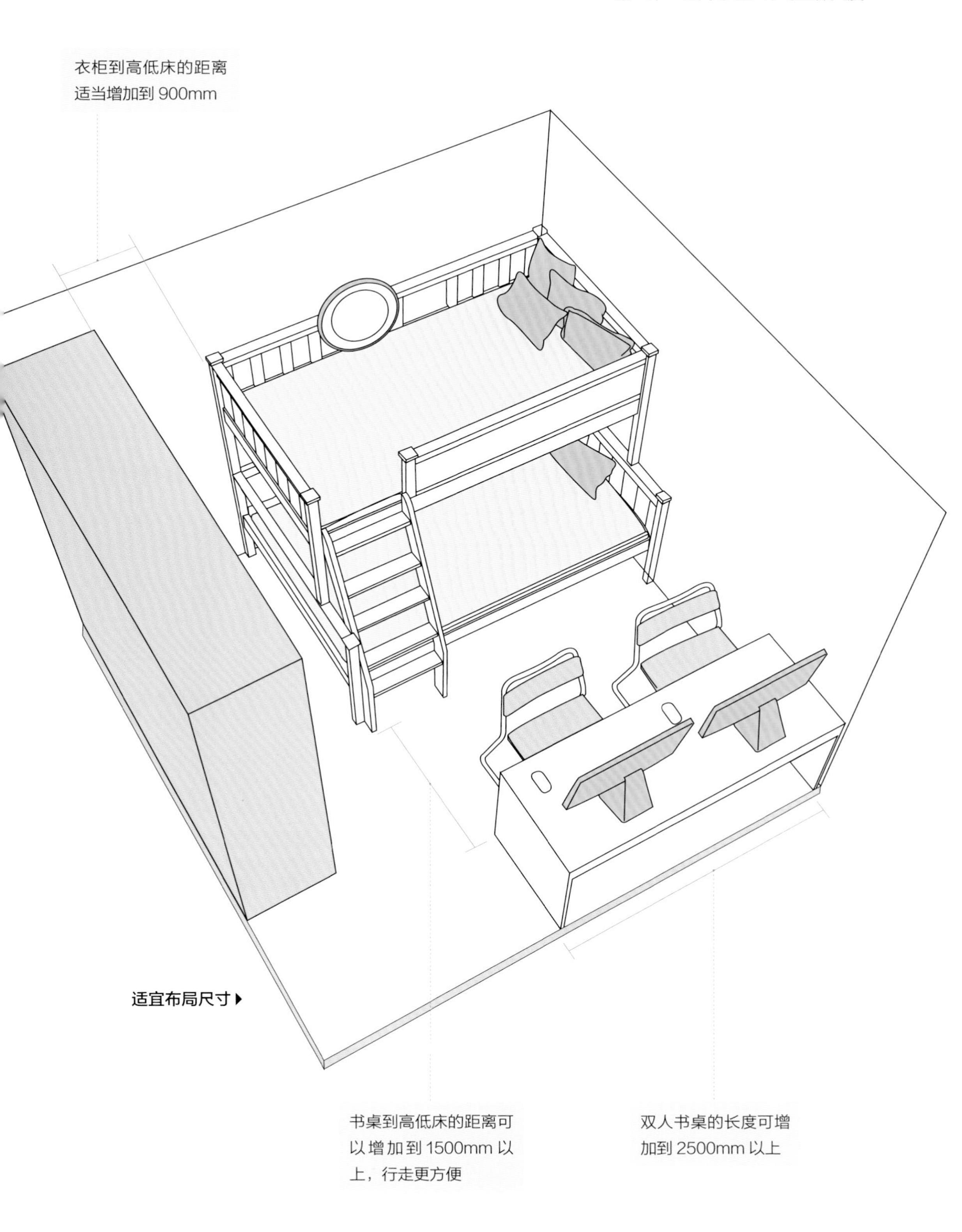
衣柜到高低床的距离
适当增加到 900mm
适宜布局尺寸
书桌到高低床的距离可
以增加到 1500mm 以
上，行走更方便
双人书桌的长度可增
加到 2500mm 以上

七、衣帽间

1. 一字形衣帽间宽度最小为 1500mm

一字形衣帽间布局就是将衣柜呈一字形排开，衣柜的进深为 600mm，衣柜前的通道最少为 900mm，所以衣帽间的宽度最少也要有 1500mm（600+900）。

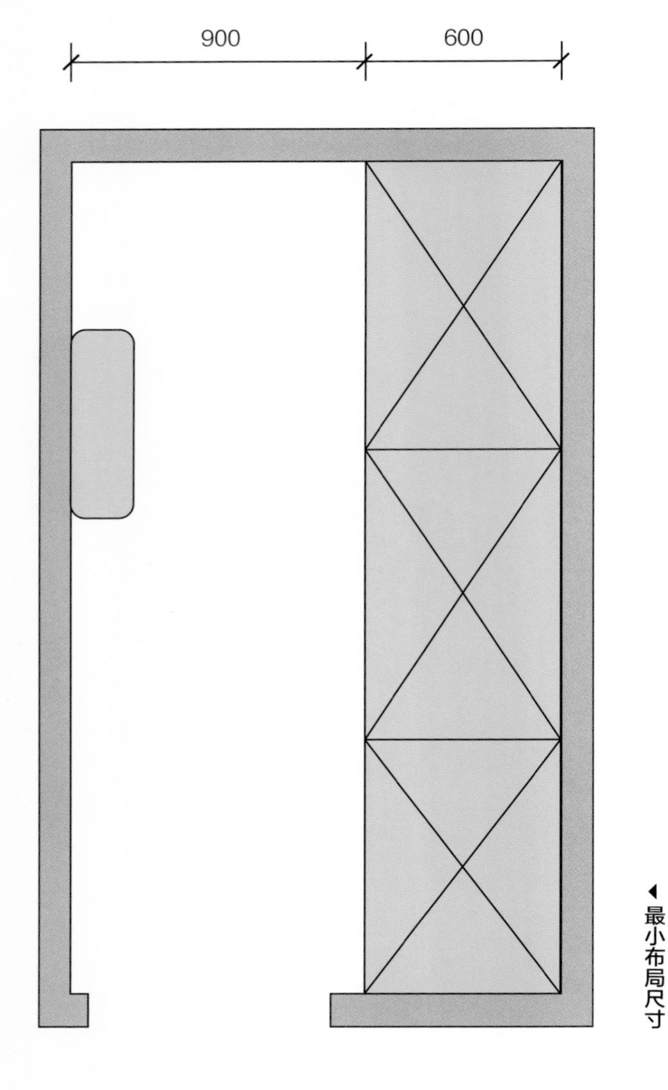

◀最小布局尺寸

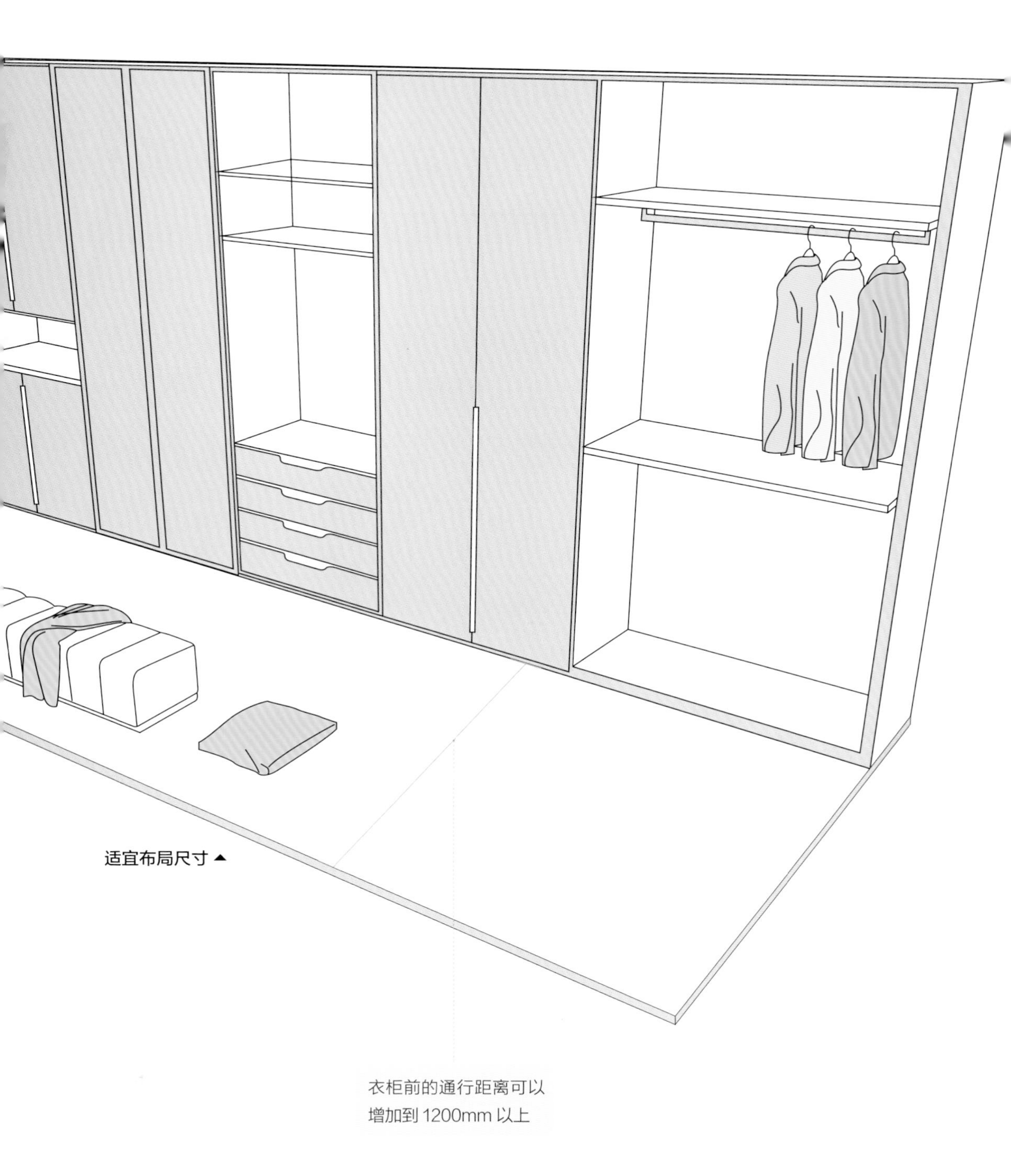

适宜布局尺寸 ▲

2. 二字形布局建议房间宽度 2100mm 以上

二字形布局就是将两排衣柜靠墙摆放，中间留出至少宽 900mm 的通道方便走动。二字形衣帽间对空间的宽度要求较高，建议宽度在 2100mm 以上，这样才能保证中间通道距离足够。

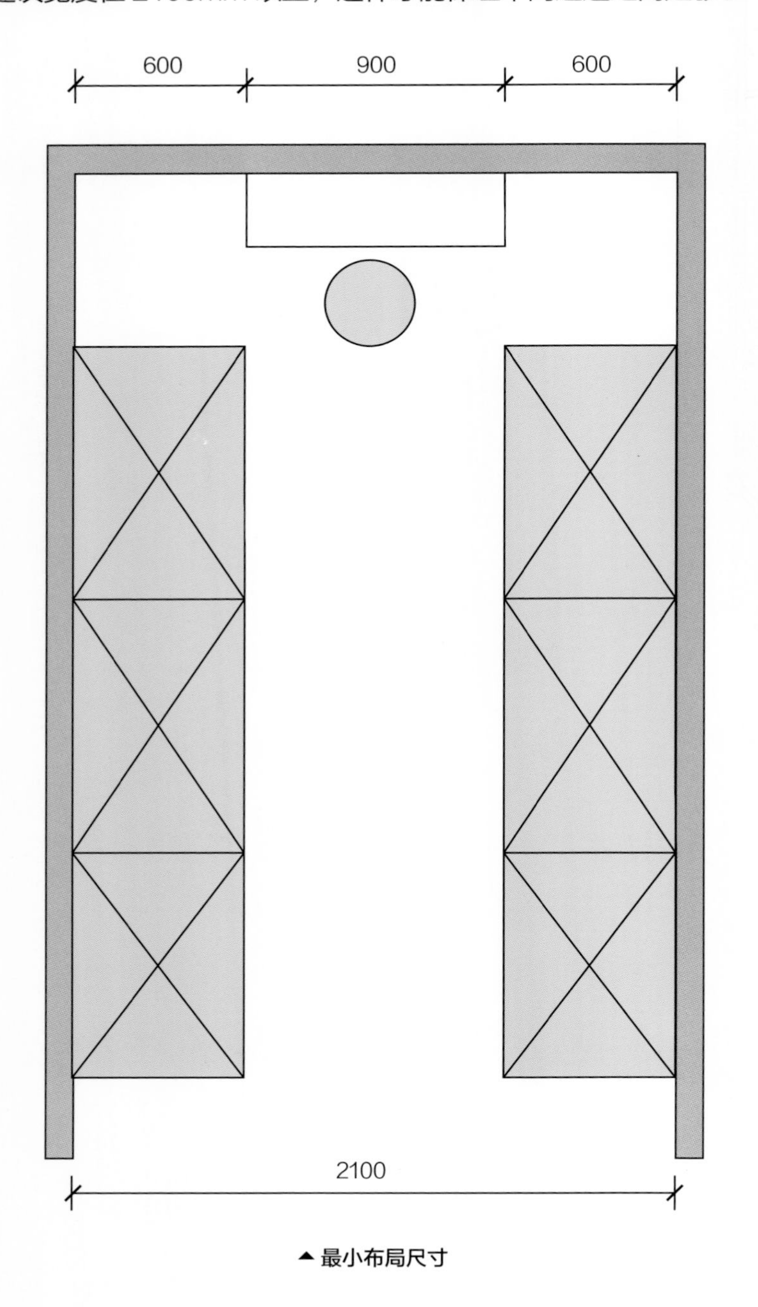

▲ 最小布局尺寸

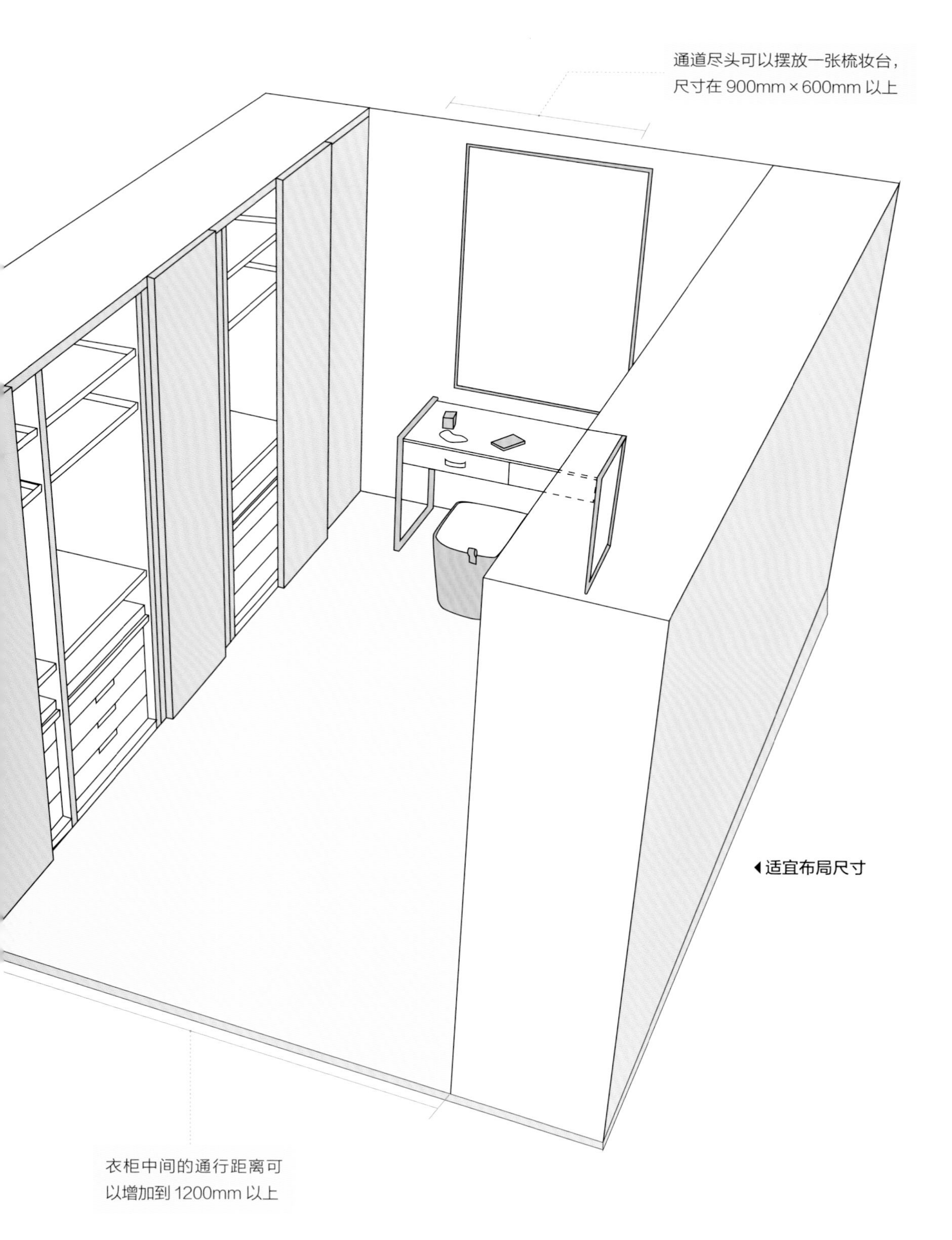
通道尽头可以摆放一张梳妆台，
尺寸在 900mm × 600mm 以上
衣柜中间的通行距离可
以增加到 1200mm 以上

◀适宜布局尺寸

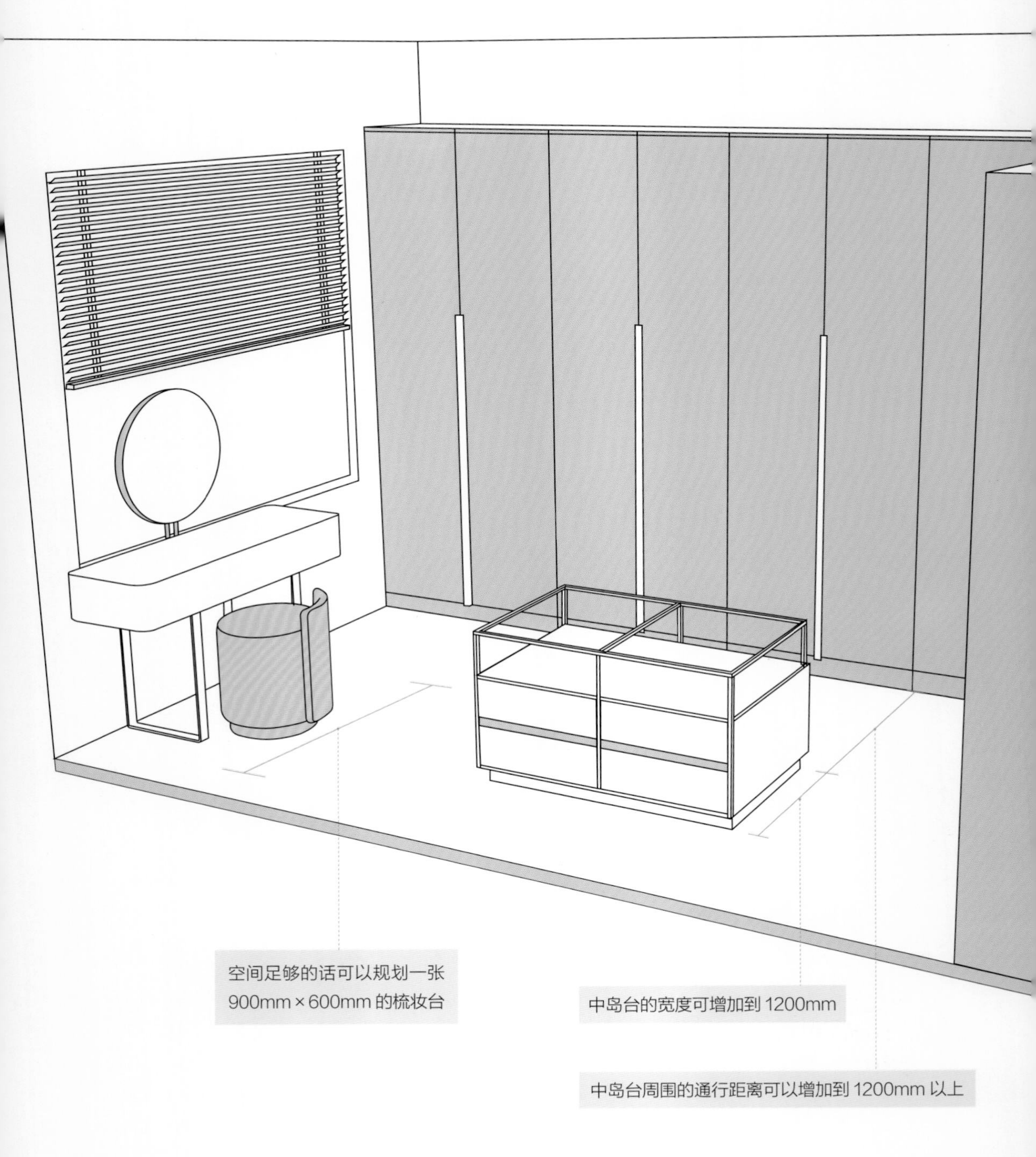
空间足够的话可以规划一张
900mm×600mm 的梳妆台
中岛台的宽度可增加到 1200mm
中岛台周围的通行距离可以增加到 1200mm 以上

3. L 形布局更适合狭长衣帽间

如果衣帽间比较狭长，可以考虑 L 形布局，它对空间要求没有其他种类的衣帽间那么高。如果空间足够，中间可以再放一个岛台，但要注意岛台到衣柜的距离至少在 900mm 以上。

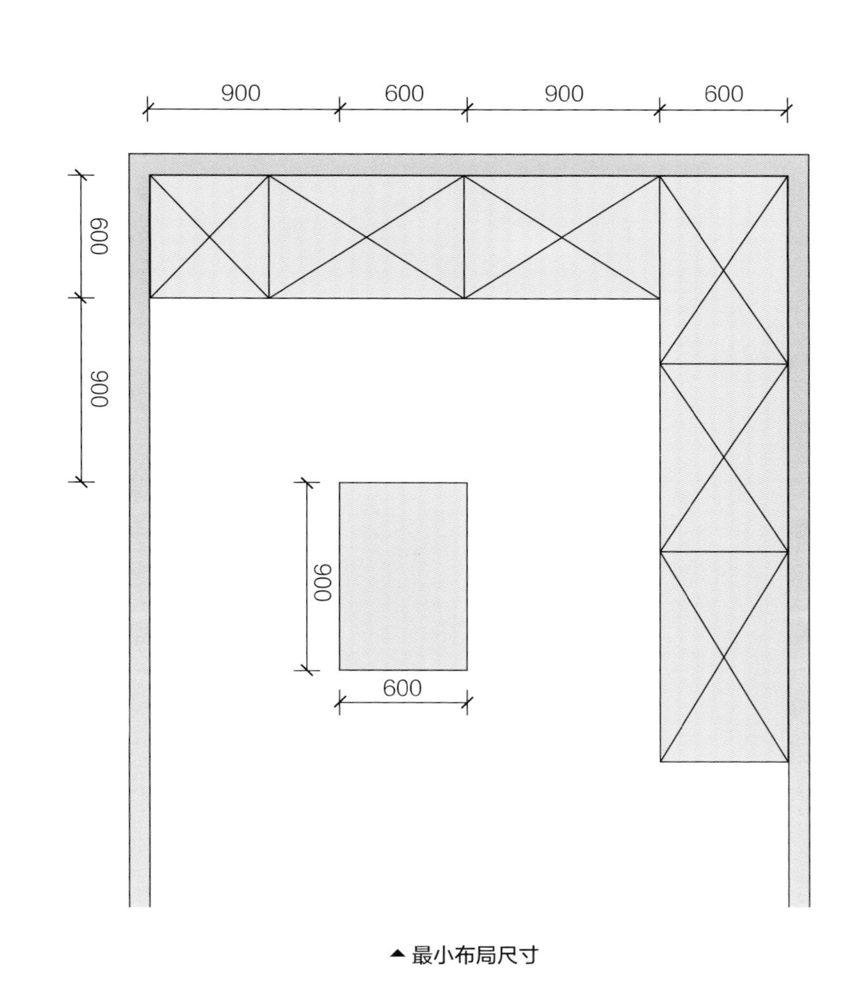

◀适宜布局尺寸

▲最小布局尺寸

4. U 形布局至少需要 4.5m^2 的空间

U 形布局更适合于正方形的房间，三面墙都能提供充足的收纳空间，无论是上方还是拐角都可以被充分利用。U 形布局中间的活动区域建议至少留 900mm 宽，长度至少有 2000mm，整体的长宽比例最小可以为 3000mm × 1500mm。

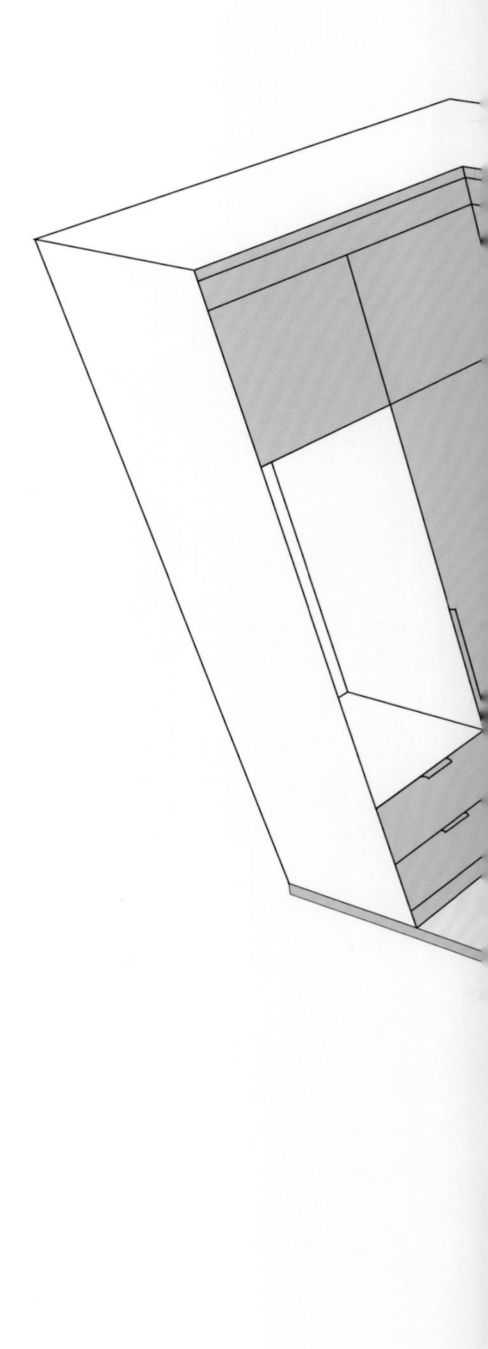

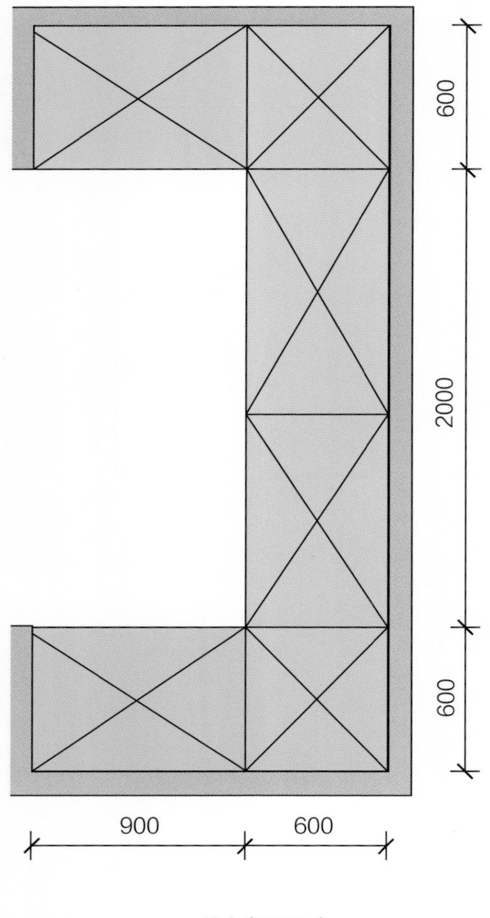

▲ 最小布局尺寸

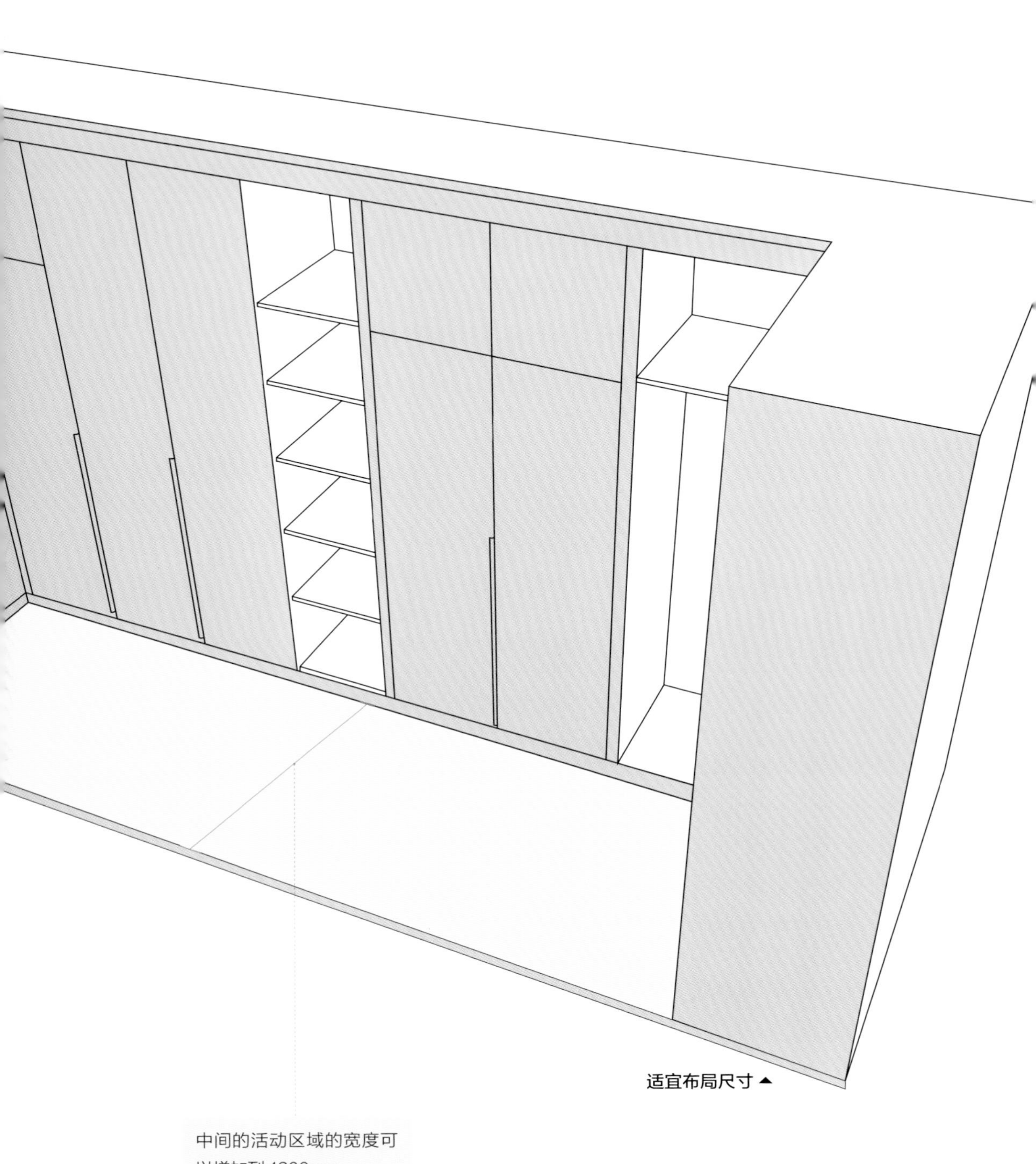

适宜布局尺寸▲

中间的活动区域的宽度可以增加到 1200mm

八、卫生间

1. 一体式布局最小尺寸为 2700mm×1300mm

一体式布局最小需要 3.6m^2 的空间，才可以满足最基本的使用需求，但整个布局比较紧凑。钻石形淋浴间极限值为 900mm×900mm；洗脸区最小长度为 900mm，最小宽度为 600mm；马桶区的最小长度为 900mm，最小宽度为 1300mm。

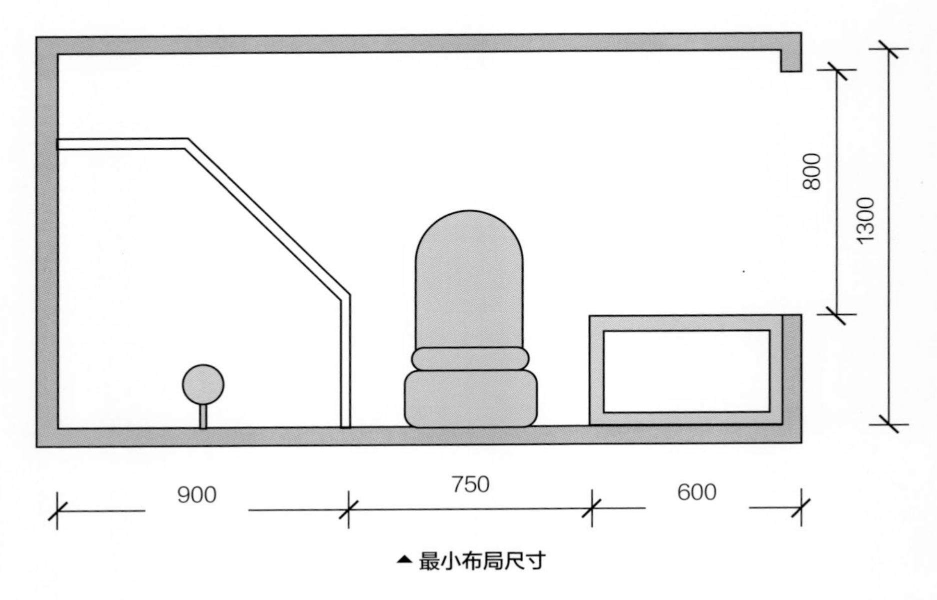

▲ 最小布局尺寸

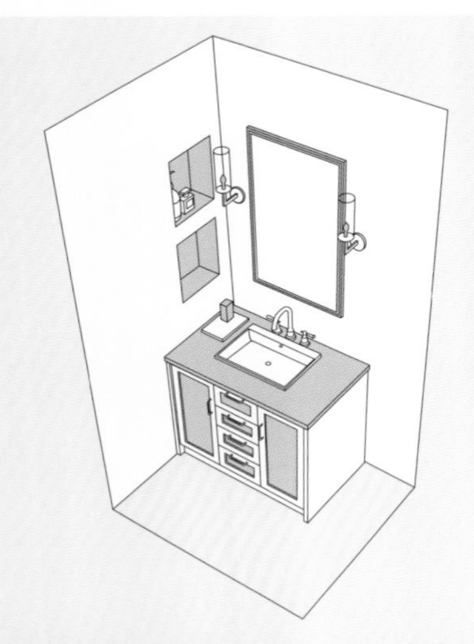

① 单盆洗脸区最小尺寸为 900mm×600mm

② 双盆洗脸区最小尺寸为 1200mm×600mm

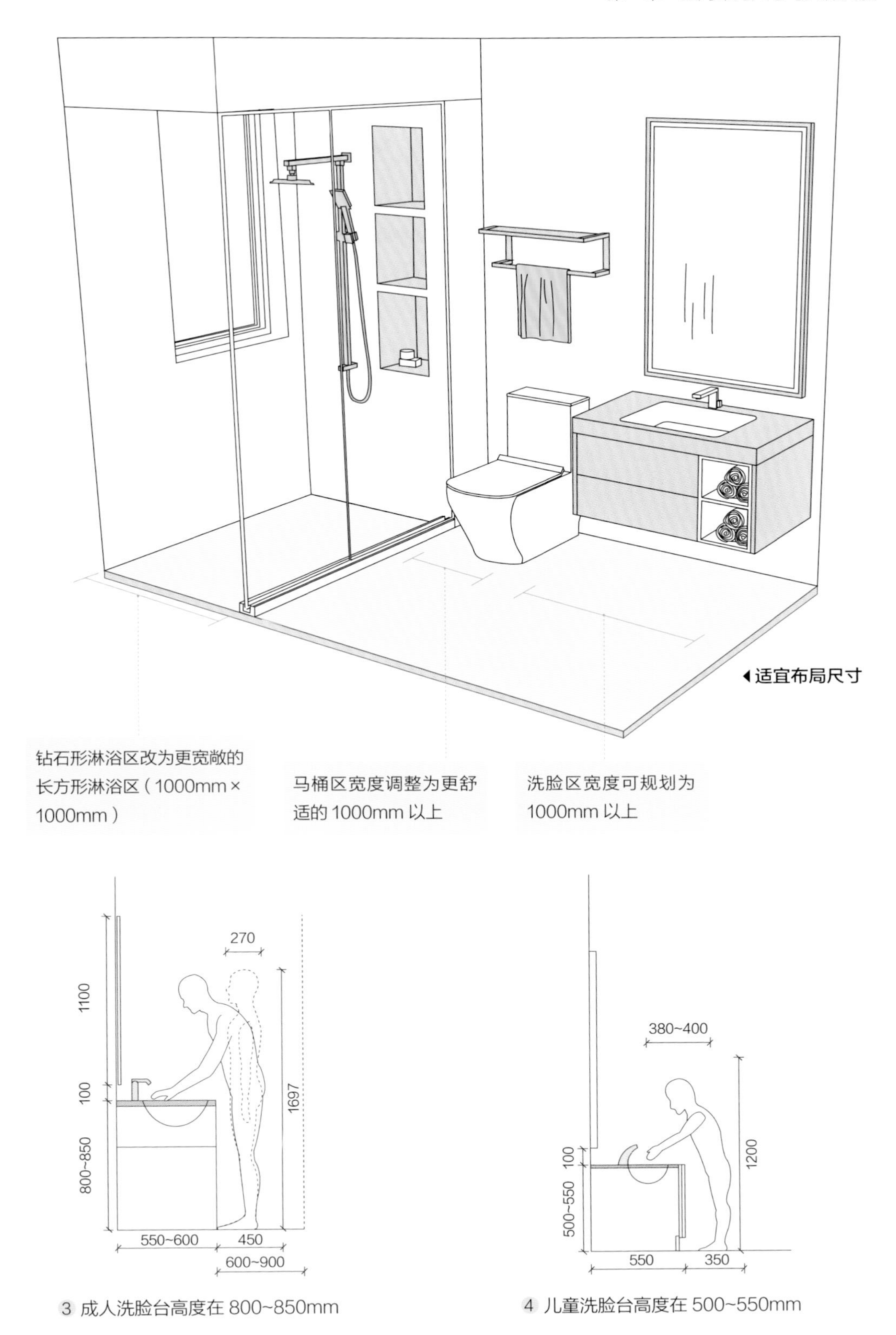

③ 成人洗脸台高度在800~850mm

④ 儿童洗脸台高度在500~550mm

2. 干湿二分离布局最小需要 2800mm×1500mm

干湿二分离布局就是将洗脸区与马桶区、淋浴区分离。给淋浴间安装玻璃屏隔离了水汽，并不能叫分离，只有空间能独立使用才叫分离。最简单的区分方法，就是有墙的叫分离。此时洗脸区、马桶区和淋浴区的最小宽度为 900mm，洗脸区的最小长度为 600mm，此时通道的距离至少为 900mm。

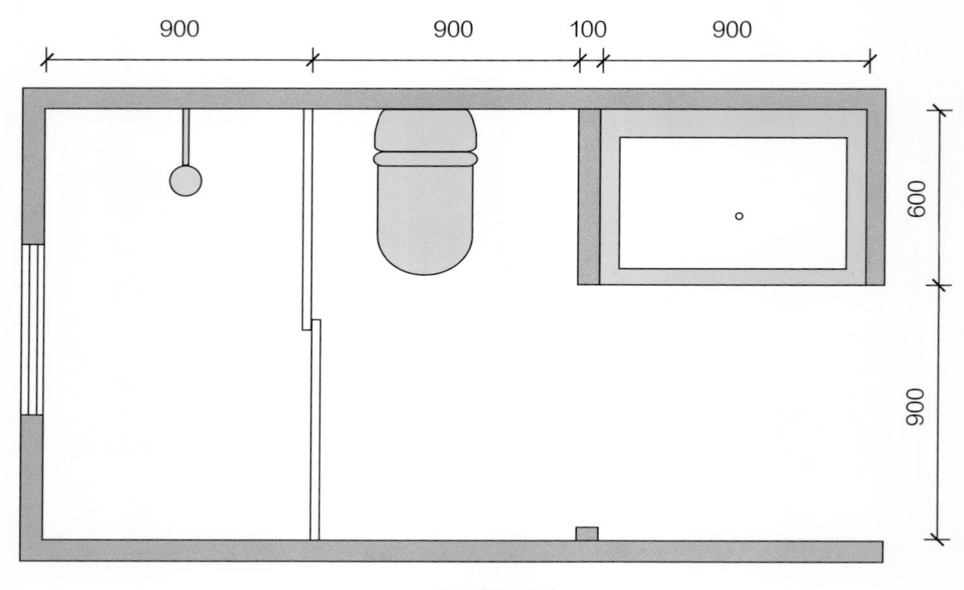

▲最小布局尺寸

马桶区尺寸

1 马桶区最小尺寸为 1300mm×900mm
2 马桶整体长度最小为 620mm，宽度最小为 400mm
3 马桶前方至少预留 450mm
4 马桶两侧最好预留 200~250mm

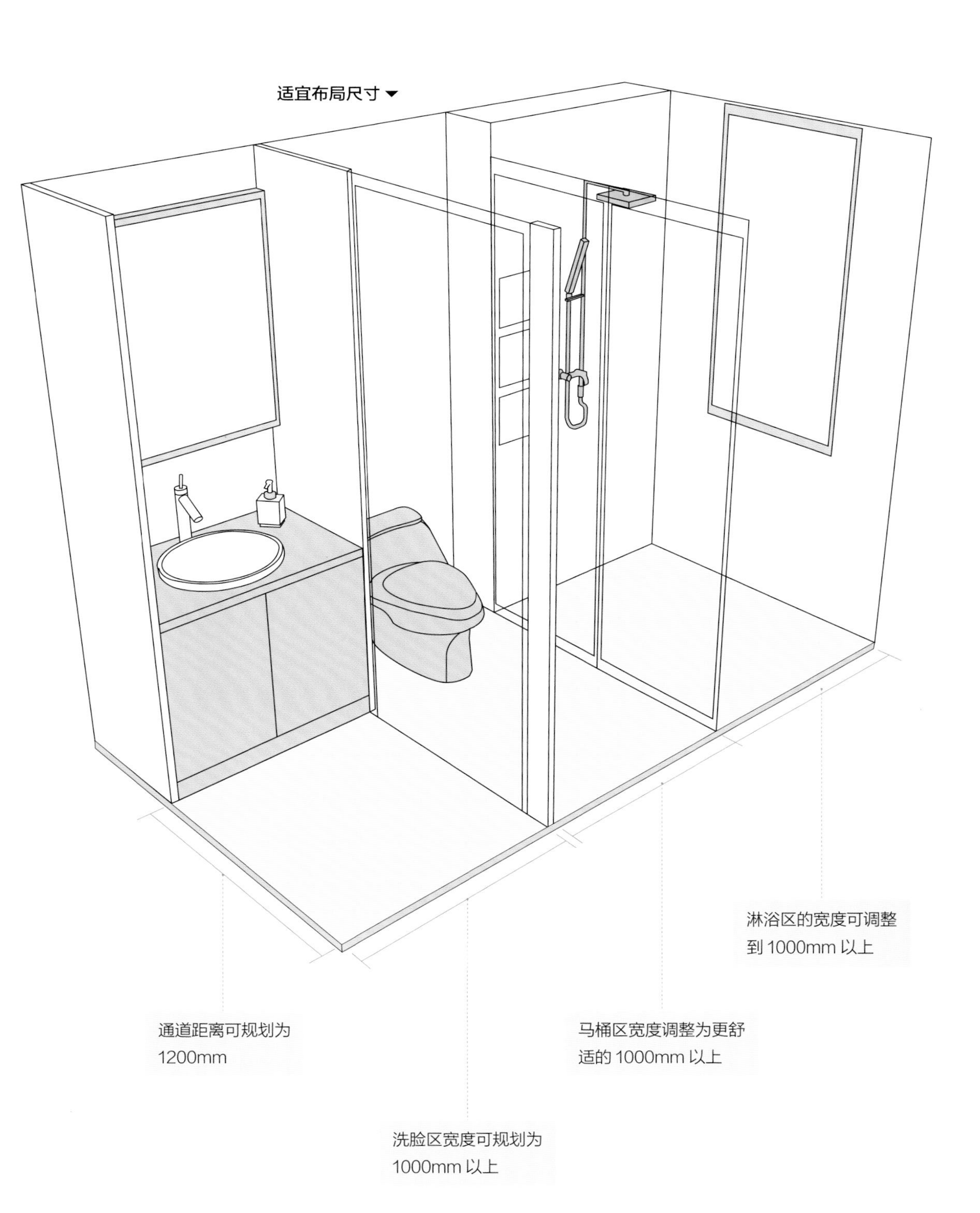
适宜布局尺寸
淋浴区的宽度可调整
到 1000mm 以上
通道距离可规划为
1200mm
马桶区宽度调整为更舒
适的 1000mm 以上
洗脸区宽度可规划为
1000mm 以上

3. 三件套三分离布局最小尺寸为 1900mm×2500mm

如果卫生间接近方形，并且进深小于 2m，那么只够容纳基础的三件套：马桶、洗脸台和淋浴间。此时洗脸区、马桶区和淋浴区的最小宽度为 900mm，洗脸区的最小长度为 600mm，此时通道的距离至少为 900mm。

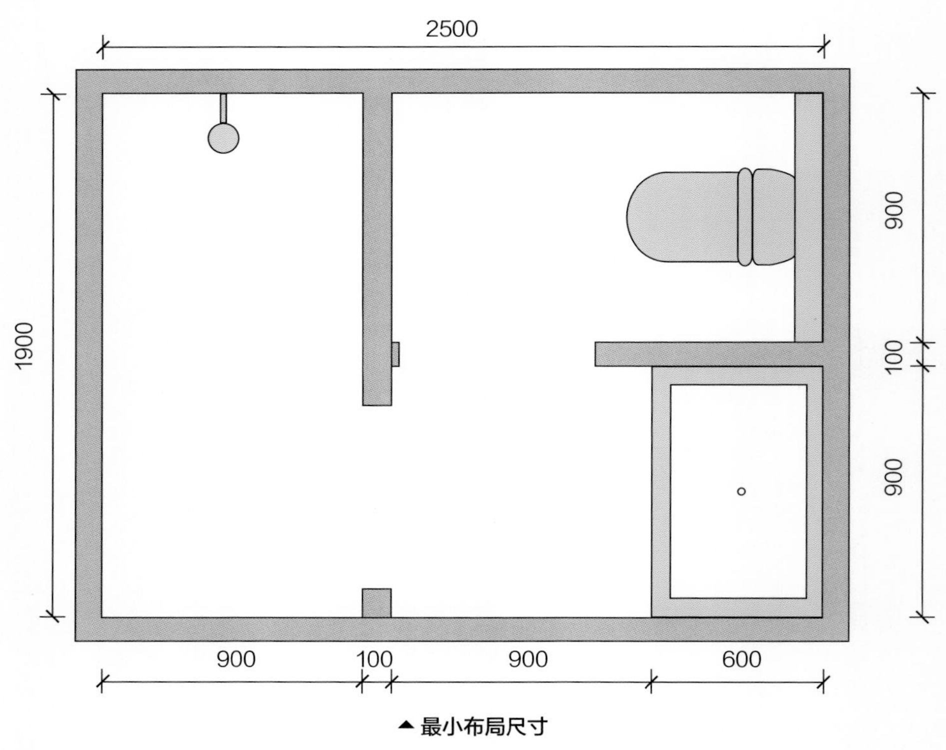

▲ 最小布局尺寸

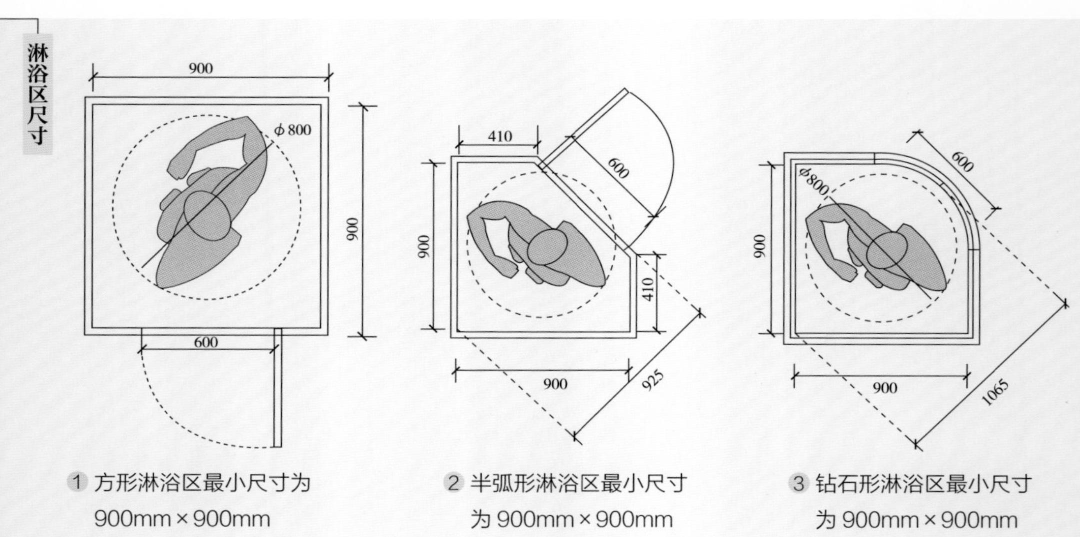

① 方形淋浴区最小尺寸为 900mm×900mm

② 半弧形淋浴区最小尺寸为 900mm×900mm

③ 钻石形淋浴区最小尺寸为 900mm×900mm

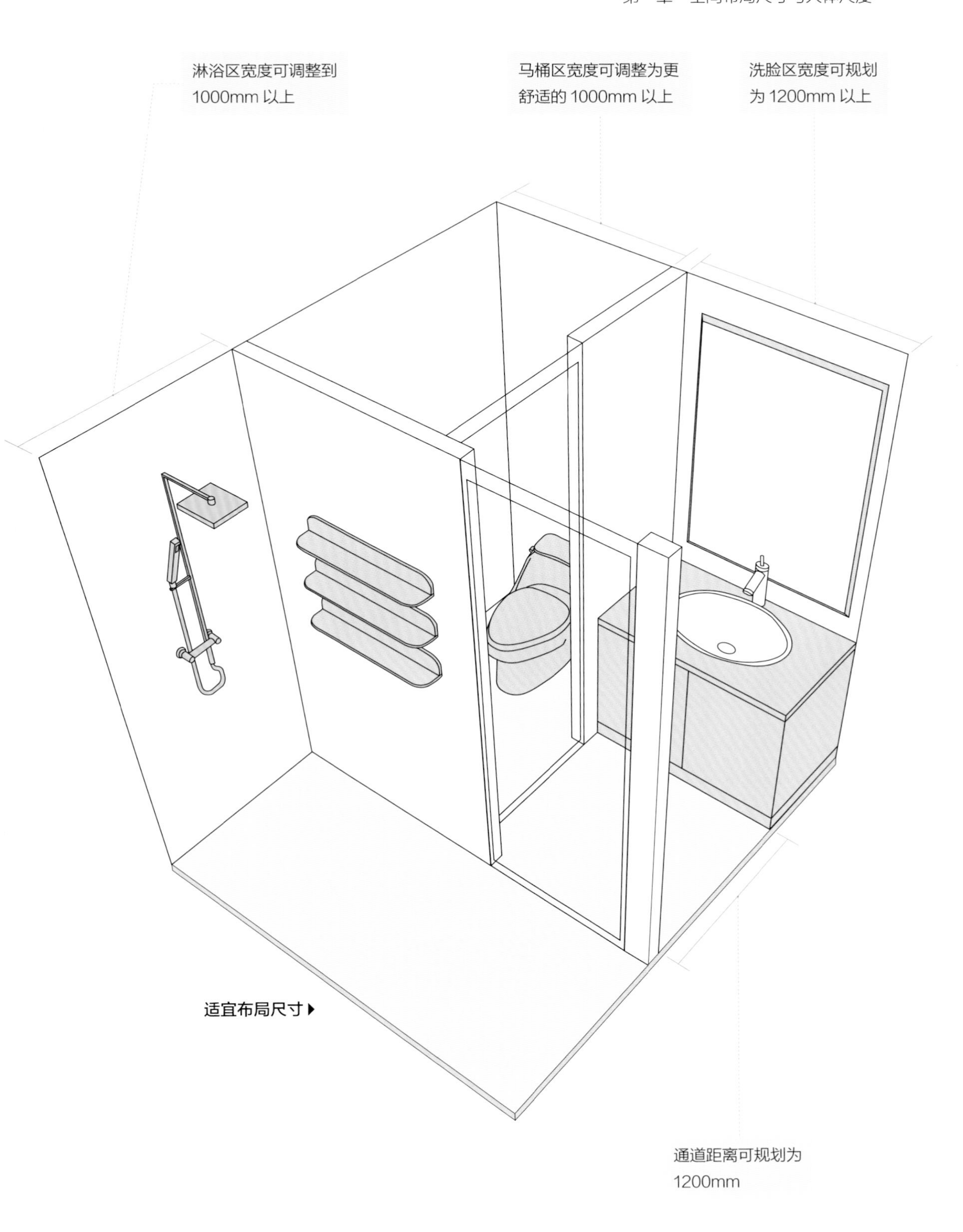
淋浴区宽度可调整到
1000mm 以上
马桶区宽度可调整为更
舒适的 1000mm 以上
洗脸区宽度可规划
为 1200mm 以上
适宜布局尺寸
通道距离可规划为
1200mm

4. 四件套三分离布局最小尺寸为 2300mm×2500mm

如果卫生间接近方形，但进深大于或等于 2.3m，可以考虑再布置一个洗衣区，实现标准四件套布局。此时洗脸区、马桶区和淋浴区的最小宽度为 900mm，洗脸区的最小长度为 600mm，此时通道的距离至少为 900mm。

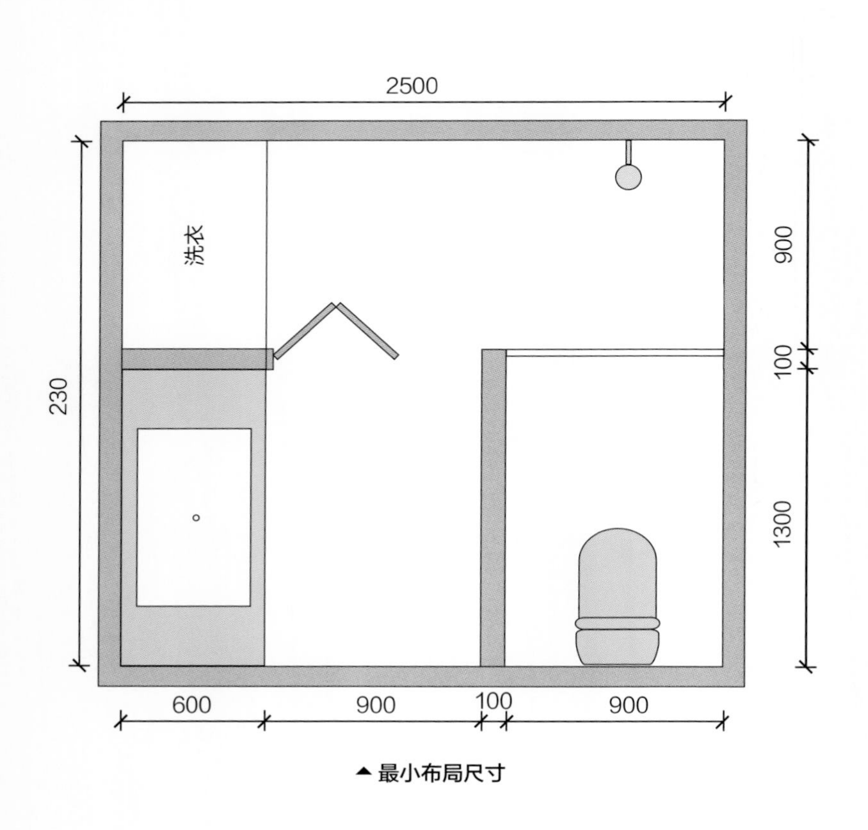

▲最小布局尺寸

卫生间五金安装高度

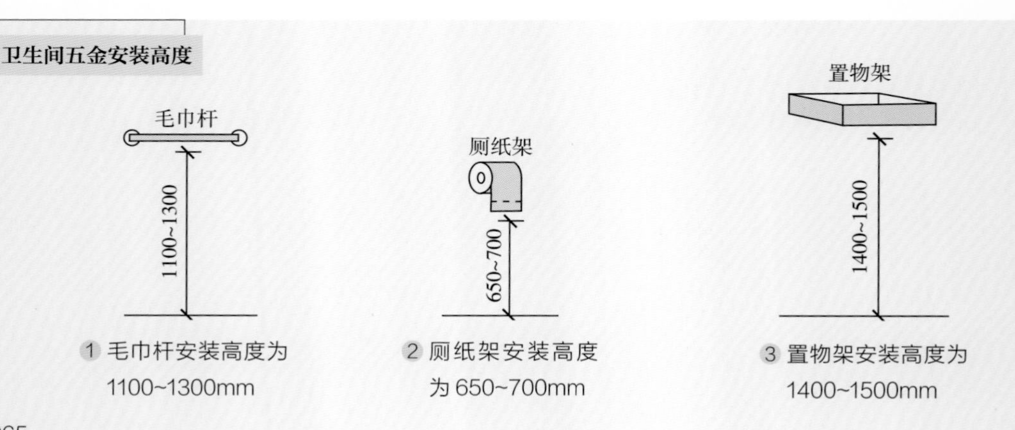

① 毛巾杆安装高度为 1100~1300mm

② 厕纸架安装高度为 650~700mm

③ 置物架安装高度为 1400~1500mm

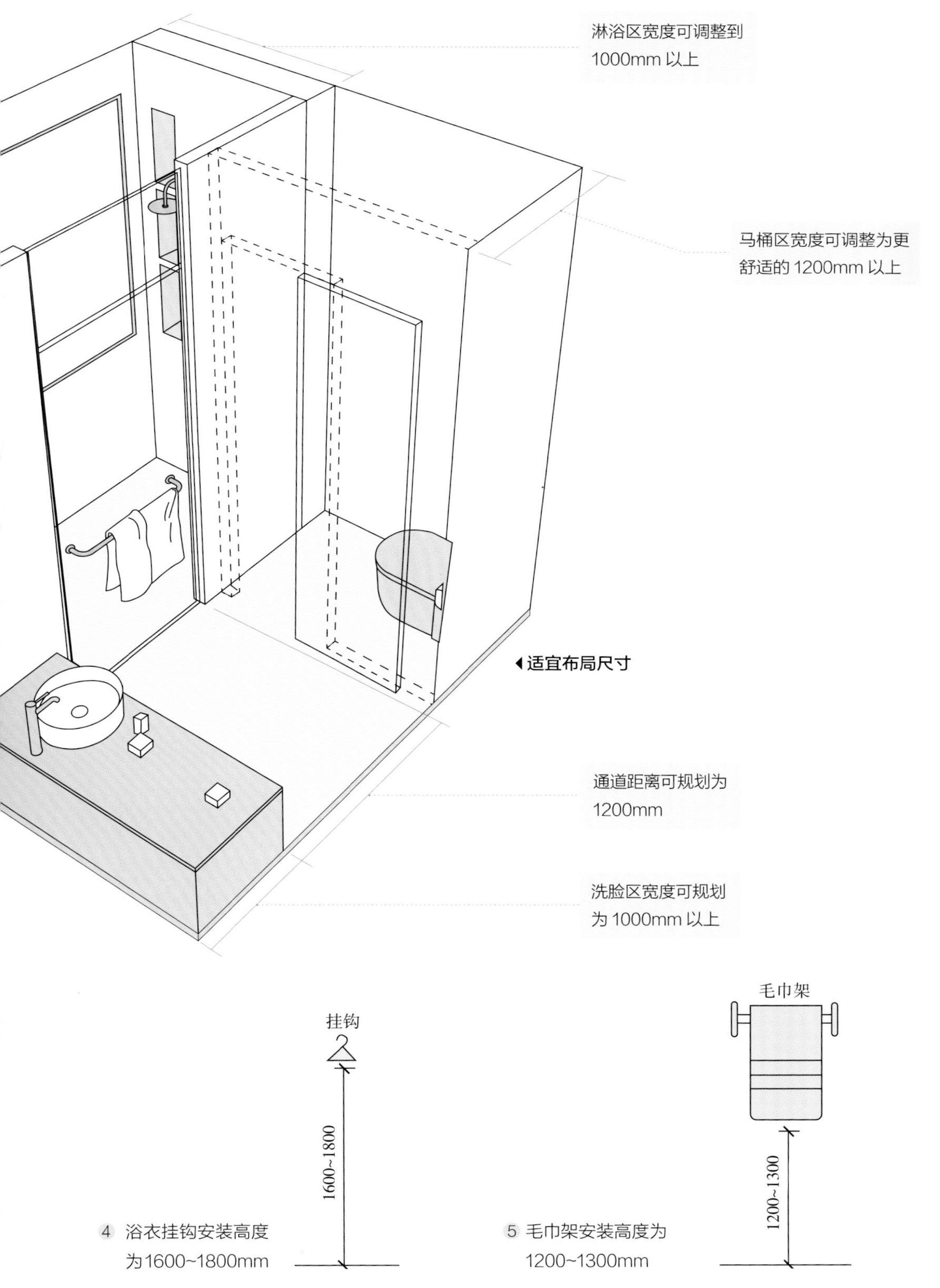

◀适宜布局尺寸

4 浴衣挂钩安装高度为1600~1800mm

5 毛巾架安装高度为1200~1300mm

九、阳台

1. 摆放阳台柜的生活阳台长度为 1950mm

生活阳台最基本的功能就是洗衣与晾晒，如果阳台面积较小，可以只在一侧放置一个阳台柜，阳台柜的最小深度为600mm，宽度可以根据阳台宽度决定。一般来说，考虑到日常生活需求，阳台的最小尺寸为 1950mm × 1000mm。

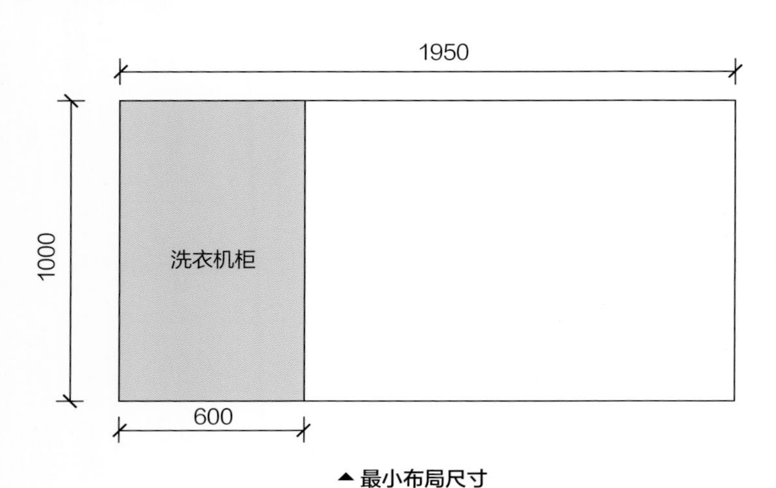

▲ 最小布局尺寸

阳台柜地柜的深度一般为 600mm

阳台电器尺寸（长 × 宽 × 高）

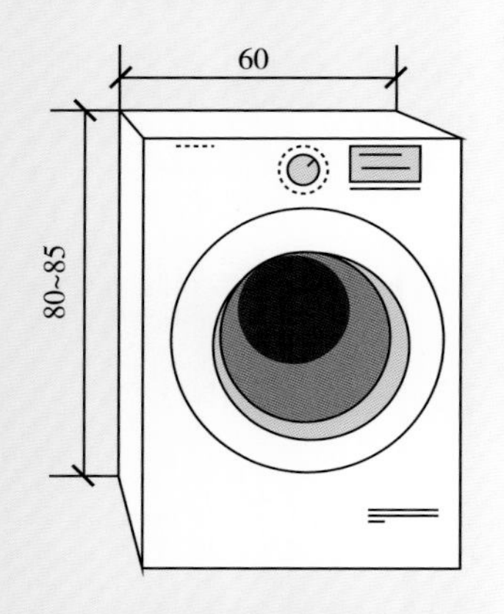

① 洗衣机常规尺寸为 600mm × 600mm × 850mm

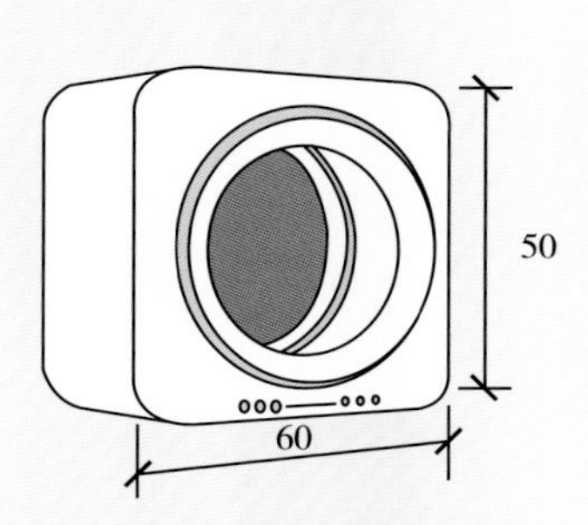

② 壁挂式洗衣机常规尺寸为 600mm × 350mm × 580mm

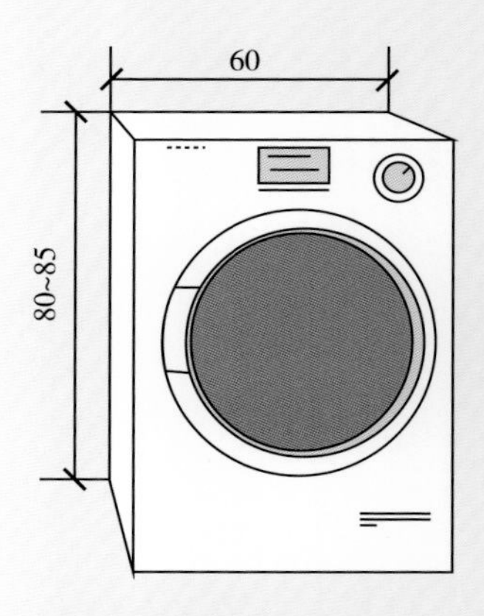

③ 烘干机常规尺寸为 600mm × 600mm × 850mm

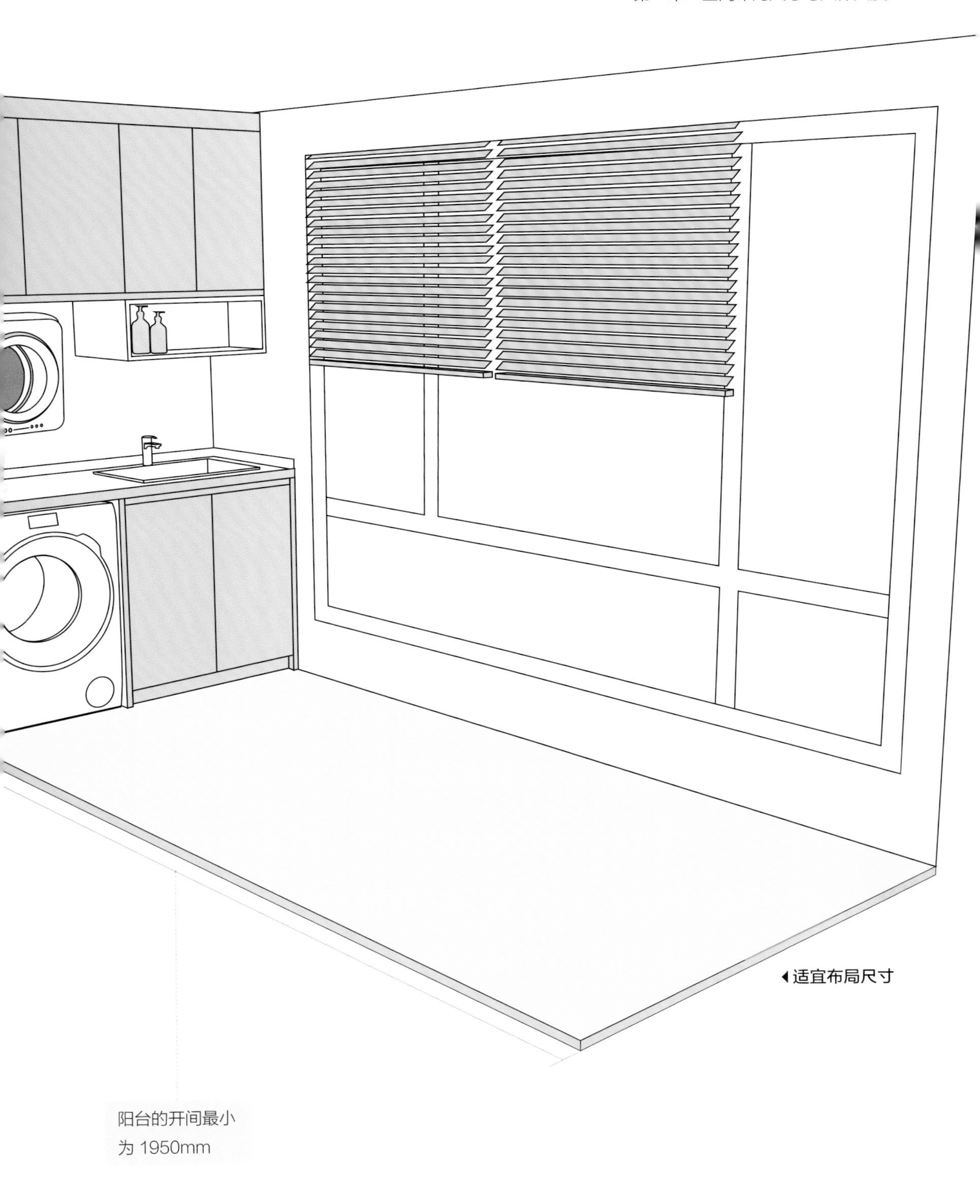

阳台的开间最小
为 1950mm

2. 摆放吧台的休闲阳台长度为 4~5m

休闲阳台变成小餐吧也是非常不错的选择，如果阳台宽度在 4~5m，那么一侧放置进深最小 550mm 的操作台，另一侧放置进深最小 350mm 的小酒柜，中间放一个双人座小吧台。

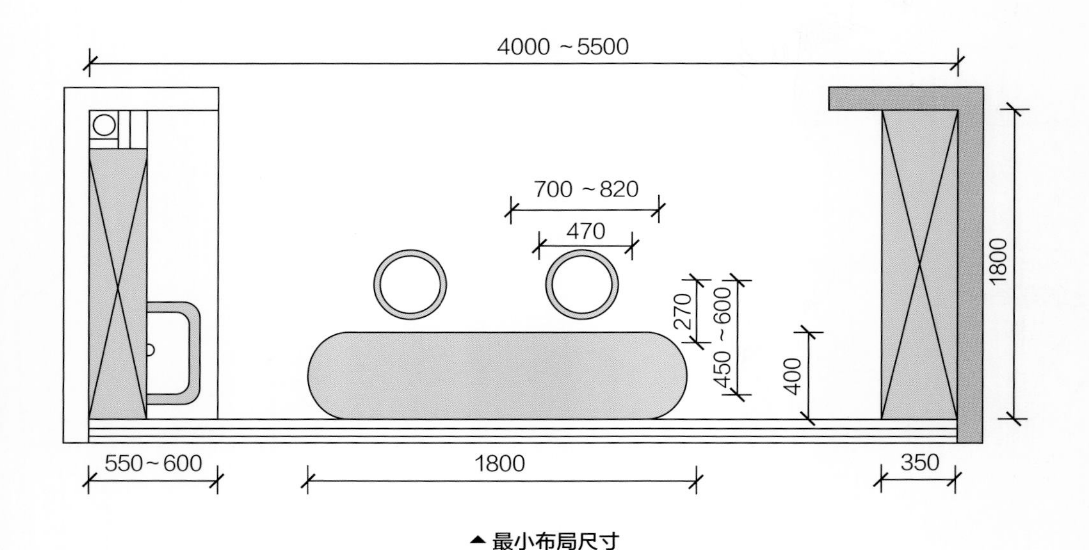

▲ 最小布局尺寸

① 整体宽度在 1000mm左右的组合

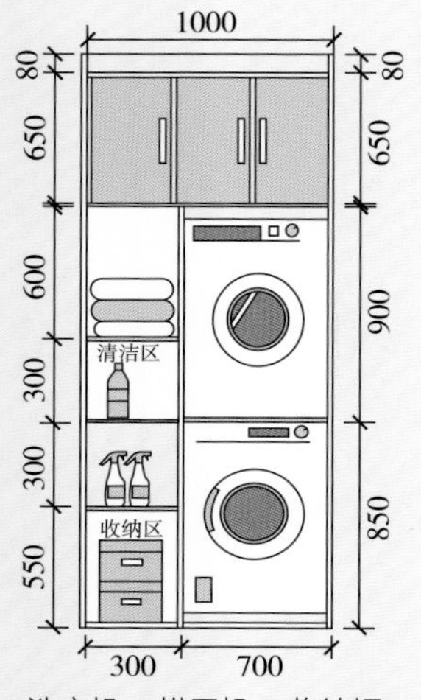

洗衣机 + 烘干机 + 收纳柜

② 整体宽度在 1200~1300mm 的组合

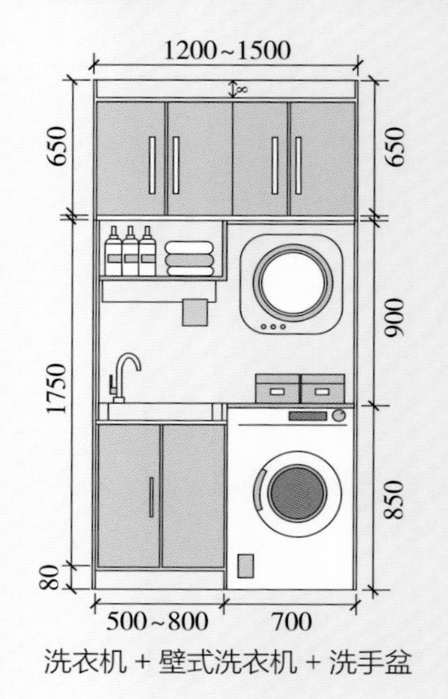

洗衣机 + 壁式洗衣机 + 洗手盆

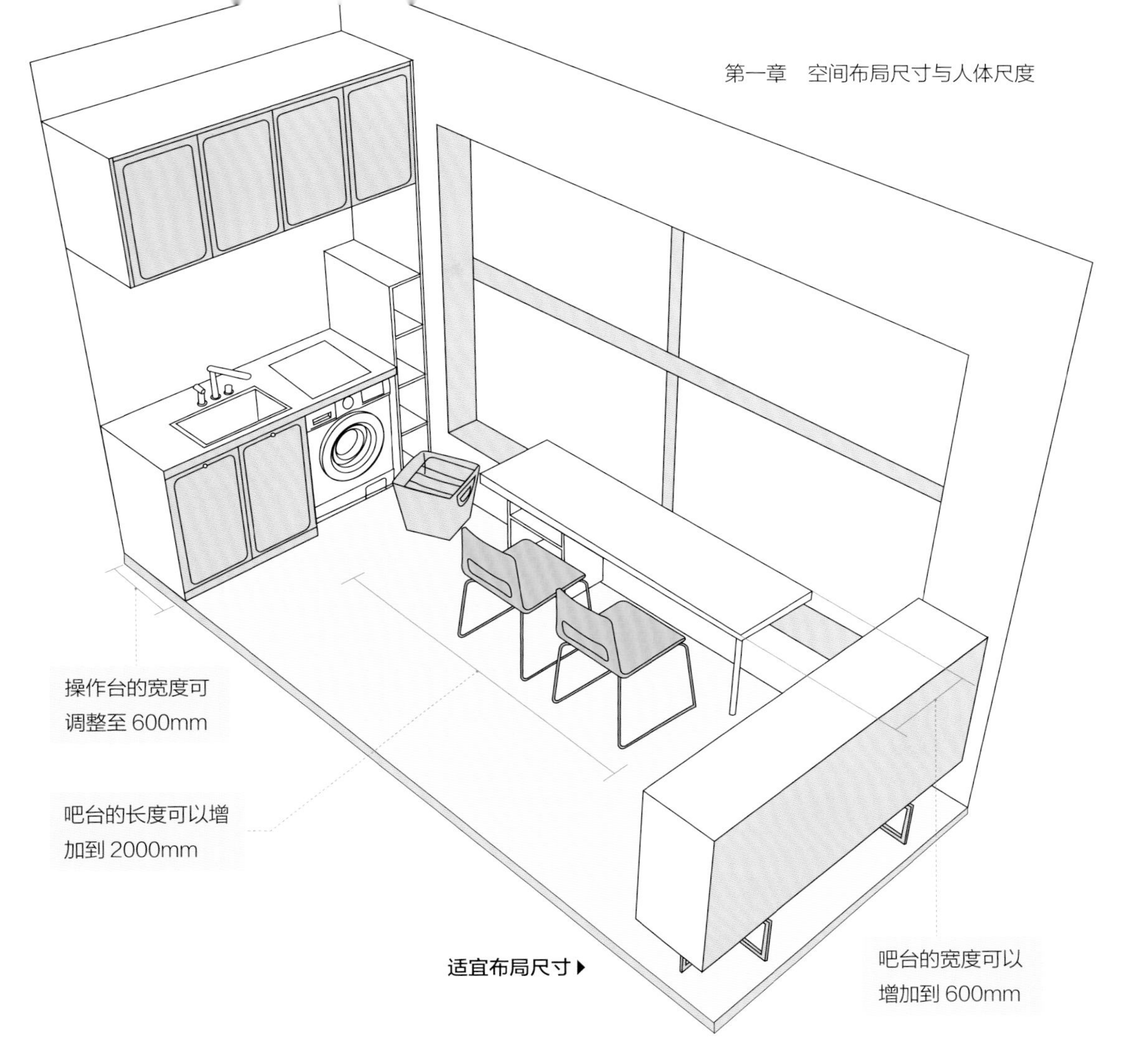

适宜布局尺寸▶

③ 整体宽度在 1400~1500mm 的组合

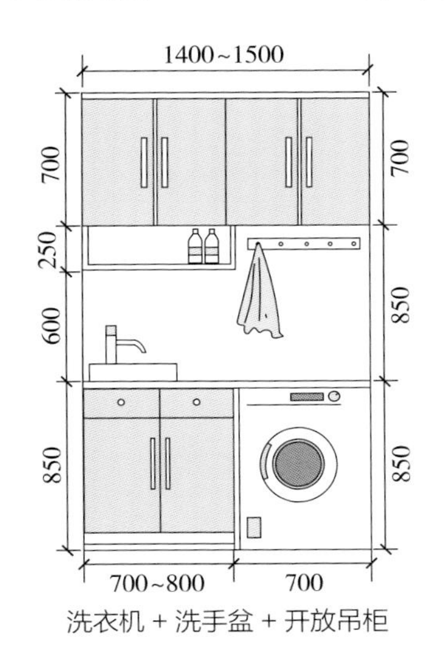

洗衣机 + 洗手盆 + 开放吊柜

④ 整体宽度在 1600~1700mm 的组合

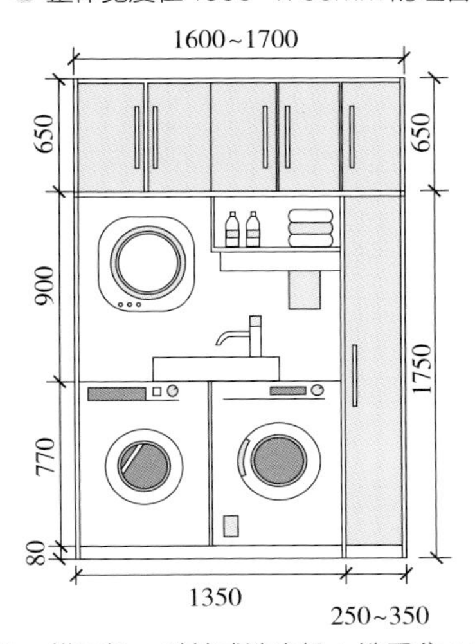

洗衣机 + 烘干机 + 壁挂式洗衣机 + 洗手盆 + 收纳柜

3. 摆放书桌的办公型阳台最小宽度为 2600mm

如果家里没有独立的书房，可以利用阳台空间打造一个办公区，阳台一侧放置洗衣机柜，进深 600mm，可以根据阳台宽度选择是洗衣机加烘干机或收纳柜的组合形式；阳台另一侧可以摆放书桌椅打造办公区，书桌的宽度最小为 500mm，椅子活动距离最小 600mm 左右。中间一定要预留出至少 900mm 的空间，用来通行、进行晾晒等活动。

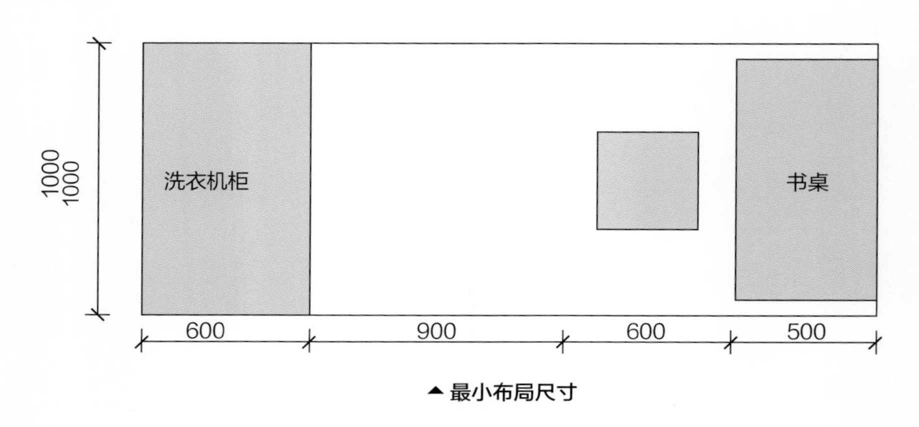

▲最小布局尺寸

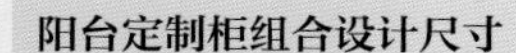

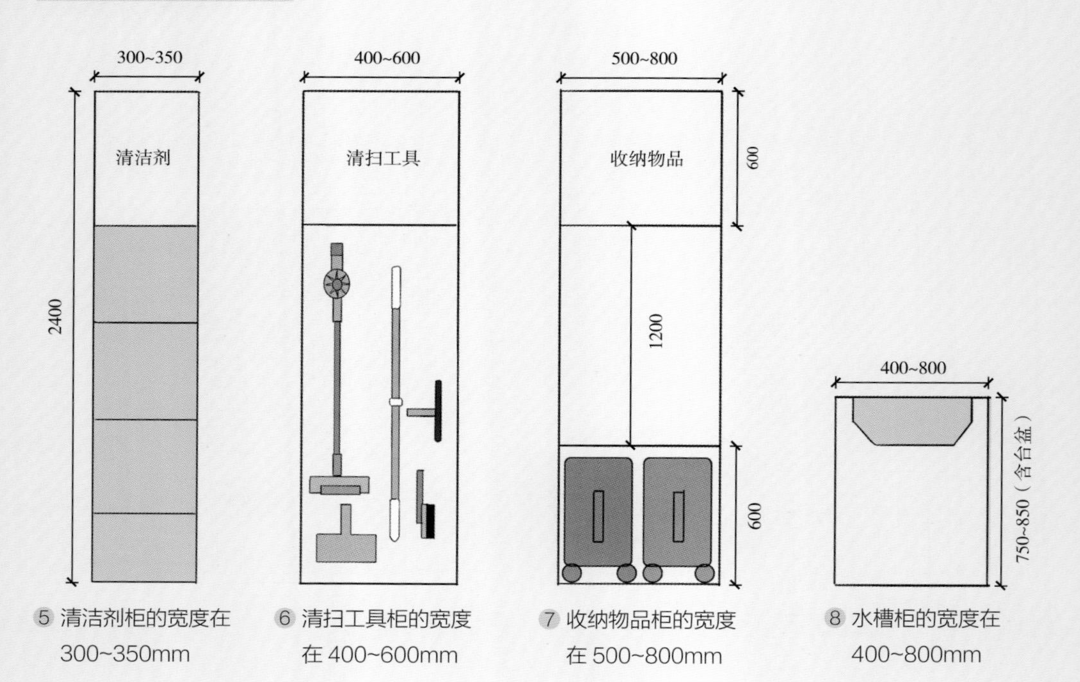

5 清洁剂柜的宽度在 300~350mm

6 清扫工具柜的宽度在 400~600mm

7 收纳物品柜的宽度在 500~800mm

8 水槽柜的宽度在 400~800mm

书桌的宽度可以
增加到 600mm
椅子活动距离可以
增加到 750mm
中间通道可以增加到 1200mm，
满足两个人同时通过

◀适宜布局尺寸

第二章

照明设计尺寸与灯具参数

好的照明设计不仅仅是要营造舒适、健康的生活环境，同时也要保障环境安全。如果只是简单地安装灯具，那不能称之为好的照明设计，因为它不能带给我们更多更好的体验。好的照明设计，更多地是考虑使用者和空间的关系，通过灯光灵活改变空间的氛围，让人感觉舒适、放松。本章总结了与室内照明设计有关的数据和参数，帮助读者了解最符合人体工程学以及打造舒适的照明环境，需要注意哪些地方。这些设计尺寸与数据，可以直接拿来使用，增强了实用性。

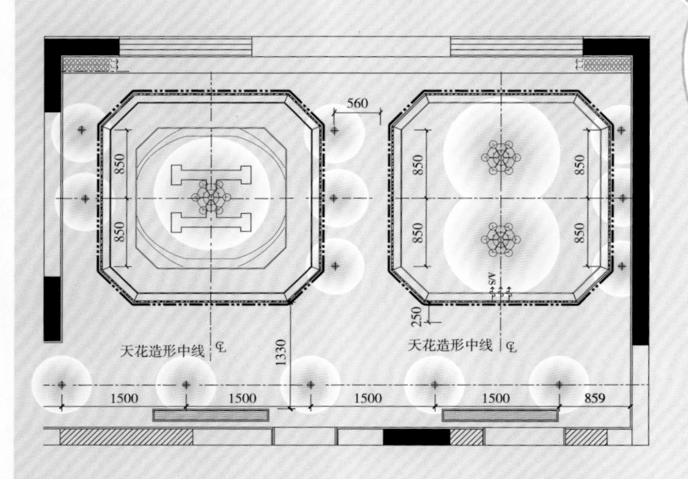

三 隐藏式灯光

天花板灯槽出光槽的宽度在 100~150mm

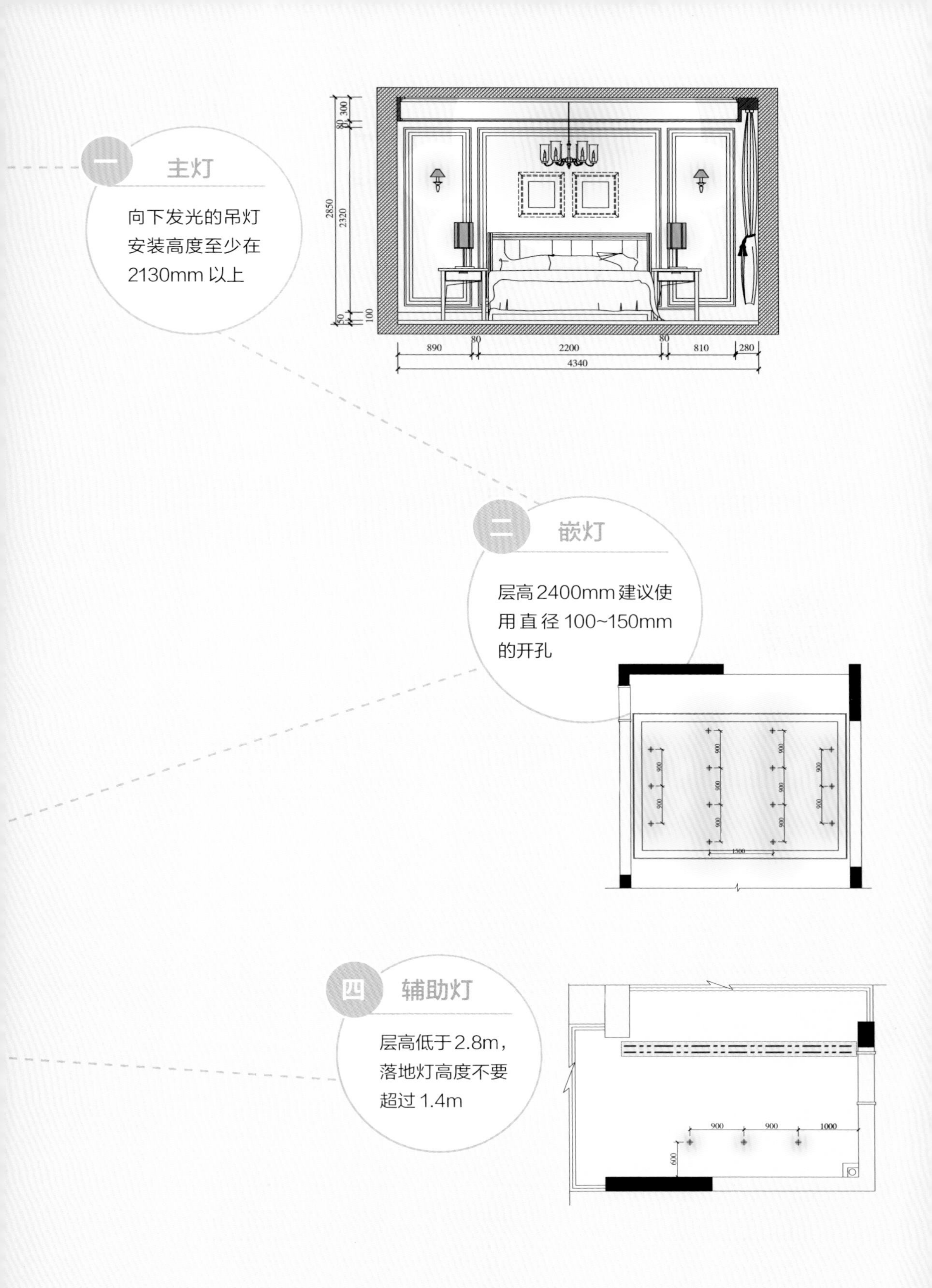
一
主灯
向下发光的吊灯
安装高度至少在
2130mm 以上
300
80
2850
2320
50
100
890
80
2200
80
810
280
4340
二
嵌灯
层高2400mm建议使
用直径100~150mm
的开孔
900
1500
四
辅助灯
层高低于2.8m，
落地灯高度不要
超过1.4m
900
900
1000
600

一、主灯

1. 向下发光的吊灯安装高度至少在 2130mm 以上

向下发光的吊灯，不仅具有极强的装饰效果，也能保证垂直下方桌面的亮度，由于装有遮光灯罩，没有光线漏射到天花板，所以天花板会比较暗，因此需要与间接照明组合使用。向下发光的吊灯可以安装在普通层高的房间。

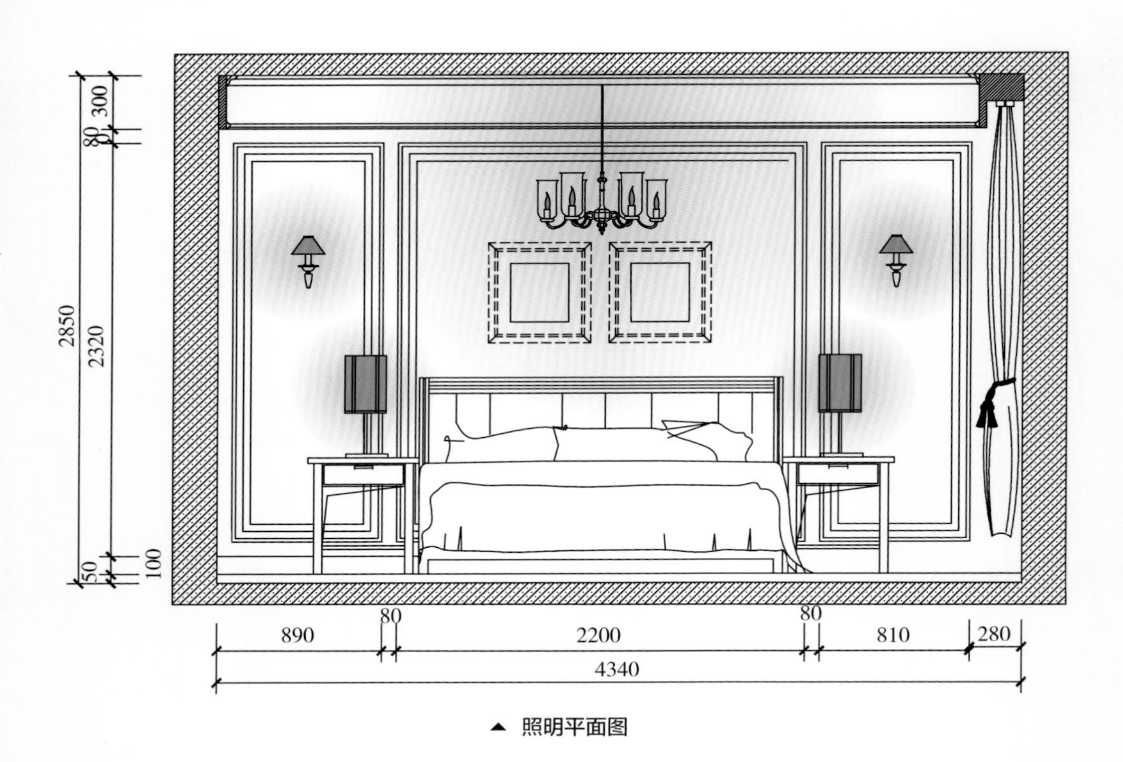

▲ 照明平面图

吊灯的照明类型

① 直接光

② 半直接光

台灯：床头两侧使用两盏台灯用于辅助照明，补足下部空间的光线。

吊灯：顶棚设置一盏吊灯提供整体照明，以一盏吊灯营造宁静沉稳的空间气氛。

▲ 照明实景图

壁灯：背景墙设置壁灯，可以为中层空间提供柔和的光线，同时壁灯还能作为装饰品与背景墙造型呼应。

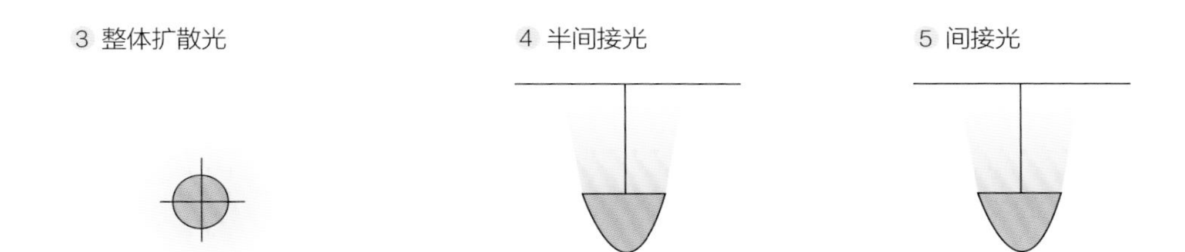

嵌灯：当墙面做了丰富的造型设计时，可以通过固定式嵌灯强调墙面的造型，将背景墙面作为空间重点。

吊灯：客厅以吊灯为主要照明灯具。吊灯的款式可以根据客厅风格进行选择。

壁灯：背景墙上的壁灯起到局部照明的作用，设置在背景墙上，可以作为装饰性照明，强调视觉瞩目点。

台灯：沙发两侧的台灯用于局部照明，可以制造出多层次的照明效果，也能满足进行不同活动时的照明需求。

灯具的常见风格与造型

① 中式灯具

② 现代灯具

2. 整体发光的灯具房间层高至少在 2400mm

整体发光的灯具通常是从天花板下垂的吊灯居多，不仅能够照亮下部空间，而且也能照亮天花板，让空间整体都很明亮，所以天花板的高度至少要有 2400mm 才够。下垂高度要注意不能碰到头，有些款式的灯线长度可以调整，但有些不可以，所以安装高度至少要在 2130mm 以上。

▲ 照明实景图

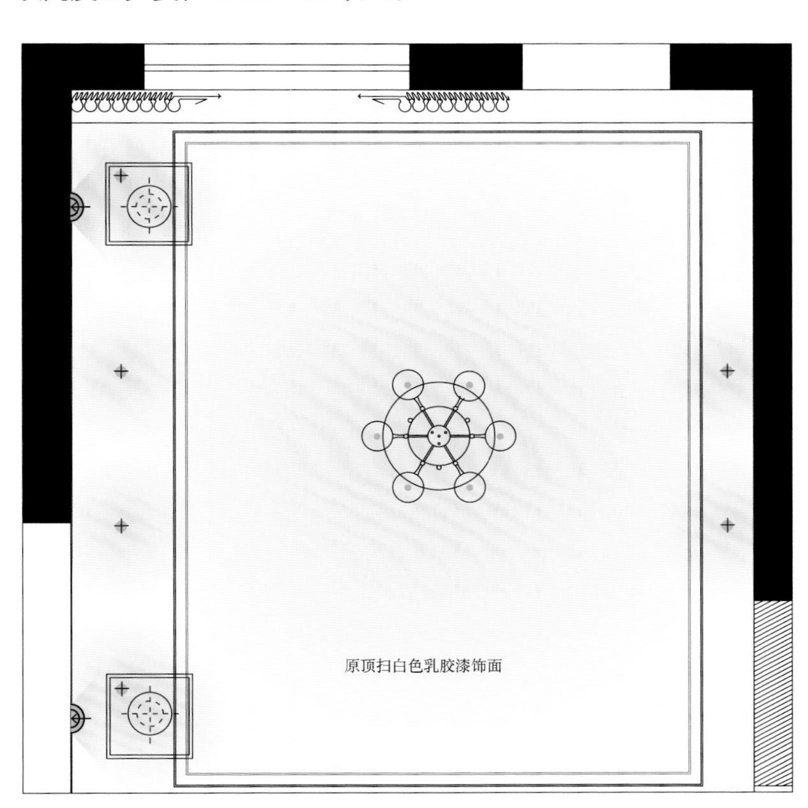

▲ 照明平面图

3 欧式灯具

4 日式风格

3. 餐厅吊灯离餐桌至少 700mm

餐桌的照明灯具具有空间位置确定性强的特点，即通常设在餐桌正上方，所以宜选用具有一定高度的垂吊式灯具，这样既利于表现光线照射针对性，又可以使灯具与餐桌产生视觉的完整性，增强区域感。餐桌吊灯的悬挂高度一般是在餐桌上方的 700~750mm，这个高度可以使光线打在人脸上，同时也不会遮挡住视线。餐桌照明灯具应选择照度为 100lx 左右且显色性好的暖白色光源，或将暖白色光源与暖色光源相结合，以增强菜品的鲜嫩感，唤起用餐者的食欲。

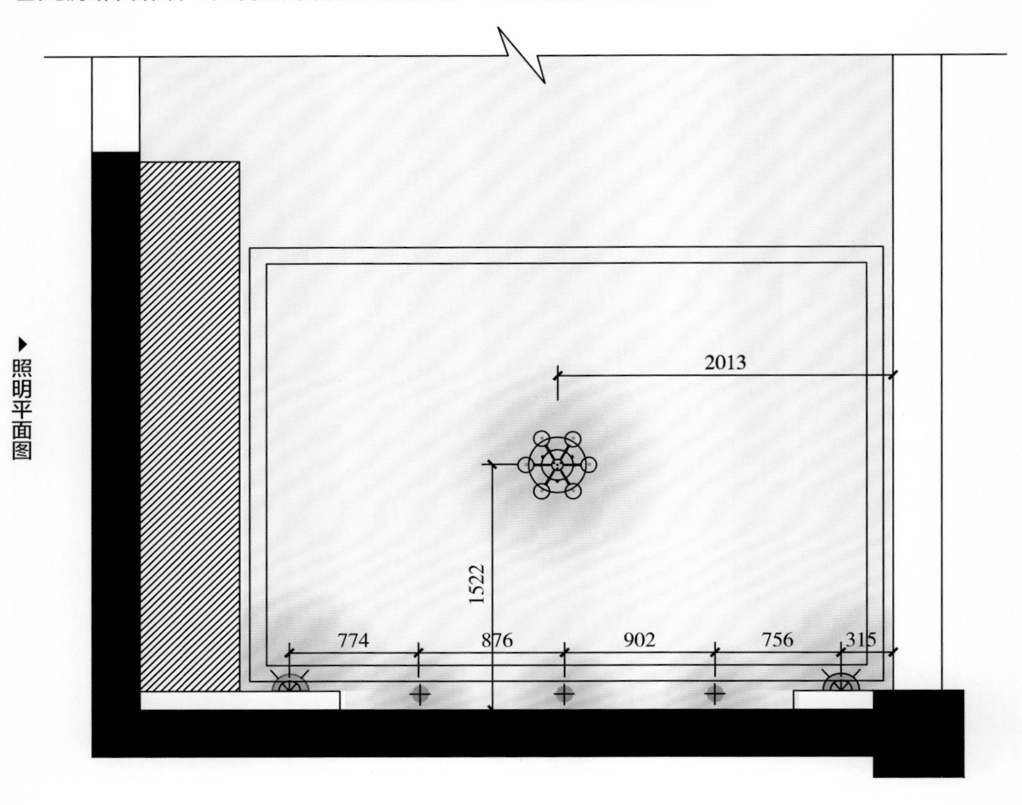

▶照明平面图

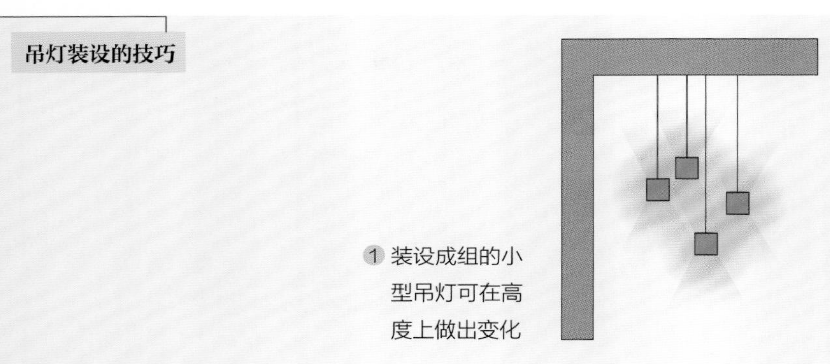

吊灯装设的技巧

① 装设成组的小型吊灯可在高度上做出变化

嵌灯：背景墙上方布置三盏射灯向下投射，达到洗墙效果，作为背景照明增加空间灯光层次。

壁灯：餐厅背景墙两侧设置壁灯辅助照明。

▲ **照明实景图**

吊灯：采用造型、半直接光吊灯进行直接照明为空间提供主要光源。

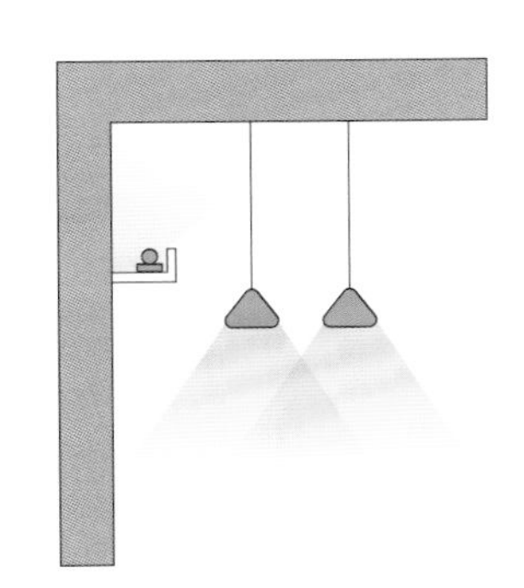

2 装有遮光灯罩的吊灯与间接性照明组合

4. 组合吊灯合计长度为餐桌长度的 1/3 较为合适

组合吊灯看上去有更强的装饰效果，在选择组合吊灯的尺寸时要注意按照灯具合计的长度计算，一般合计长度为餐桌长度的 1/3 比较合适，这样不会出现过大影响美观、过小影响照射范围的问题。组合吊灯的安装高度依旧是在餐桌上方 700~750mm 比较适合。

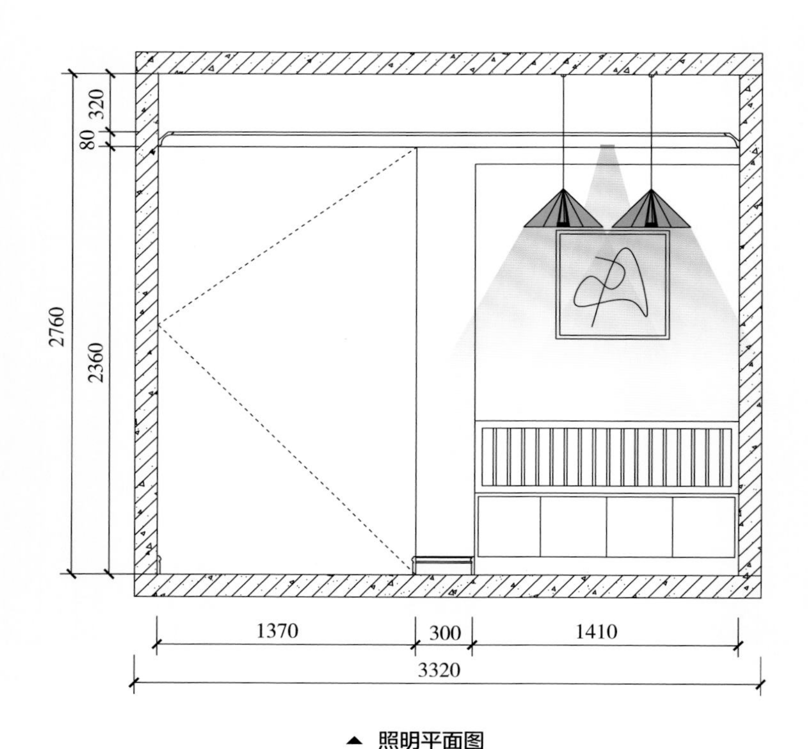

▲ 照明平面图

一房一灯与多灯分散所呈现的感觉

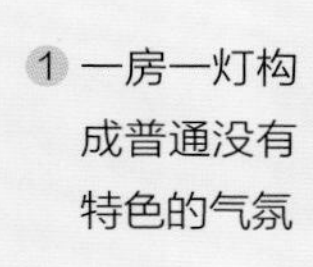

① 一房一灯构成普通没有特色的气氛

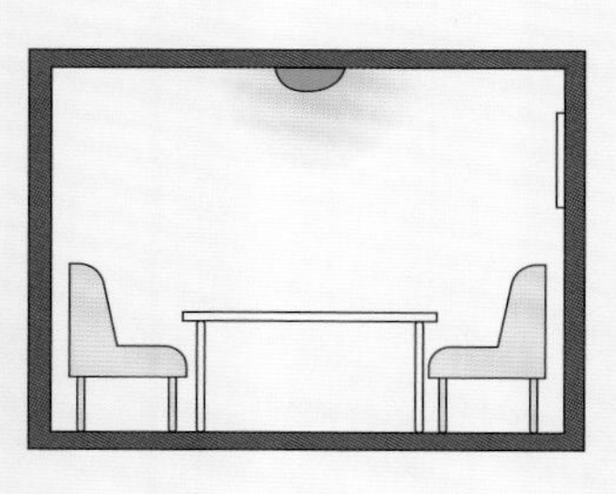

② 多灯分散空间的立体感更为明显

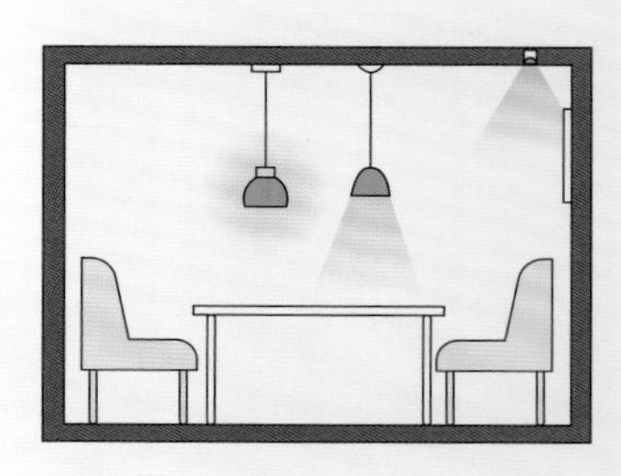

嵌灯：为就餐座位进行补充照明。

吊灯：吊灯向下直接照明为空间提供主要光源。

▼ 照明实景图

5. 吸顶灯直径以房间对角线长度的 1/10~1/8 为宜

吸顶灯没有和吊灯一样的层高限制，但又比筒灯有更多的款式选择，装饰效果较好，因此对于层高较低的空间是非常不错的选择。唯一要注意的是选择吸顶灯的大小，最好以房间对角线作为选择标准，即吸顶灯的直径为房间对角线长度的 1/10~1/8 会比较合适。

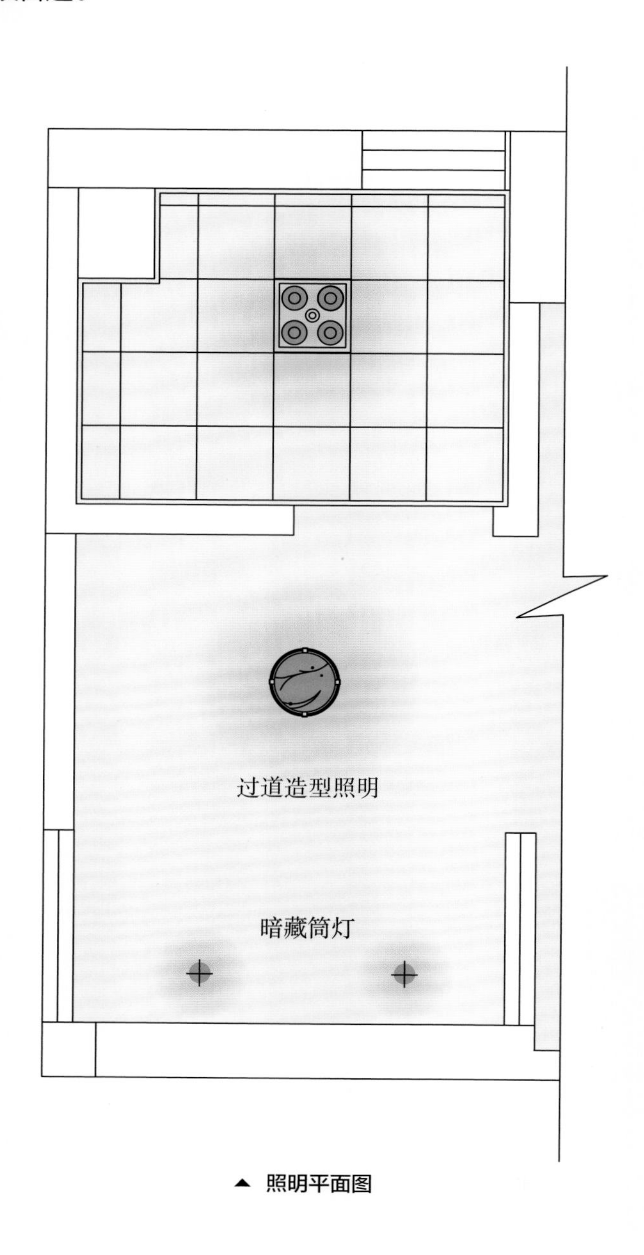

▲ 照明平面图

嵌灯：在开放式洗手池上方安置固定式嵌灯与空间内的洁具呼应，重点强调局部照明，使用直接光源过渡两个功能空间。

吸顶灯：在这种开放式卫浴中，居于中间部分的吸顶灯作为空间内主要照明以及空间的均值亮度照明。

▲ 照明实景图

固定式灯具的分类

1 嵌入式灯具

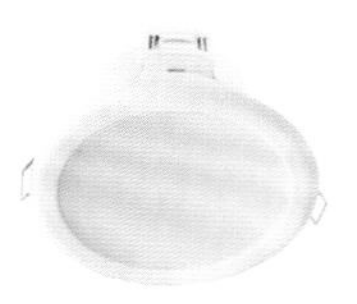

2 半嵌入式灯具

3 悬吊式灯具

4 表面式灯具

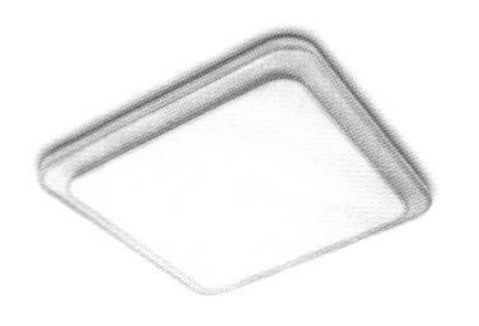

5 轨道式安装灯具

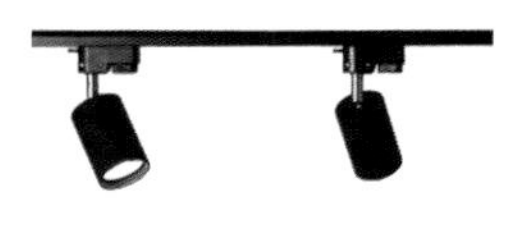

二、嵌灯

1. 层高 2400mm 建议使用直径 100~150mm 的开孔

筒灯不仅可以作为整体照明使用，也可以用作局部照明。筒灯作为嵌灯的一种，孔径大小若是不同，房间给人的印象也会改变。较大的孔径可以增加灯具的存在感，即便孔径较小，如果数量多的话还是会形成不错的效果。一般房间的层高为2400mm，建议使用直径 100~150mm 的开孔。

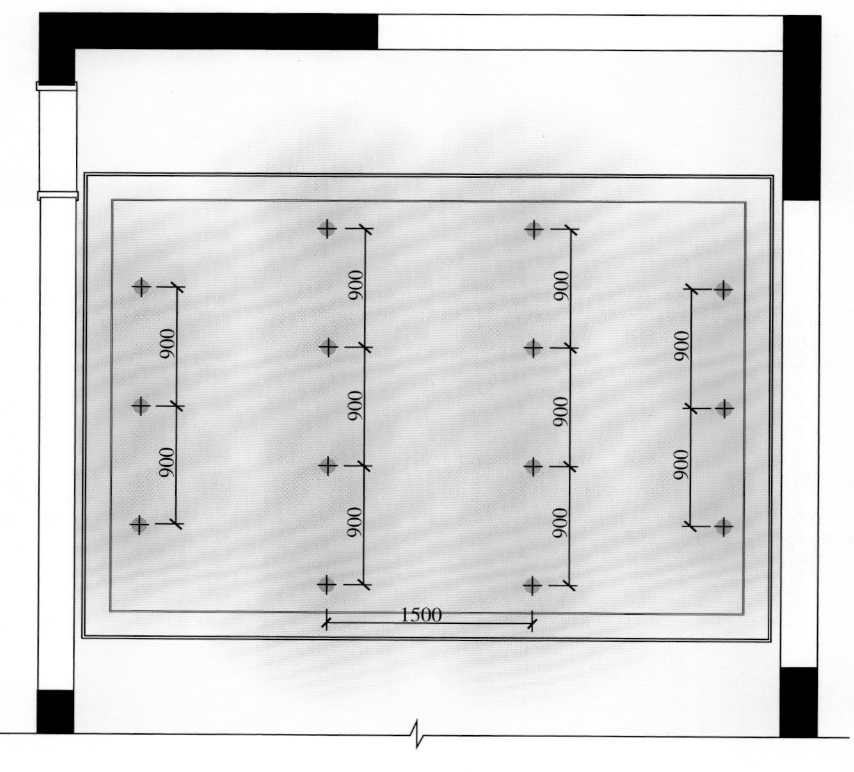

▲ 照明平面图

筒灯的配光角度

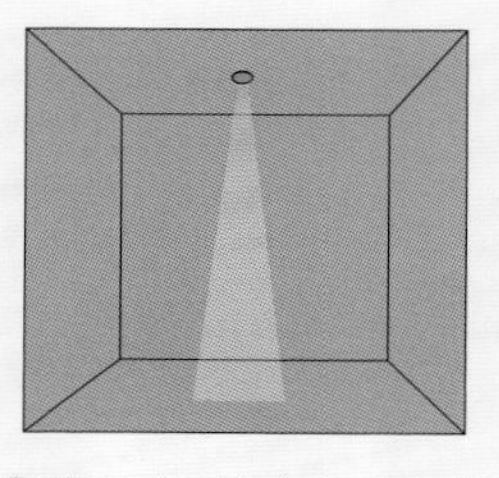

① 窄角（配光角度 10°）

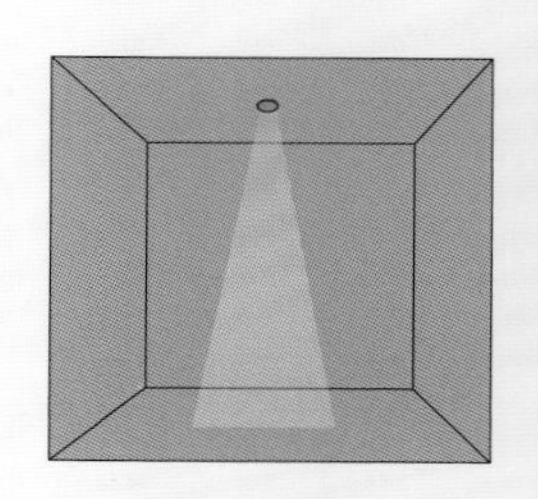

② 中角（配光角度 15°～20°）

固定式嵌灯：客厅采用无主灯设计，筒灯均匀分布在顶棚进行照明，为空间提供均匀光线。相比于空间内只安装一盏主灯进行主要照明的布光思路，均匀分布的固定式内嵌筒灯创建光域范围更大，光线更统一均匀，不容易出现中间光照集中而四周光照不足的照明断层现象。

台灯：在沙发两侧放置大台灯作为局部照明起到补充照明的作用。

▲ 照明实景图

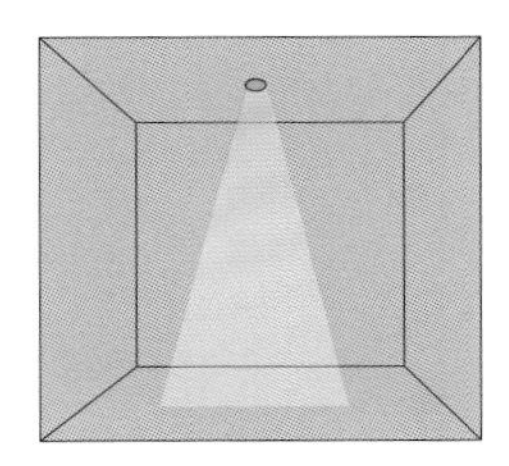

3 广角（配光角度 30°～36°）

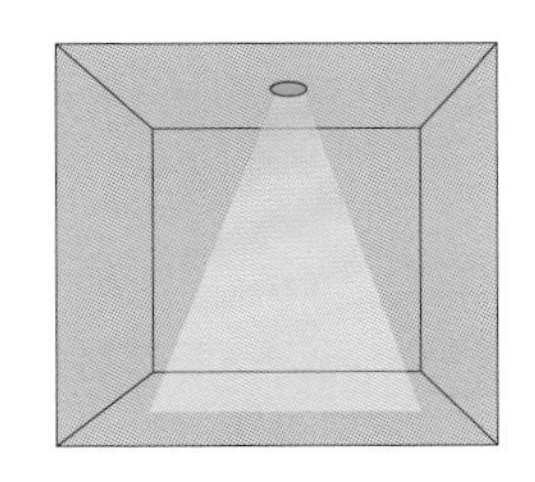

4 扩散（光束扩散的最大范围）

2. 大光束角（100° 以上）的泛光筒灯需距墙 400~600mm

提供单一照明功能的筒灯，主要以大光束角（100° 以上）的泛光筒灯为主，适用需要均匀照明的场所。但这类筒灯要远离墙壁，保持距离 400~600mm 以上，不然会在墙面上形成难看的光斑。

明装筒灯：背景墙使用明装筒灯照明，明装筒灯作为局部照明对背景墙作焦点强调。

嵌灯：嵌装筒灯提供主要照明，为了保证空间各个区域照度均衡，筒灯需要均匀排列。

▲ 照明实景图

① 椭圆形光斑

② 线型光斑

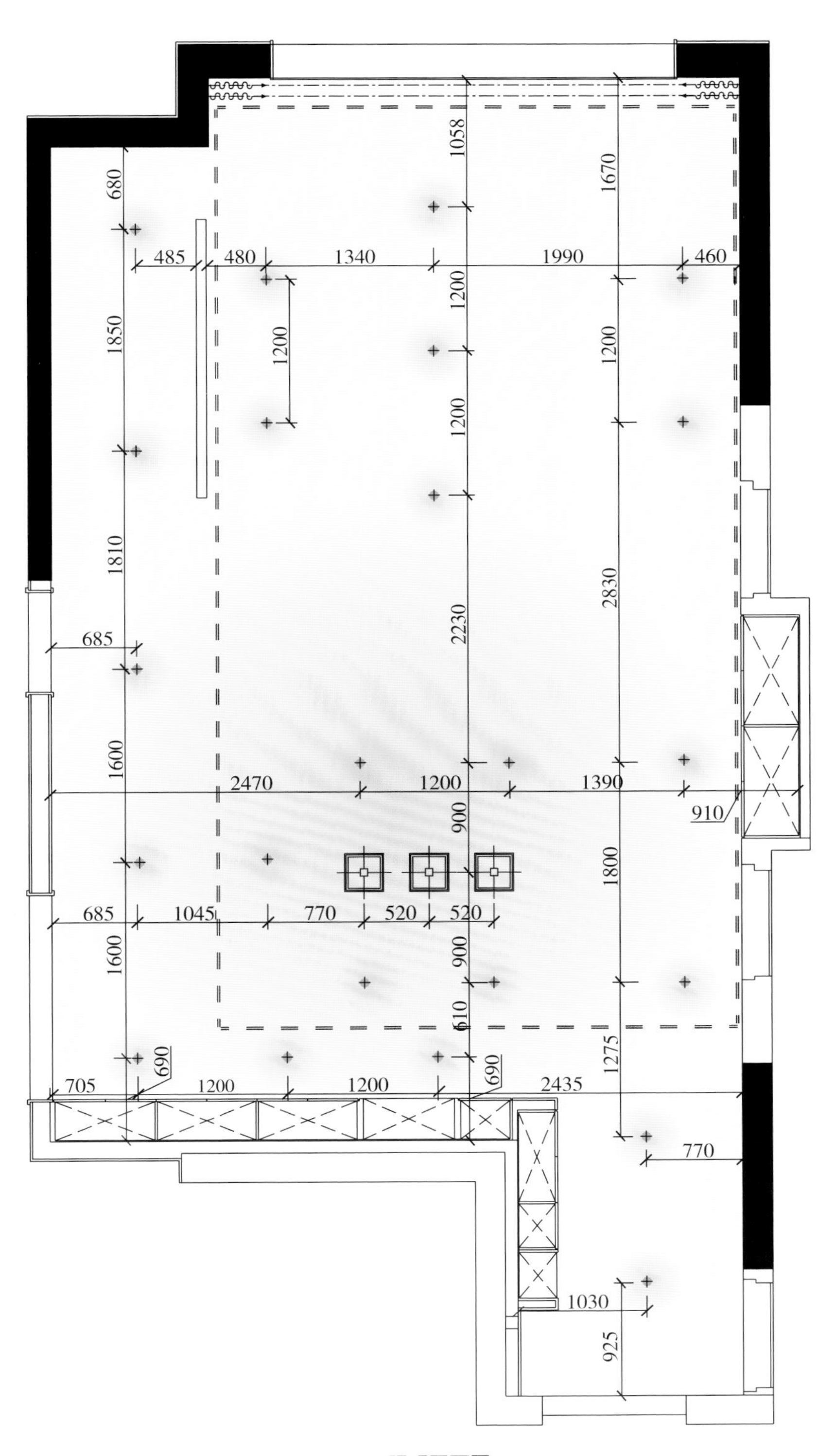
680
485
480
1340
1990
460
1058
1670
1850
1200
1200
1200
1200
1810
2830
2230
685
1600
2470
1200
1390
910
900
1800
685
1045
770
520
520
1600
900
610
1275
690
705
1200
1200
690
2435
770
1030
925

▲ 照明平面图

3. 均匀排列的筒灯间距在 1.2~1.5m 之间

均匀排列的筒灯通常用于厨房、过道、阳台等区域，这样排列主要满足基础性的照明需求，间距在 1.2~1.5m 居多。但如果是连续的重点照明，多用于茶几上方的功能性补光，通常是 2~3 个排列，间距 200~400mm 居多。

暗藏灯带：因为筒灯的光束角有限，以防有些区域照不到，因此在玄关柜隔板下设置 T5 灯管作为局部照明，既能够增加灯光层次，又可以灵活地应对玄关绝大多数功能需求的变化。

▲ 照明实景图

嵌灯：为了保持顶棚整洁，使用内嵌筒灯作为主要照明，采用光束角为 58° 的筒灯，可以确保空间整体亮度。

筒灯常见排列方式

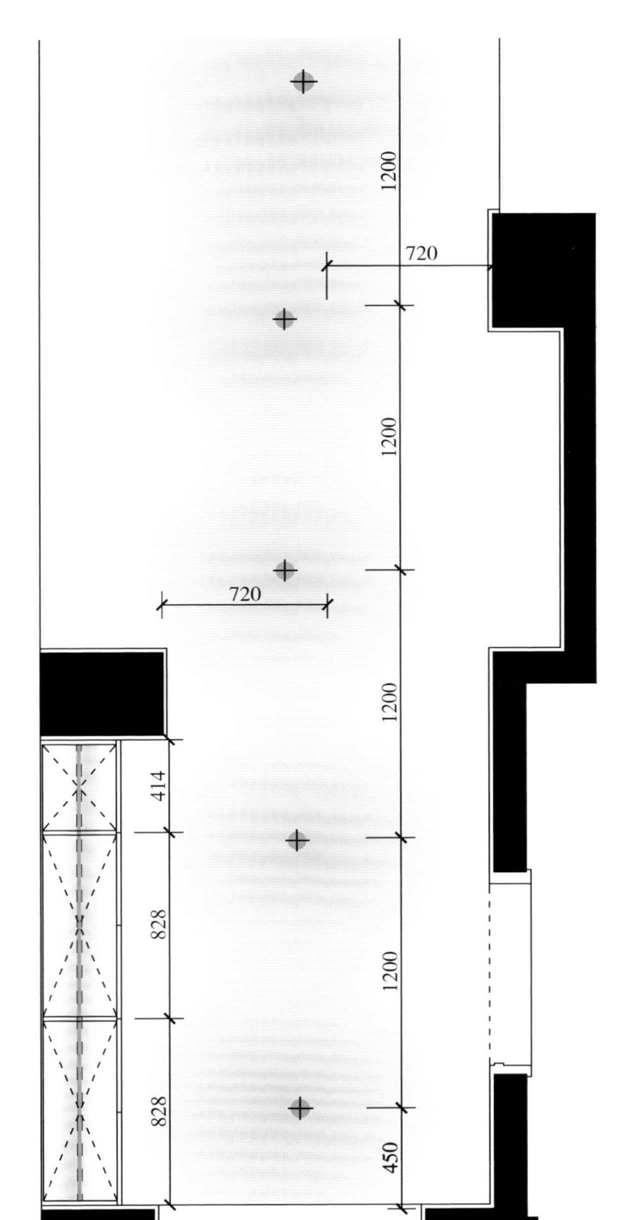

▲ 照明平面图

1 汇集筒灯需要配合辅助照明

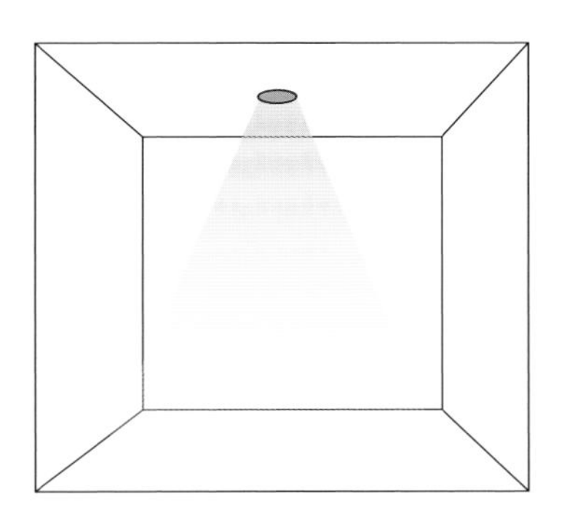

2 分散筒灯可选用广角型筒灯

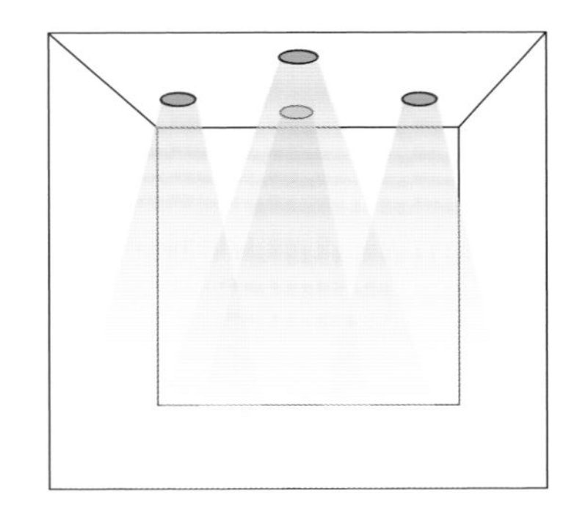

4. 客厅茶几上的射灯总功率在 15~20W 较为合适

突出照明是射灯的作用之一，而在无主灯的装修中，茶几上方用射灯已是常态，如果客厅的环境光足够，可以在茶几正上方设置射灯提供高亮的功能性照明。注意射灯距离茶几表面高度至少要有 2.2m，保证茶几桌面照度在 500lx 左右，在客厅环境亮度为 100lx 左右的情况下，客厅的明暗对比度约等于 4，这样既能达到突出照明的效果，也能满足高亮度作业的要求，还能有不错的舒适度。

嵌灯：均匀排布的嵌式灯具，以及分散的点状光源，能够很好地照顾到一些细节位置。同时，因为客厅面积较小，使用小孔径的内嵌式灯具也不会影响照度，反而会使顶棚看起来更宽敞，起到放大作用。

▲ 照明实景图

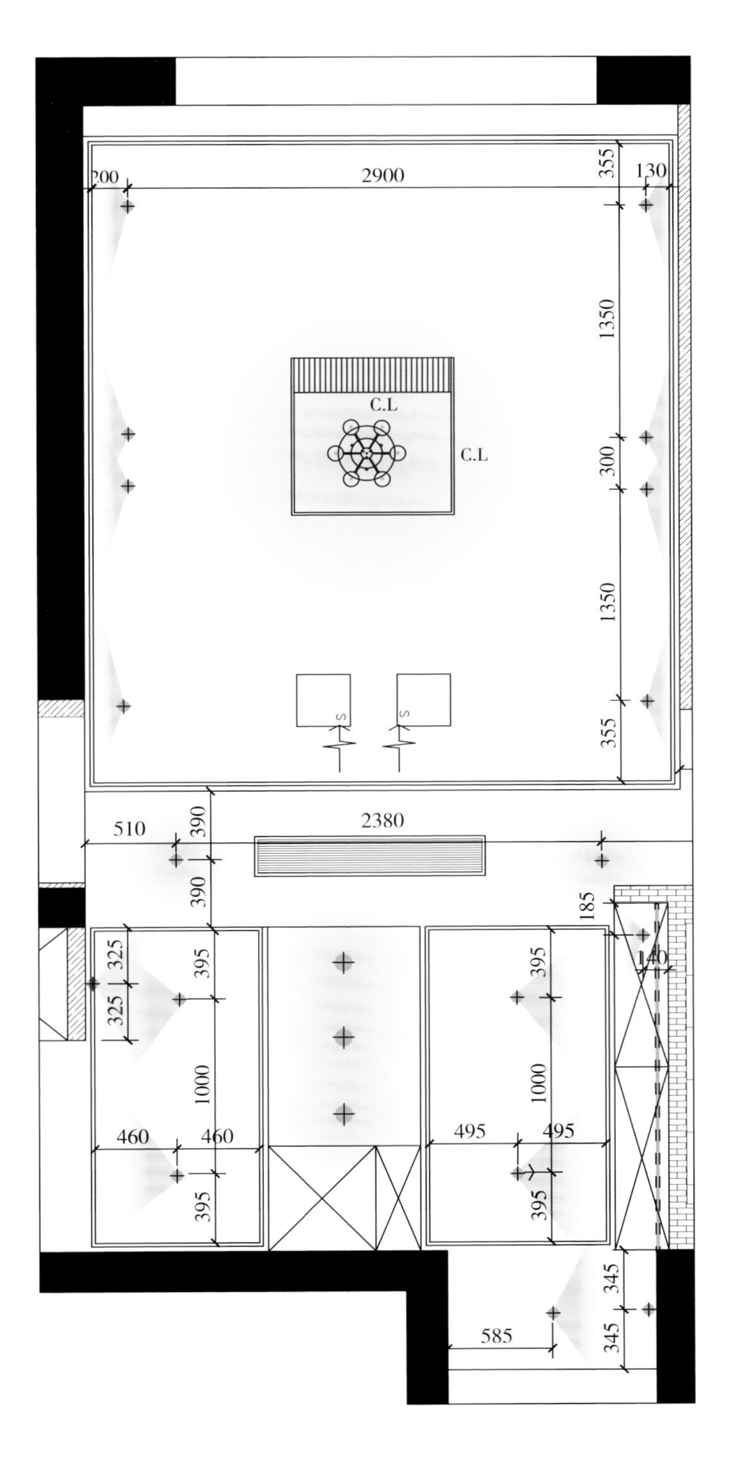

◀ 照明平面图

主灯照明与无主灯照明的区别

1 主灯照明

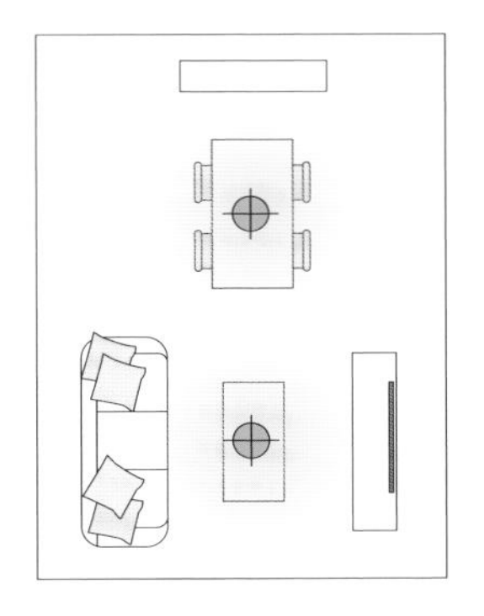

2 无主灯照明

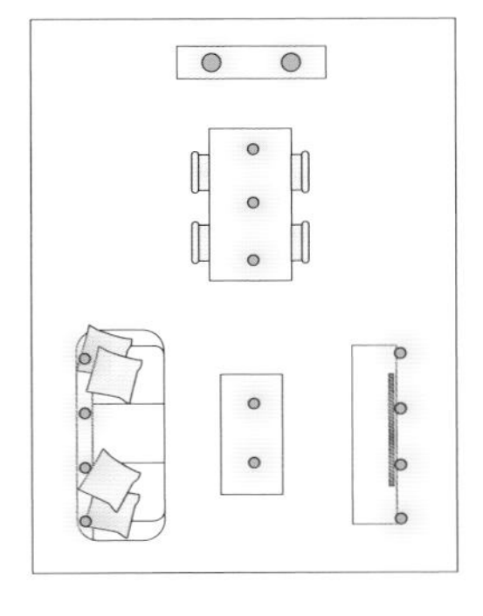

5. 餐桌长度为 1.6m 最多用 3 个 5W 的射灯

餐厅没有设置主灯，如果要用射灯照亮桌面，建议使用透镜光学的射灯，其中心光束不会太强，光型也会更圆润，光束角根据实际高度与桌面宽度决定，常用 24° 与 30° 。常规 1.6m 长度的餐桌 3 个 5W 的射灯完全足够，而且需要配合其他光源使用，比如灯带。

嵌灯：可调节的射灯，光线照射范围更广，光线可以轻松覆盖顶面的各个角落。射灯还可以用于装饰性照明，灯光调节角度照射到餐厅背景墙上的装饰画，凝聚了视觉焦点，在此基础上灯光投射到墙上形成光晕，也起到了装饰背景墙的作用。

▲ 照明实景图

暗藏灯带：围绕着射灯的是可以提供间接照明的暗藏灯带，在灯槽内向上投射光线，经顶面反射后照向地面，光线柔和同时丰富了室内灯光的层次。

2350

2311

820

2930

480

480

2630

250

▲ 照明平面图

不同光束角射灯照射效果

1 15° 用于展示品的重点照明

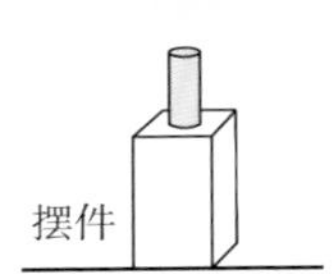

2 24° 用于局部照明

3 36° 作为洗墙照明

4 60° 用于基础照明

60° 基础照明

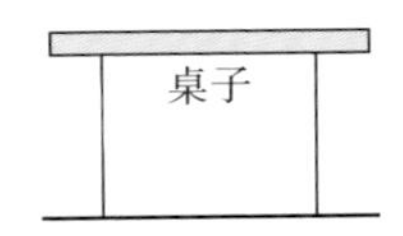

6. 卧室床尾布置 2~3 个射灯

卧室如果想安装射灯代替吊灯做主灯，一定要注意不能在床的正中间安装射灯，因为极易造成眩光，而且是不可接受的眩光。最佳的安装位置应该是把射灯稍往床尾部移动 300~400mm。如果灯位已经固定，可以适当调节射灯角度。

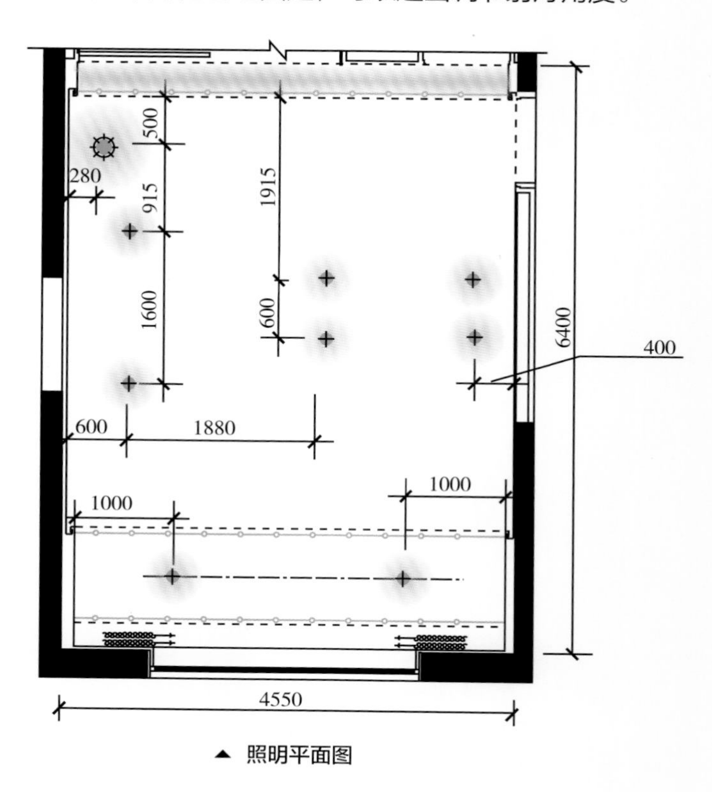

▲ 照明平面图

控制眩光的五种解决方法

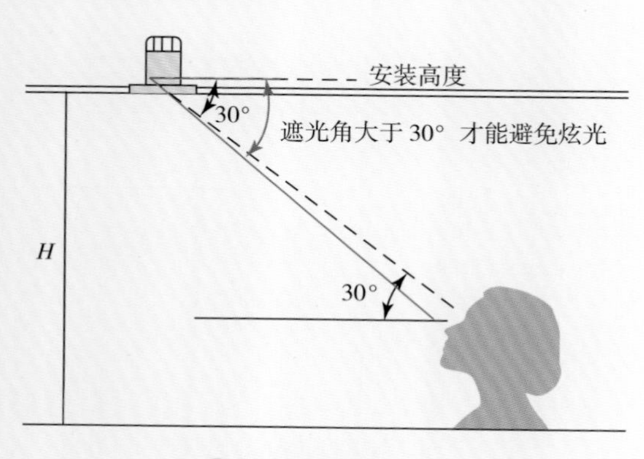

① 遮光角大于 30°

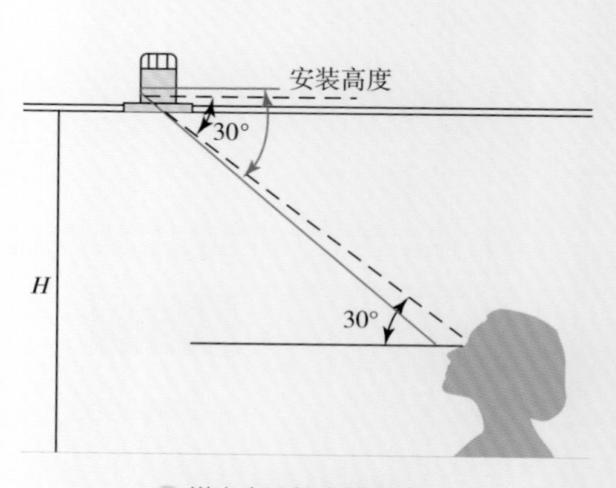

② 增大光源的安装高度

嵌灯：射灯在保证基本照度的同时使顶面看上去更清爽。

台灯：漫射型的台灯散发柔和的光线，以防刺眼灯光直接进入视线。

▲ 照明实景图

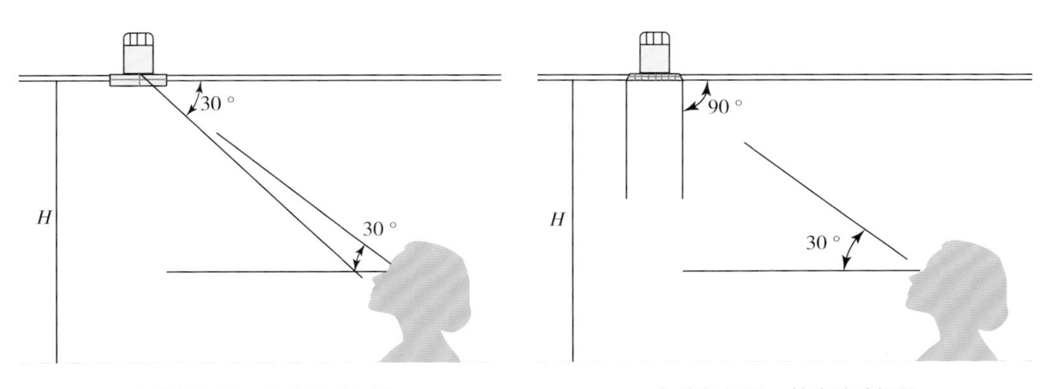

③ 常规灯具 + 十字防眩灯具　　④ 常规灯具 + 蜂窝防眩灯具

7. 卧室床头两边射灯邻墙距离不要超过 500mm

卧室床头柜照明不一定要选择台灯，也可以在床头边安装两个深防眩射灯，灯光分散到床头柜和床头背景墙上，既能方便操作床头柜，在视觉上又起到了拓展空间的作用。但要注意射灯的离墙距离尽量控制在 300mm，最多不能超过 500mm，以避免射灯的中心光束过强带来的不舒适感。

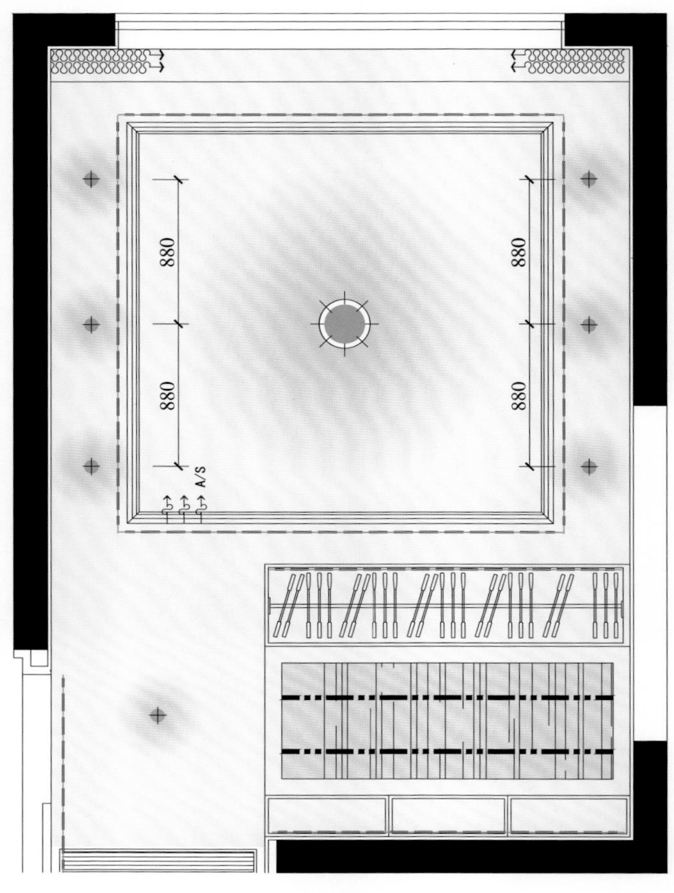

▲ 照明平面图

床头灯具的常用类型

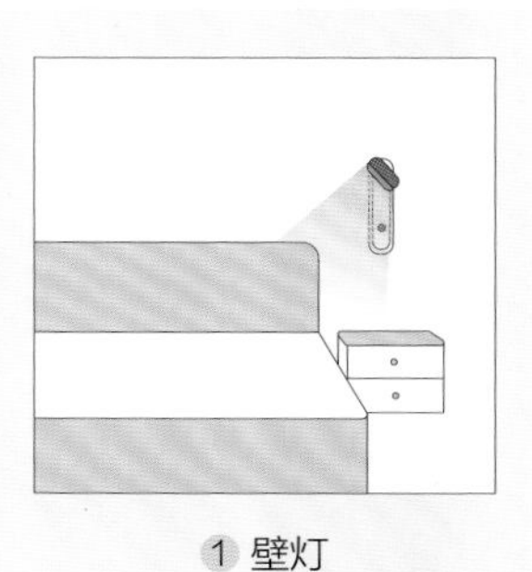

① 壁灯

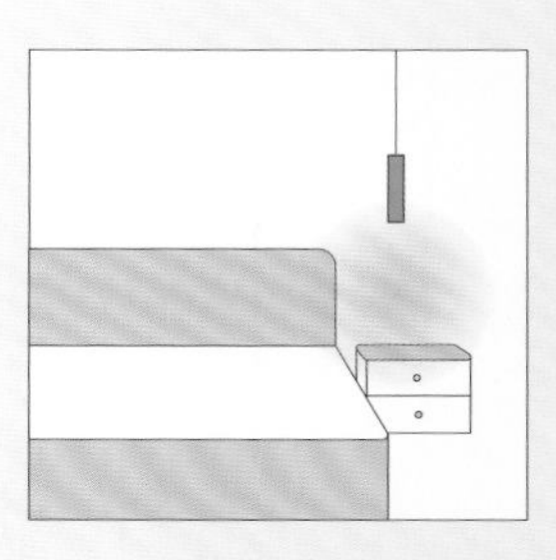

② 吊线灯

暗藏灯带：在顶棚内安装暗藏灯槽补充间接照明。

嵌灯：灯带外围安装固定式嵌灯辅助照明，使光域能够充分覆盖到整个空间。

吊灯：顶棚安装吊灯为空间提供整体照明。

▲ 照明实景图

台灯：床头两侧分别放置一盏台灯用作局部功能性照明，满足有睡前阅读习惯的人群或起夜人群的使用需求。

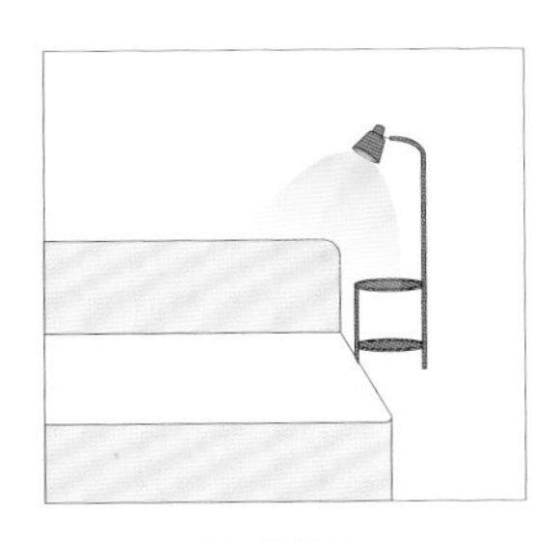

3 落地灯

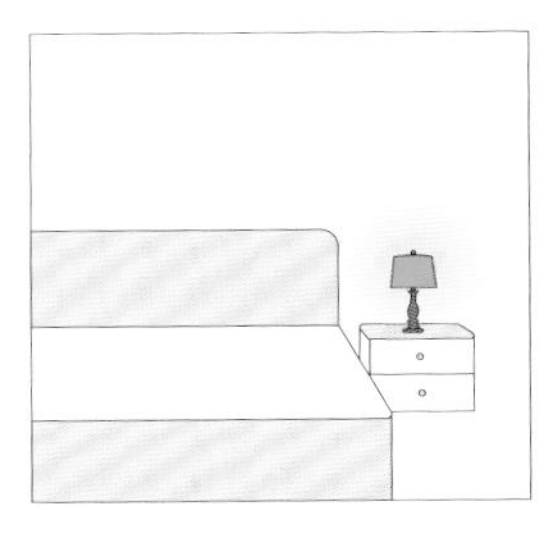

4 台灯

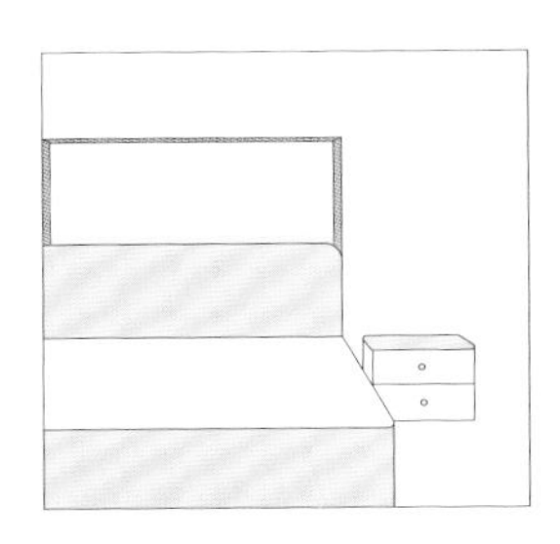

5 灯带

吊灯：卧室中心区域使用吊灯进行主要直接照明。

嵌灯：利用均匀分布在顶棚的内嵌式筒灯进行辅助照明，局部结合射灯进行装饰性照明。

▲ 照明实景图

衣柜灯具照明的装设方法

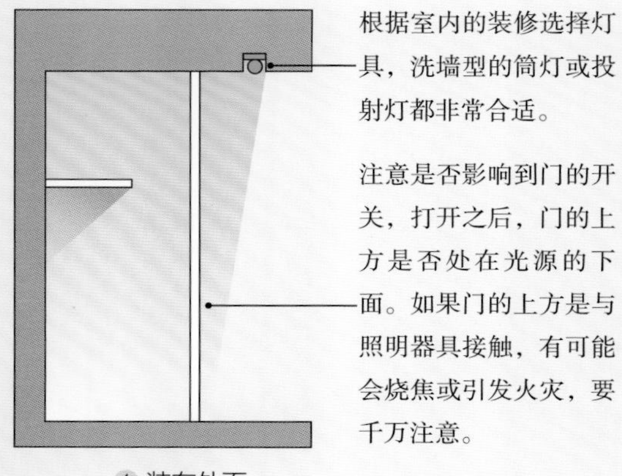

根据室内的装修选择灯具，洗墙型的筒灯或投射灯都非常合适。

注意是否影响到门的开关，打开之后，门的上方是否处在光源的下面。如果门的上方是与照明器具接触，有可能会烧焦或引发火灾，要千万注意。

① 装在外面

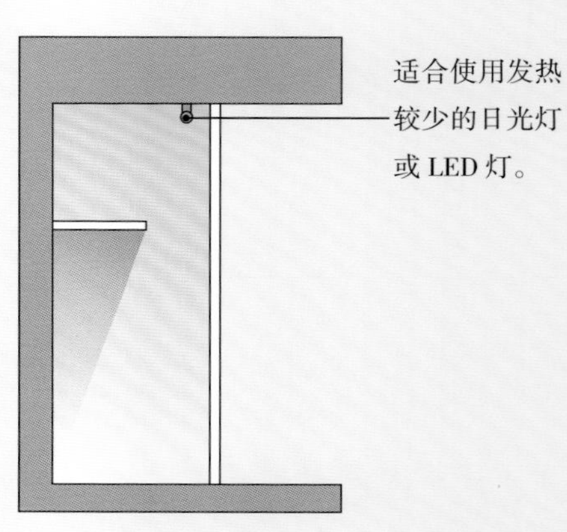

适合使用发热较少的日光灯或 LED 灯。

② 装在内部

8. 衣柜前用 3~5 W 射灯补光

在衣柜前也可额外地设计灯具，这样可以看清衣柜内部。常见的做法是在衣柜前用射灯，关门时做柜门的洗墙效果，打开柜门时可做柜内补光。这种做法是可取的，但如果柜门是反光材质，不建议使用这种方法。在灯具功率的选择上以小功率为主，3~5W 完全可以满足需求，如果此位置光源亮度过高，不仅会显得突兀，整体空间不协调，还会引起视觉上的不舒适感。

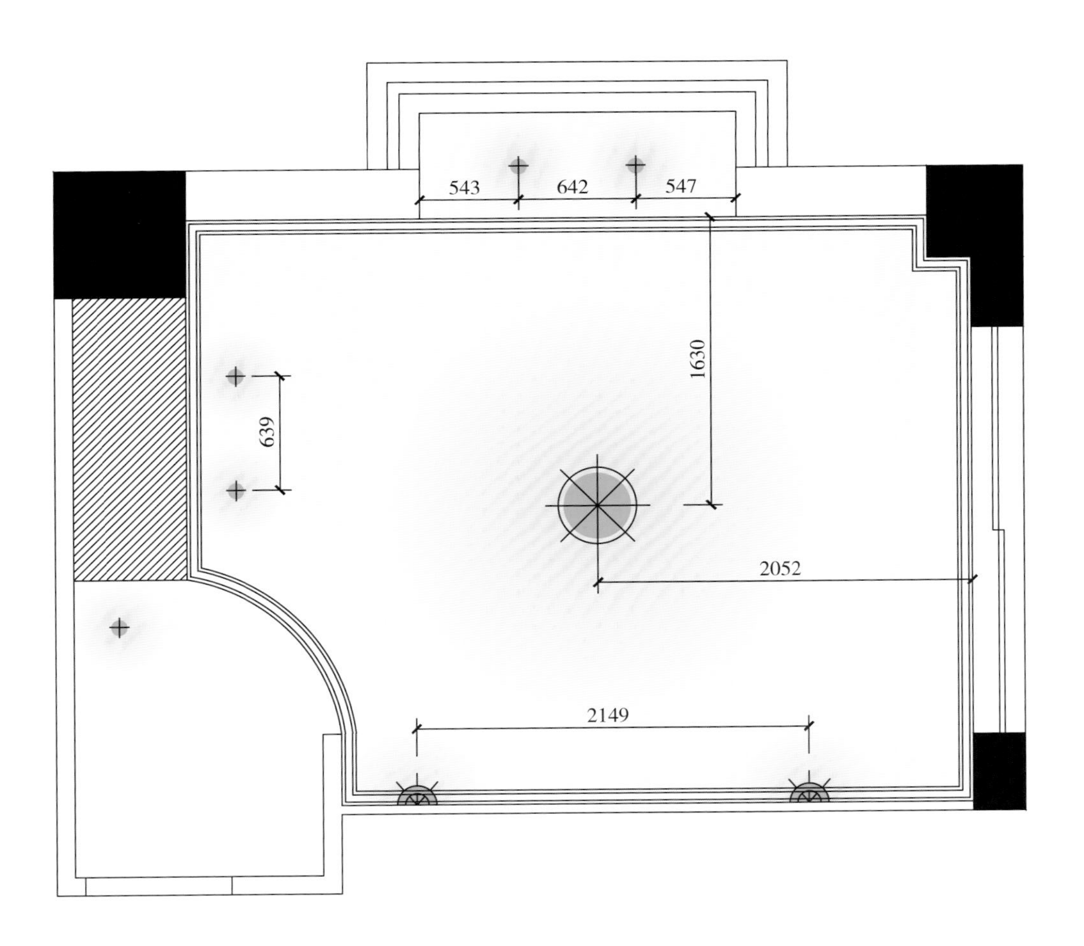

▲ 照明平面图

9. 离柜子 600mm 以上距离安装射灯或轨道灯照射

为了保证看清楚柜子内部，最好在离柜子 600mm 以上的位置安装偏转角度较大的射灯、轨道灯，这样可以让光线直接照进柜子内部，相比筒灯、吊灯发出的光线只能到达柜子顶部几层，射灯或轨道灯基本可以照亮柜内的每一层。

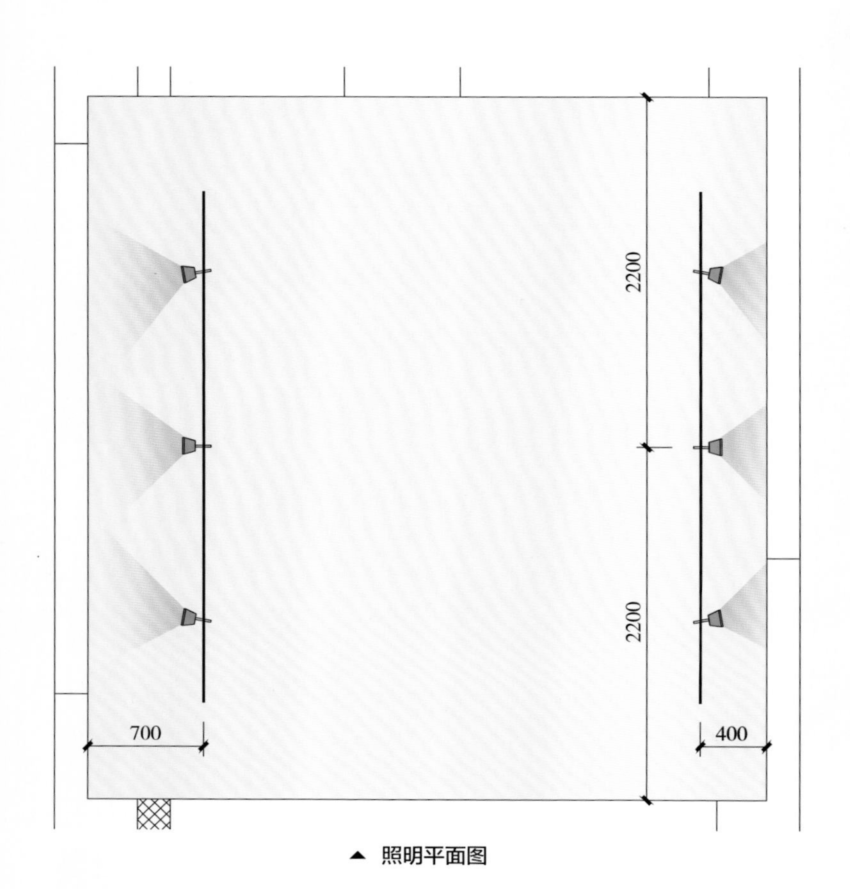

▲ 照明平面图

照明轨道灯类型

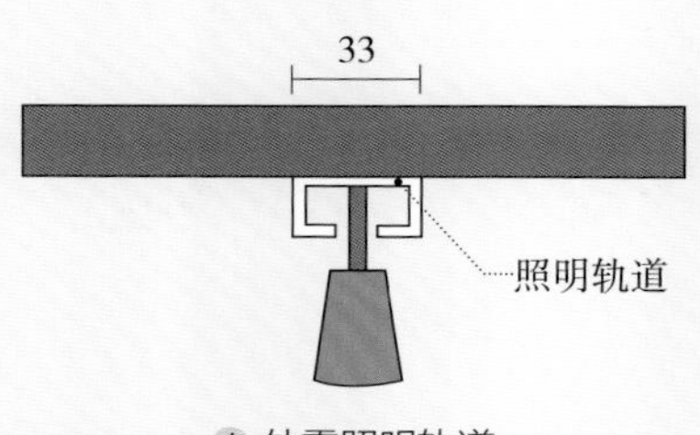

① 外露照明轨道

台灯：上层空间可调节方向的轨道灯通过光线的调节能够满足书架内部空间的细节照明，下部空间的重点工作学习区域照明，使用桌面大台灯来补充。

▼ 照明实景图

可调节导轨灯：空间中使用了两组可调节方向的导轨灯作为主要光源进行直接照明，可调节方向的导轨灯可以自由折叠，摆头照射实现灵活照明。

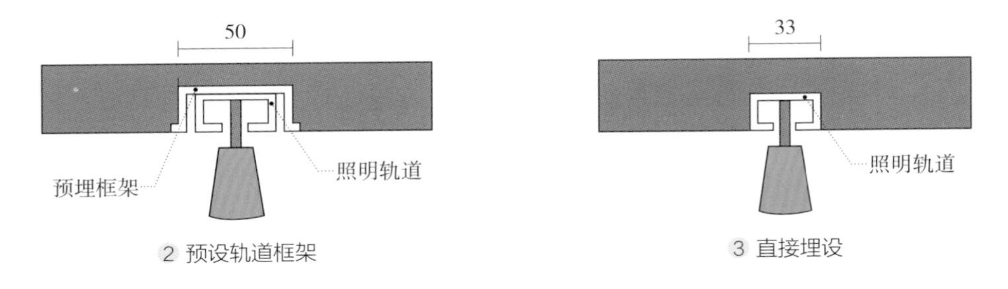

2 预设轨道框架

3 直接埋设

固定式嵌灯：顶棚分散的筒灯提供直接照明，以满足区域内照明基本功能需求为目的。

暗藏灯带：空间内利用间接照明丰富灯光层次，顶棚造型设计为安装隐藏式灯条创造了空间，这样的低压直线型隐藏式灯光安装于梳妆台上方，柔和顶棚冷硬的线条低调而严谨。

▲ 照明实景图

10. 卫生间镜前照明光源显色指数最好达 95 以上

卫生间的照明设计除了一般照明要有充足的光线外，最重要的是镜前的照明设计，要能看清人脸，避免阴影的产生。镜前照明需要满足三个要点：一是能提供充足的垂直面照明（300lx 为宜）；二是光源的显色指数达到 95 以上；三是最好能调节色温，能提供符合场景的光色。

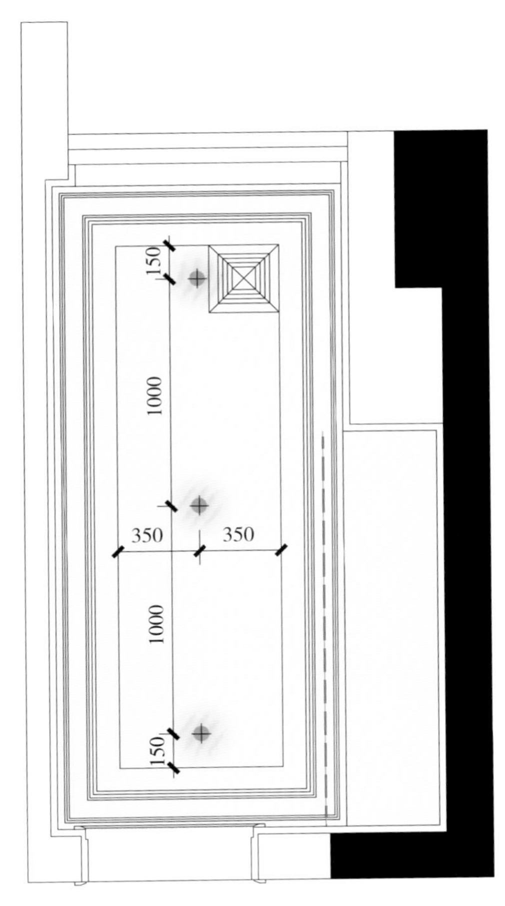

▲ 照明平面图

镜前灯的安装位置

① 镜子两侧安装嵌入式灯具

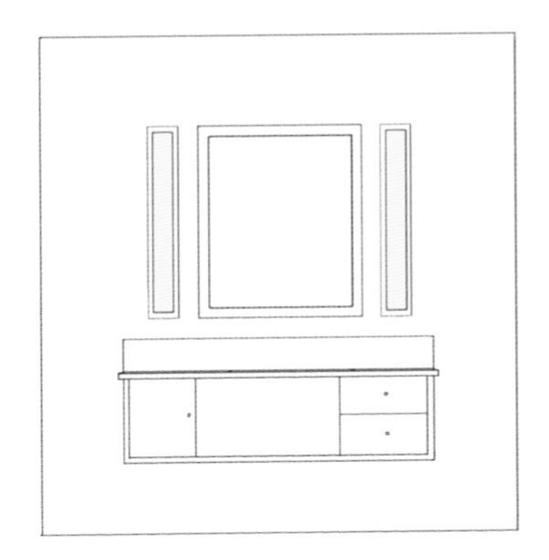

② 镜子下方安装镜前灯

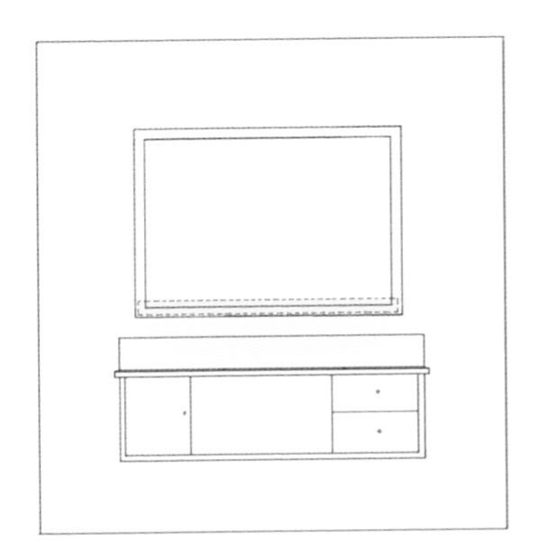

③ 镜子上方安装镜前灯

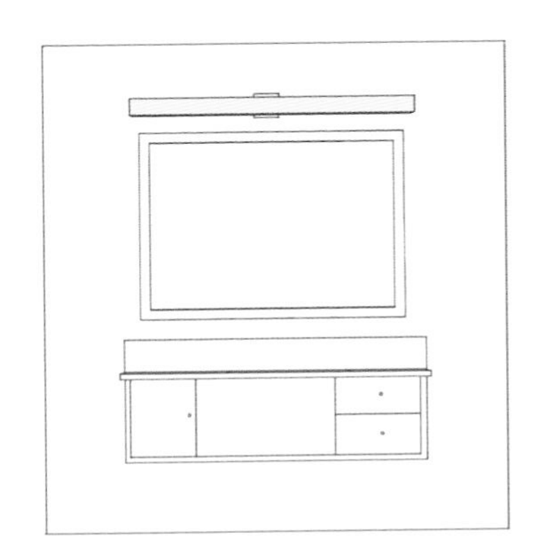

11. 淋浴区筒灯防水级别要达 IP 65

淋浴区通常有两种灯具，防水射灯与防水筒灯，一般防水级别要达到 IP 65 才会更安全。防水筒灯出光更均匀，比射灯更实用。如果一定要选择防水射灯的话，射灯的光束角以 30° 左右为宜。

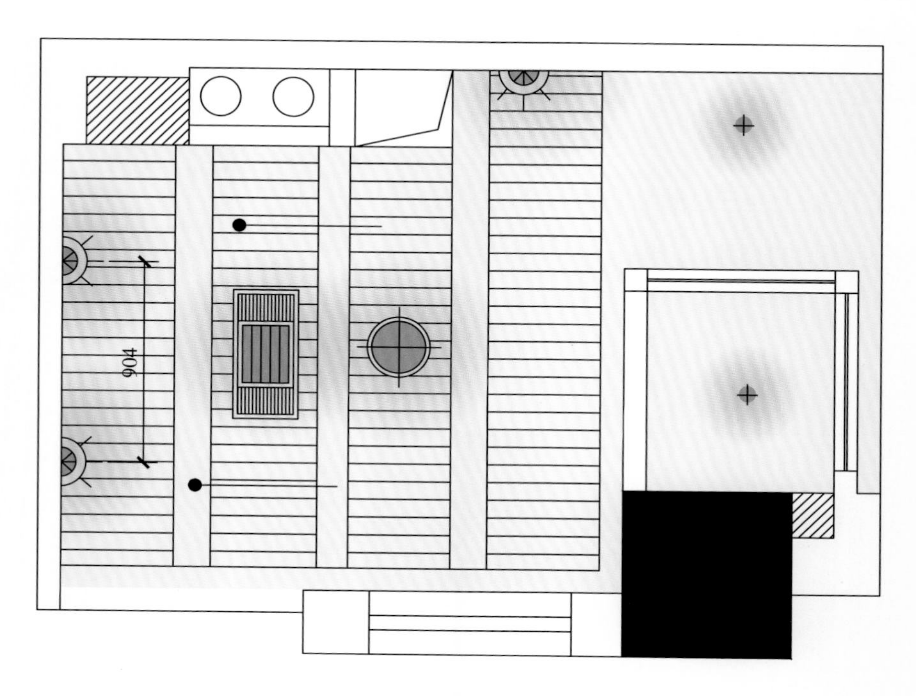

▲ 照明平面图

壁龛灯光的设置方法

向上照射壁龛

交叉向下照射壁龛

嵌灯：使用传统的单一光源作为主要照明，并在局部使用壁灯作为辅助照明，保证空间内丰富的灯光层次。

◀照明实景图

垂直方向微聚光灯照射壁龛

垂直方向线型光源照射壁龛

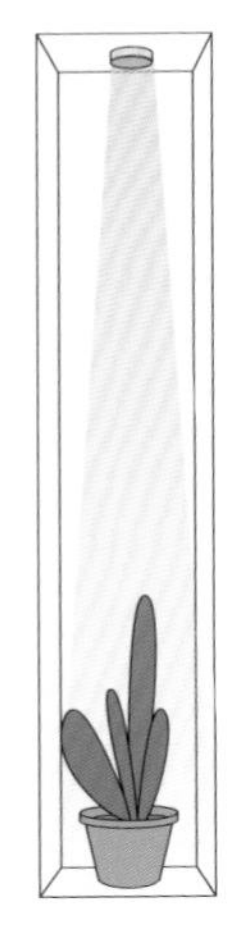

纵立壁龛

12. 马桶区射灯可安装在马桶后面

马桶区照明灯具安装一般有两种形式，一种是在马桶前方安装一盏射灯，这样做的好处是马桶盖关闭时马桶会比较美观，但如果使用马桶时有看手机的习惯，则射灯投向屏幕容易眩光，同时手机屏幕也会受光感自动调节到最高亮度，对不喜欢高亮手机屏的人群不太友好。另一种是将射灯安装在马桶后方，可以将墙面做装饰件，光线作用于墙面，既能美化墙面，又能避免眩光，通过前面的反射光也可照亮空间，即便马桶阅读光线也足够。

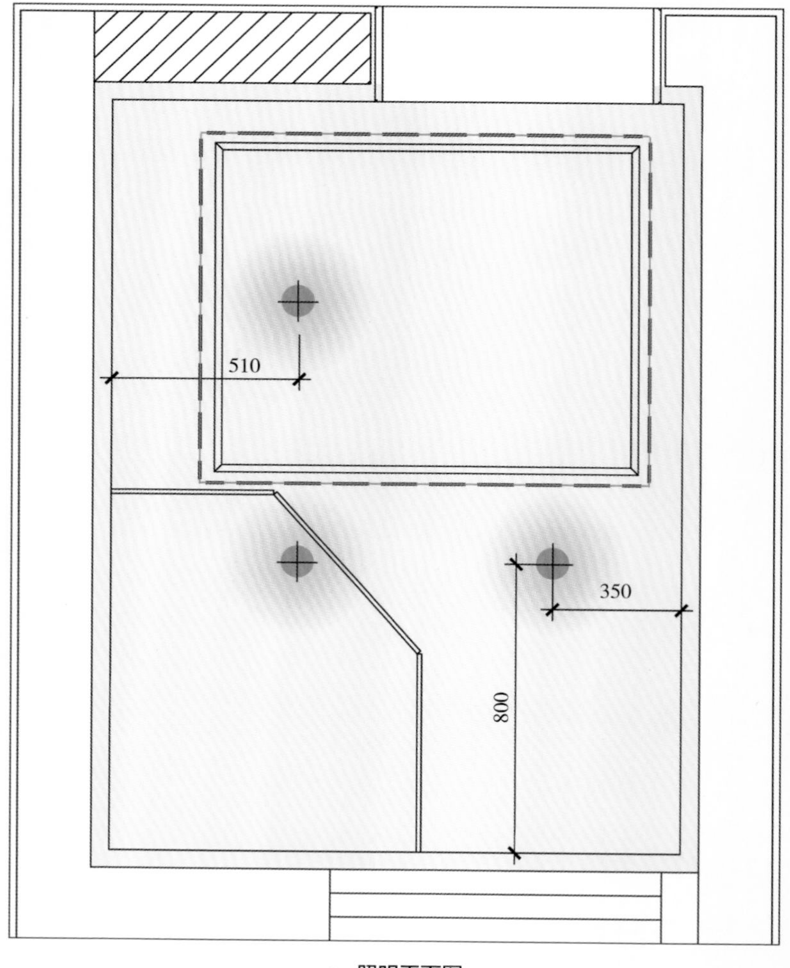

▲ 照明平面图

暗藏灯带：顶棚中安装暗藏灯作为间接照明。隐藏式灯光能够为空间增添实用、缓和的灯光，使嵌灯光线不会在空间内显得太突兀，同时也为顶棚增加一层光照。

嵌灯：分散的嵌灯进行直接照明，点状光源让不同分区都有足够的亮度。

◀照明实景图

13. 厨房射灯或筒灯距离吊柜 300~400mm

厨房的基础照明通常用筒灯或射灯完成，一般筒灯选择光束角 60° 以上；射灯选择光束角 36° 或 38° 并带深度防眩晕效果的款式。在靠近吊柜 300~400mm 的位置，可以安排一组筒灯和射灯，超过这个距离在使用时会出现挡光，小于这个距离容易眩光。

嵌灯：在开放空间顶棚布置嵌灯时，为了照顾厨房操作台的细节照明，在灶台洗手池上方安装细节照明，保证在使用厨房时不会产生阴影。

▲ 照明实景图

射灯与筒灯的区别

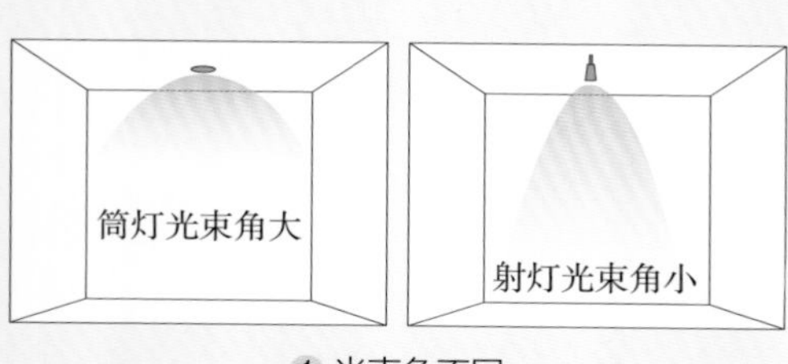

① 光束角不同

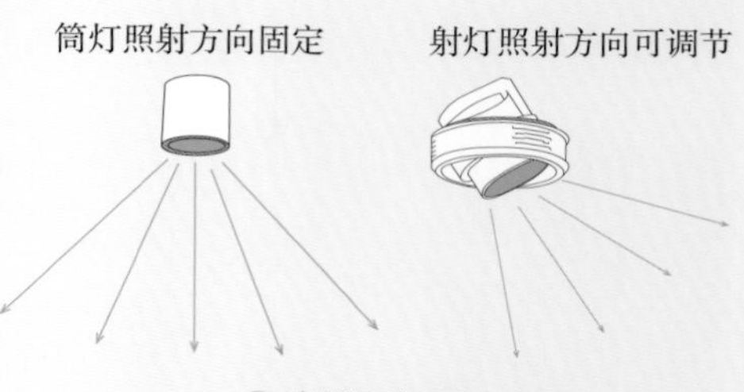

② 光照方向不同

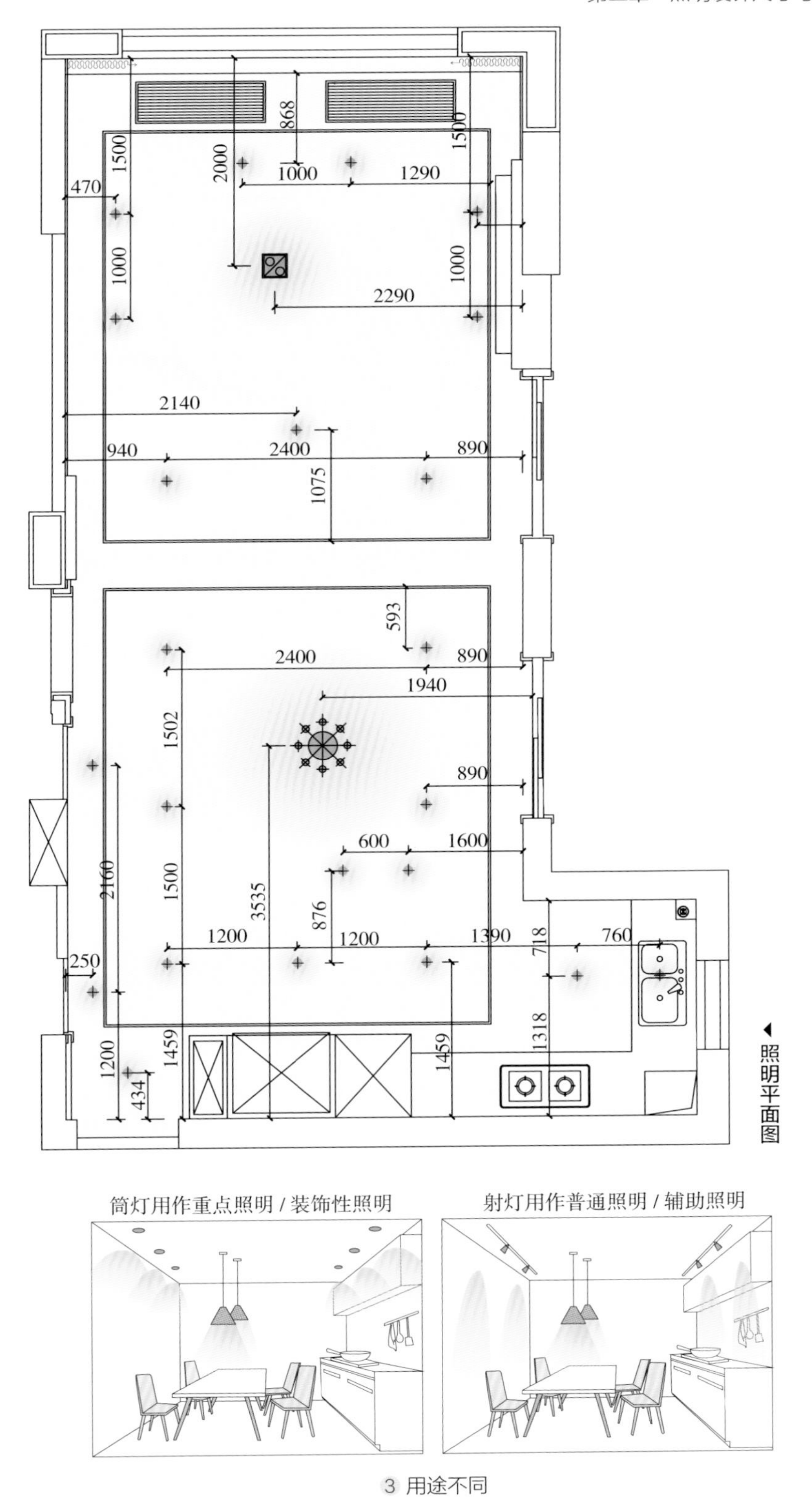
照明平面图
868
1500
2000
1000
1290
1500
470
1000
1000
2290
2140
940
2400
890
1075
593
2400
890
1940
1502
890
600
1600
2160
1500
3535
876
1200
1200
1390
718
760
250
1459
1318
1200
1459
434
1459
筒灯用作重点照明 / 装饰性照明
射灯用作普通照明 / 辅助照明

3 用途不同

三、隐藏式灯光

1. 天花板灯槽出光槽的宽度在 100~150mm

在室内照明中，天花板灯槽是应用最多的照明手法，它能照亮天花板，降低天花板因较低的空间所形成的压迫感，展现宛如天窗一般的展示效果。灯槽内照明灯具装设的位置有很多种，但灯槽的宽度都不能超过 150mm，最适合的宽度是按照灯具的宽幅左、右再加上 50mm 的富余。

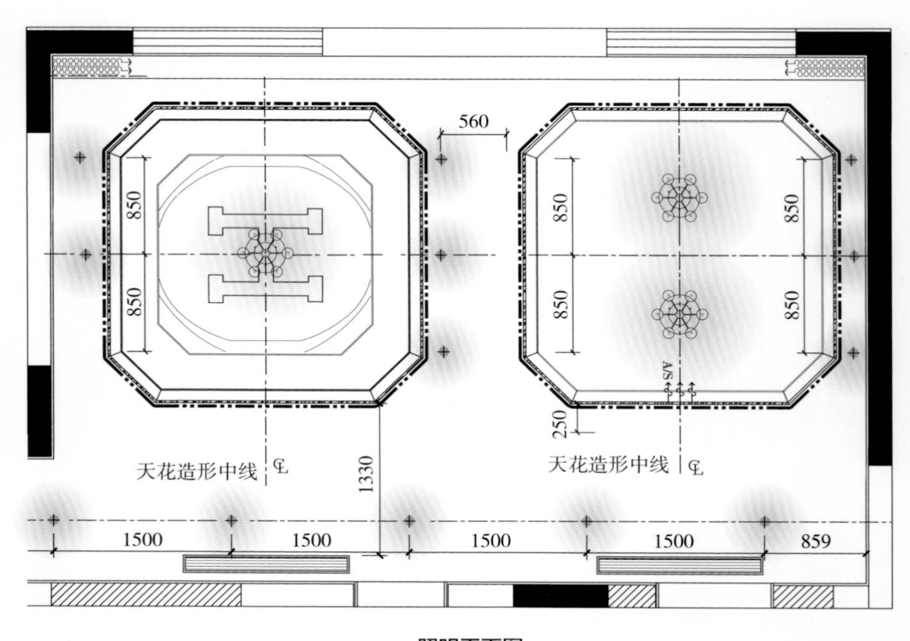

▲ 照明平面图

灯槽内灯的装设位置

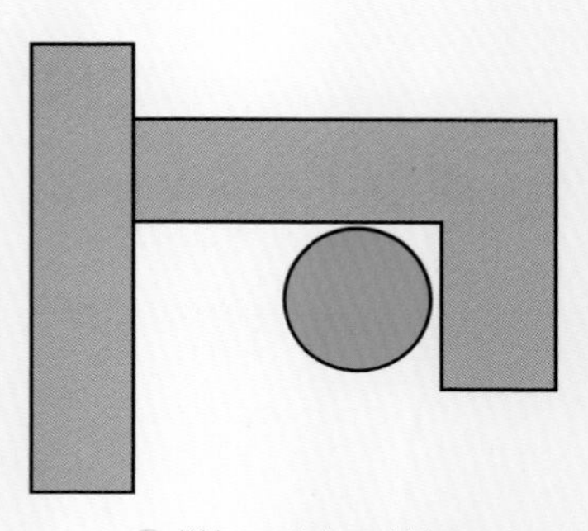

① 增加一个向下挡板

暗藏灯带：在顶棚中安装暗藏灯带作为辅助光源进行间接照明，照亮顶棚，保证顶棚以及上部空间的照度。最后在顶棚造型以外的区域均匀分布点状光源，保证整体空间的充足照度。

固定式嵌灯：客厅以及餐厅区域背景墙做了艺术设计处理，所以在两边顶棚分别设置两盏固定式嵌灯，自上而下投光到背景墙上，照亮背景墙凝聚视觉焦点。

▲ 照明实景图

吊灯：从顶棚的造型设计来看，整个空间被分为两个区间，两个功能区的布光思路相同，顶棚中间使用吊灯作为主要光源进行直接照明。

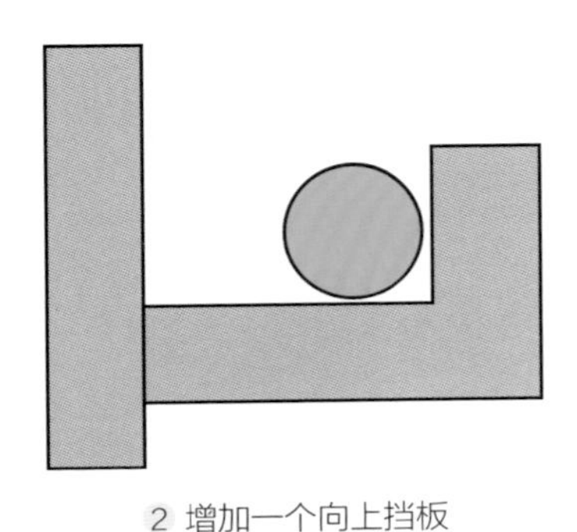

2 增加一个向上挡板

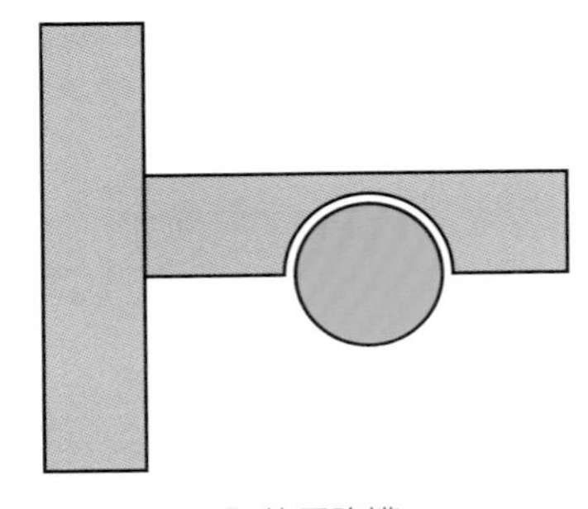

3 使用路槽

2. 窗帘檐口照明挡板离墙至少 150mm

如果在卧室或者阳台设计间接照明，那么窗帘盒是非常好的选择，不需要额外的成本与改动，只需装修时候预留一个线头即可，而且出光效果也非常好。窗帘檐口照明的出光方式有多种，但不论是哪种方式，窗帘盒与墙的距离至少要有 150mm。

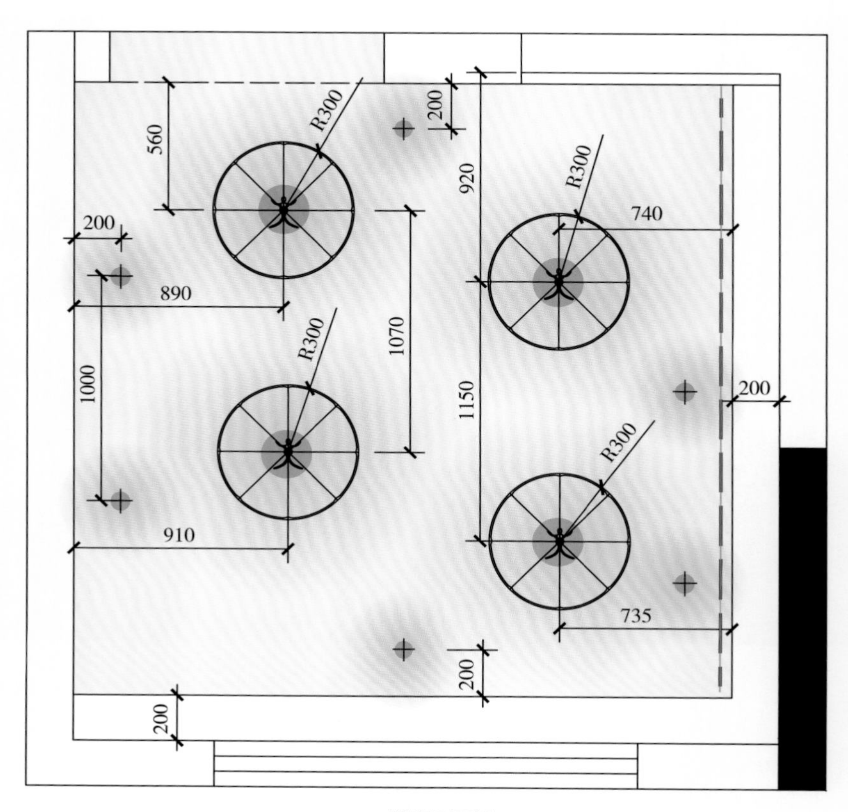

▲ 照明平面图

暗藏灯带照亮顶棚的应用

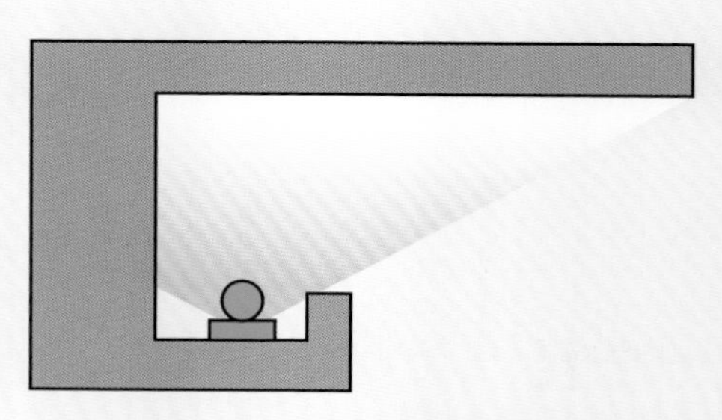

① 有遮光板且与顶棚的间隙应不大于 200mm

暗藏灯带：可以照亮窗帘，带来柔和的反射光，非常适合作为儿童房的氛围光。

固定式嵌灯：儿童房顶棚设置四个喇叭形状的特殊造型，并嵌入固定式内嵌灯具作为空间主要照明，提高整体空间亮度。在顶棚造型外同样安装内嵌式筒灯，均匀分布在顶棚上作为补充照明丰富灯光层次。

▲ 照明实景图

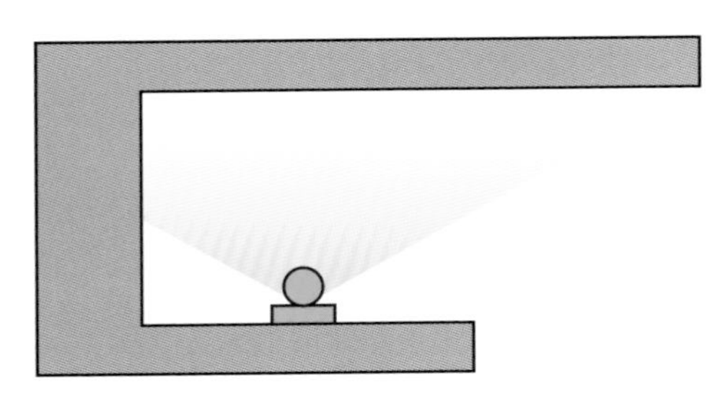

② 无遮光板但灯带高度小于底板宽度

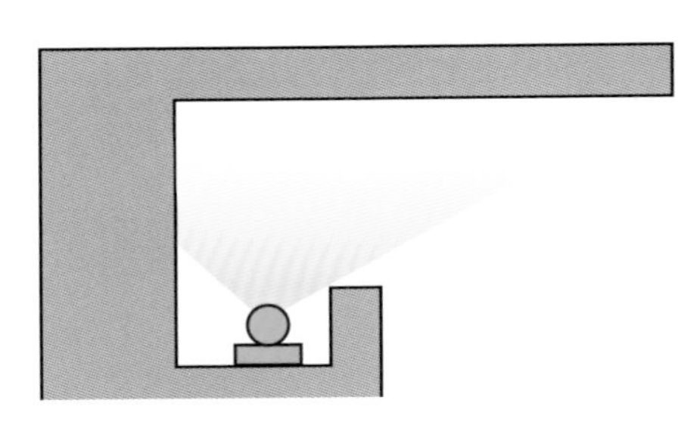

③ 借助墙面从墙壁内侧设置间接照明

暗藏灯带：空间内重点照明在工作台后的展示柜，展示柜隔板内侧设置间接照明，直接裸露灯具不使用任何遮盖板遮盖灯具，间接照明灯条与隔层宽度相同，照亮展品细节。

▲ 照明实景图

家具隔板下设置线条灯的方式

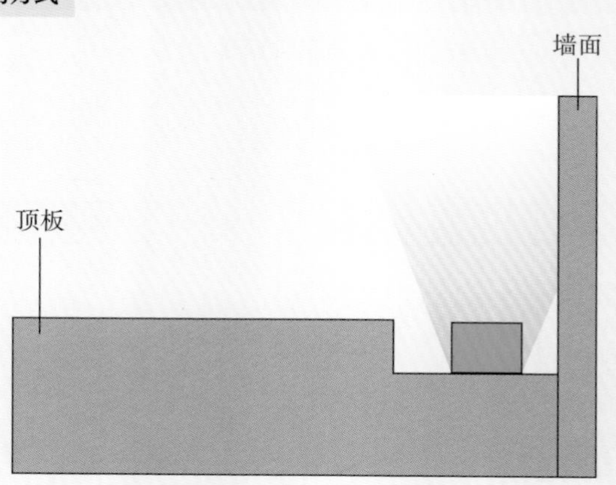

① 不使用遮光板，直接暴露灯具

3. 柜内尽量选择 3~6W/m 的线性灯

在居家照明中，氛围照明如果亮度过高，就失去了氛围的意义，还有点主次不分的感觉。由于空间光线对比度的原因，高亮的柜体会让其他空间显得不够亮，所以最好用低亮度灯光，根据室内的环境亮度来定，通常是 3~6W/m 的灯带。另外不论是衣柜还是书柜，即便在柜体外面设置了灯具照明，柜体内还是会有阴影，为了能够看清柜内物品，可以在隔板下设置线性灯照亮，要注意灯具的安装位置最好不做后出光，因为后出光会被物品遮挡。

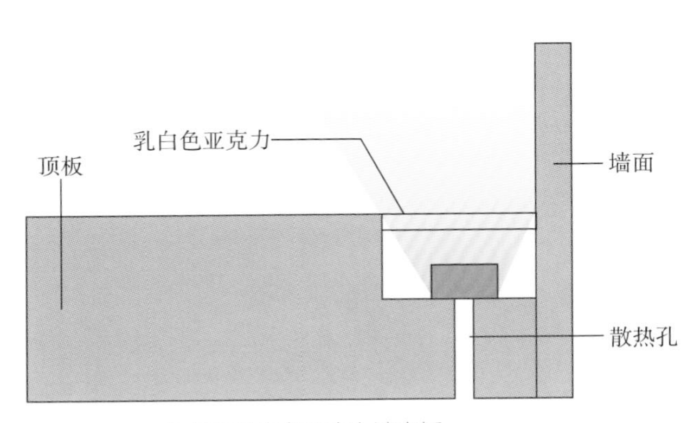

② 使用乳白色亚克力遮光板

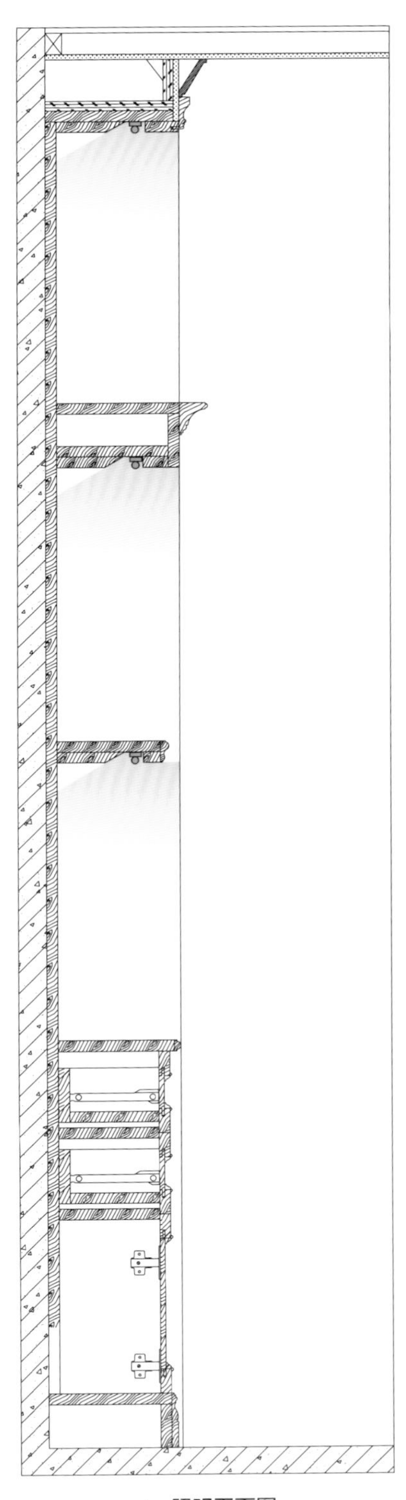

▲ 照明平面图

4. 床头背景板内尽量安装 4~6W/m 的线性灯

卧室的氛围可以用暗藏光源来营造，在床头护墙板内安装线性灯，朝上往墙面打光，光线通过墙面反射成柔和的光线。这种做法的效果比较好，一般用暗藏光源做氛围照明，通常每米 4~6W 比较合适，除了要注意灯带功率的控制，还需选择 12V 和 24V 安全电压的灯带。

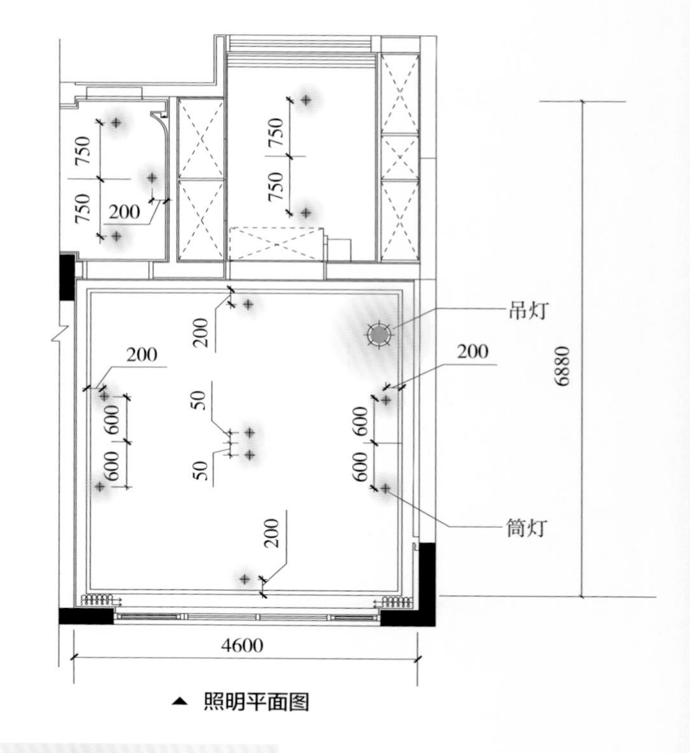

▲ 照明平面图

暗藏灯带：在床头背板里安装暗藏灯带，照射在墙面形成柔和的光线。

▲ 照明实景图

床头背景墙灯光方案

1 线性灯外置，背景墙持平

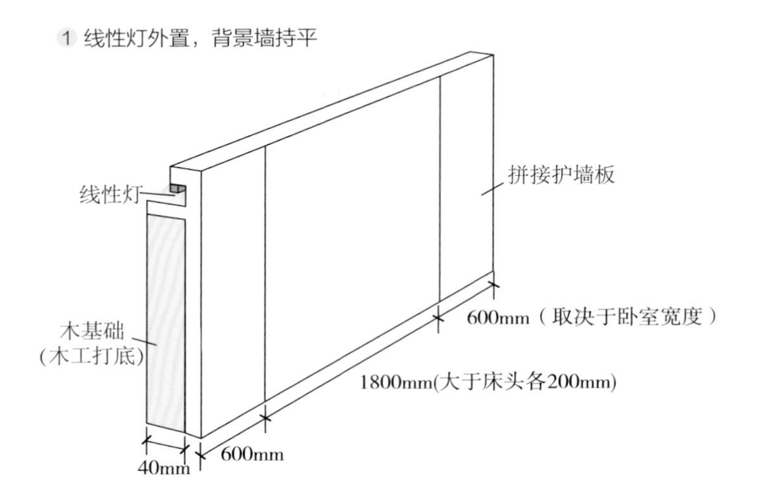

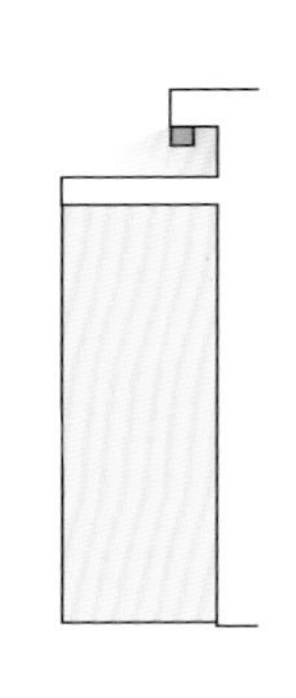

2 线性灯内置，护墙板持平

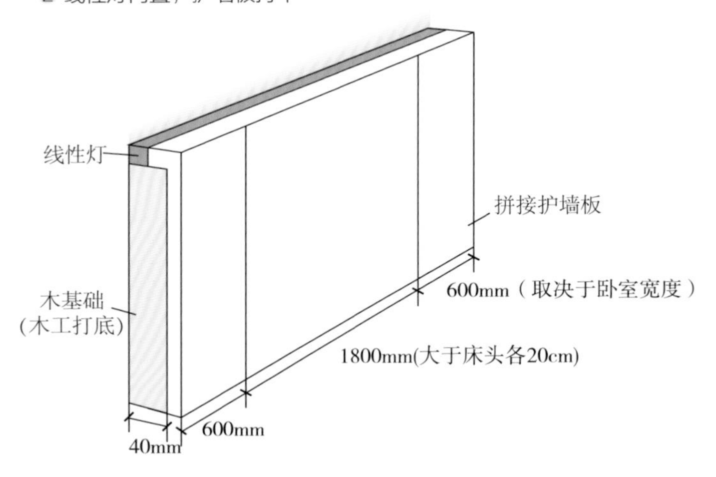

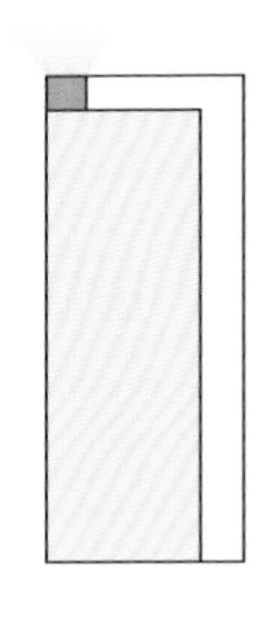

3 线性灯隐藏，背景墙做高

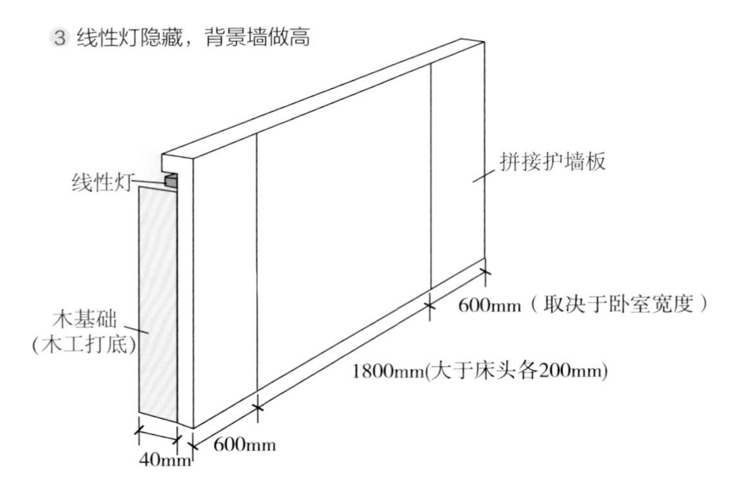

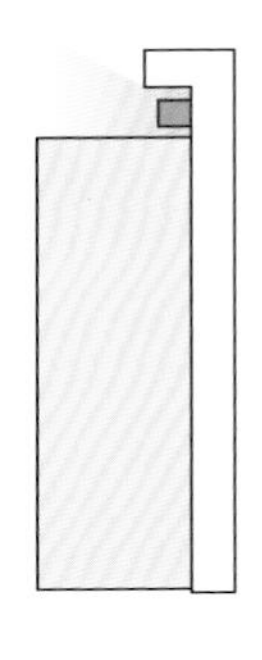

5. 吊柜底安装线性灯确保台面足够光亮

在定制橱柜时可以在橱柜中留好线路，在橱柜底部安装线性灯。它可以解决人背对顶面光源时，看不清台面的问题。线性灯可以为台面带来均匀的光线，整体结构更加分明，阴影更少，层次感更强。

暗藏灯带：在厨房吊柜下方安装暗藏灯带，对操作台进行局部细节的补充照明。

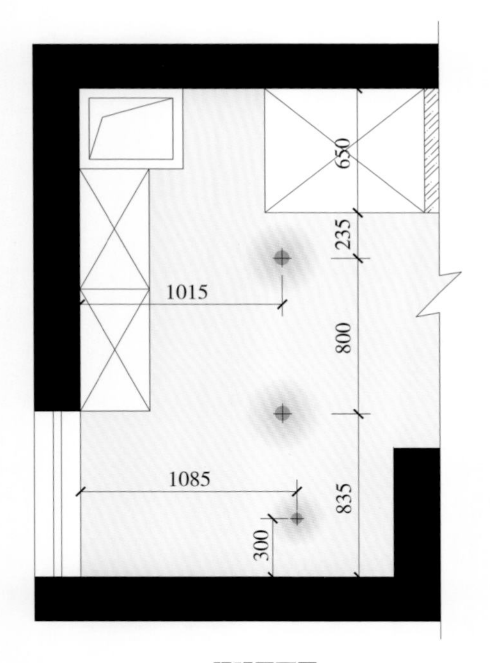

▲ 照明平面图

▶ 照明实景图

橱柜灯带的安装方法

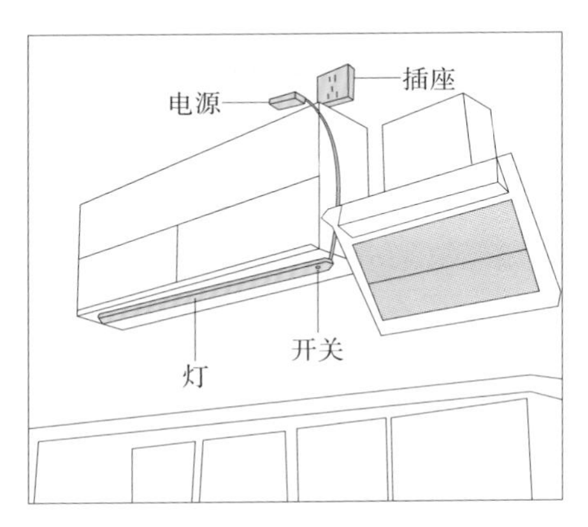

方法 1

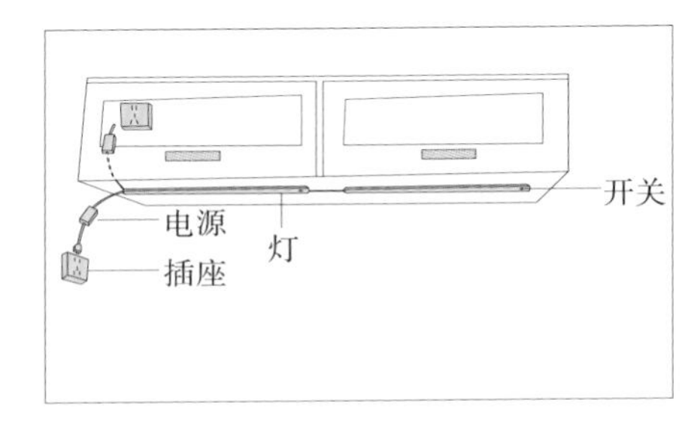

方法 2

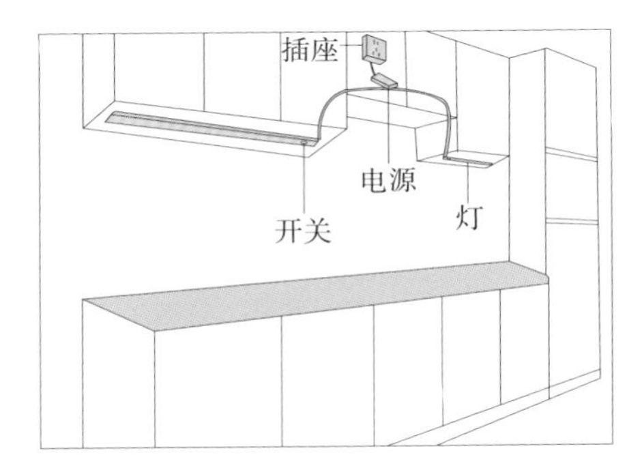

方法 3

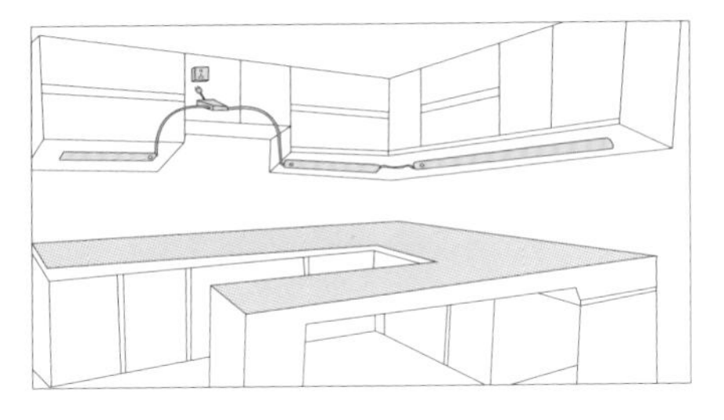

方法 4

四、辅助灯

1. 层高低于 2.8m 的落地灯高度不要超过 1.4m

落地灯常作为辅助照明灯具出现，对于客厅、卧室等功能较多的空间，丰富的照明层次可以满足不同的需求。落地灯不仅可以满足局部的照明需求，还能为空间加入新的视觉焦点，更好地修饰空间。落地灯的样式众多，在选择时可以根据室内层高决定。如果层高不低于 2.8m，都可以选择 1.8m 左右的款式，如果层高不足 2.8m，则只能选择 1.4m 左右的小型落地灯。

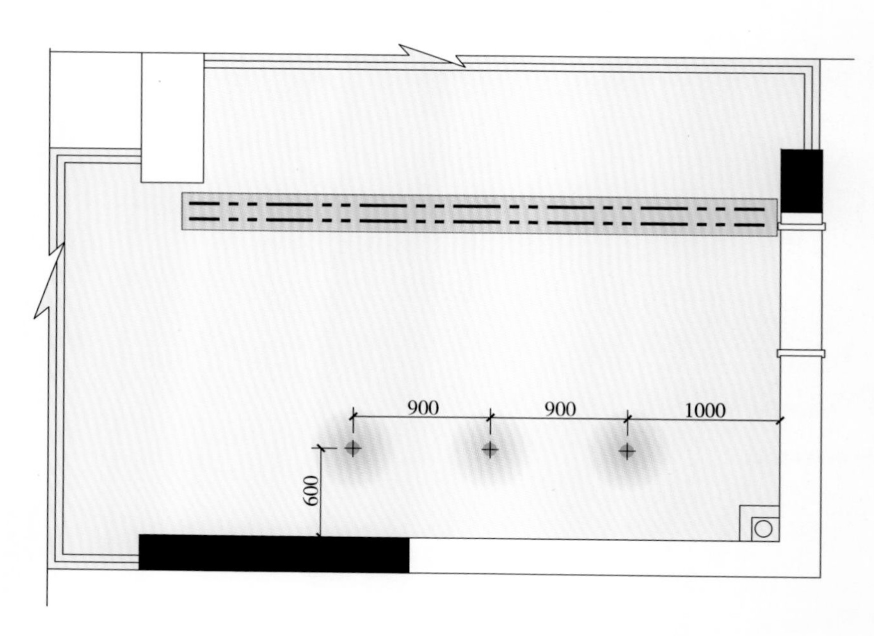

▲ 照明平面图

落地灯尺寸与款式选择

钓鱼落地灯

嵌灯：靠近书柜的一侧顶棚设置了一排内嵌灯，直接照明为书架区域提供均匀照度。

流明顶棚：工作区域上方设置流明顶棚均匀、柔和的光线自上而下投射，不会产生眩光，满足学习、工作的需要。

落地灯：书架一侧设置落地灯，造型呼应空间风格，扩散型光源光线柔和不刺目。

◀照明实景图

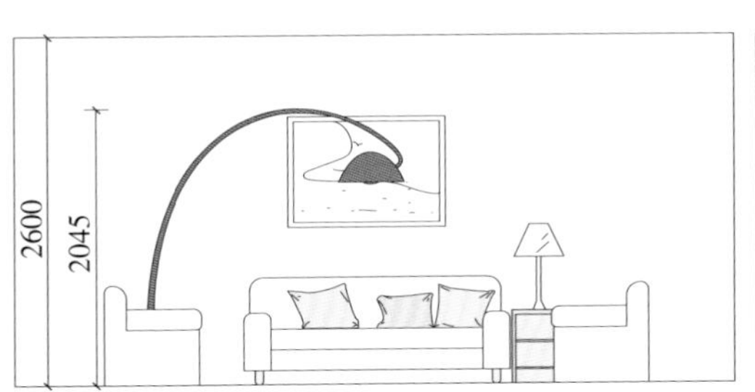

直立落地灯

2. 书桌桌面亮度要达到 750lx

不论是书房还是儿童房，使用到书桌就需要局部照明，要注意的是用于学习时桌面照度为 750 lx 左右；使用计算机时为 500 lx 左右，玩游戏时需要 200 lx 左右，同时最好选择频闪较少的光源，可以缓解眼睛疲劳。提供书桌照明的灯具色温在 4000K 左右的白光最好，白色光更有助于集中精神学习。但如果在书桌上使用计算机，建议使用色温较低的照明灯具，如用色温 3000K 左右的灯具去平衡。

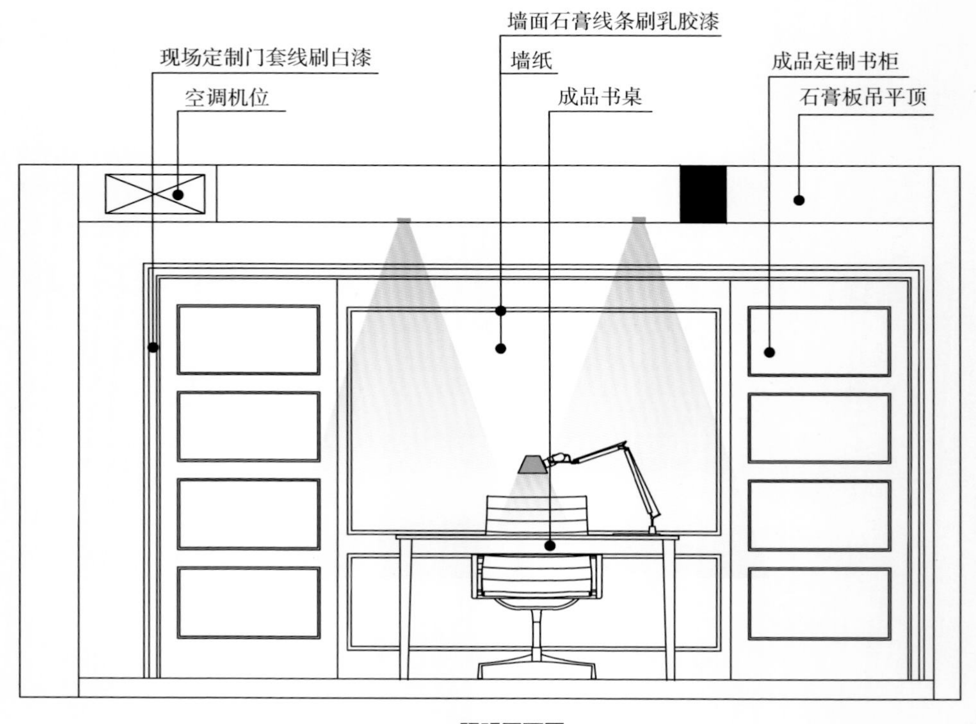

▲ 照明平面图

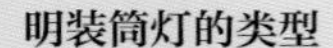

明装筒灯的类型

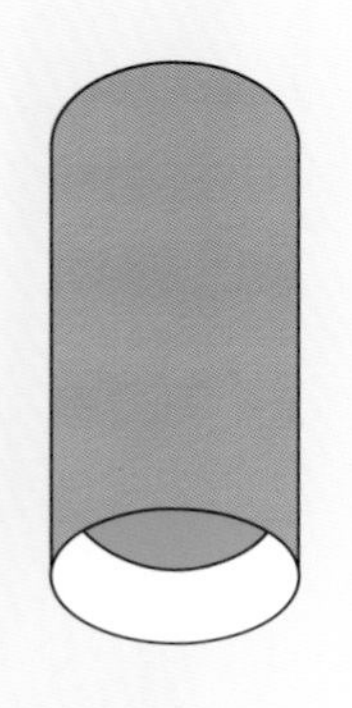

① 内胆调节：显色指数 Ra 90；24° 和 36° 光束角可以选择；防眩光

吊灯：空间以功能区域吊灯作为主光源为空间提供基础照明，长线吊灯为中层空间提供主要照明，满足工作台上方空间所需照度。

嵌灯：顶棚四周分别安装六盏宽光束角的明装筒灯为上层空间提供直接照明，保障空间各个角落光线协调，避免出现照明断层。

▲ 照明实景图

台灯：下层空间使用台灯进行重点局部照明，满足伏案工作的灯光需求。

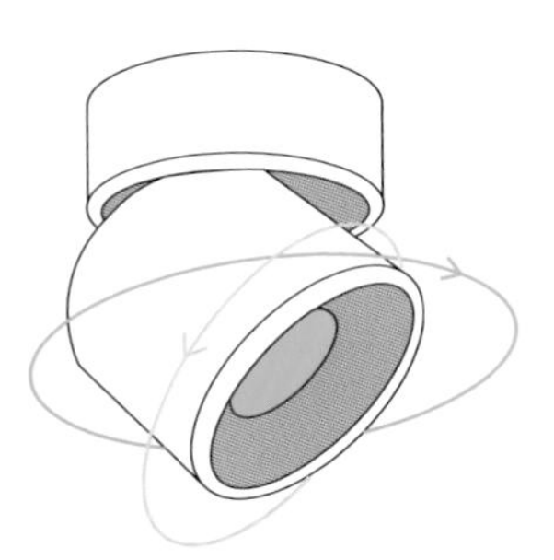

2 灯体调节：显色指数 Ra 80；高颜值、多功能；反光杯光学

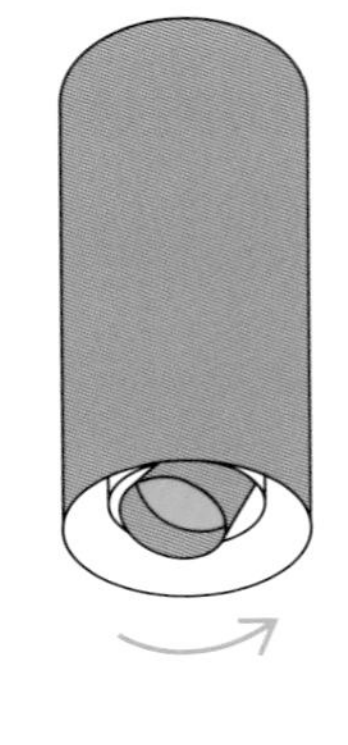

3 不可调节：显色指数 Ra 90；24° 和 36° 光束角可选；反光杯光学

第三章

施工规范尺寸与建材规格

现场施工是家庭装修的核心环节，施工质量的好坏直接决定了设计的完成度和入住之后的舒适度。现场施工按照工种可分为拆除施工、水电改造、泥瓦工施工、木作施工、油漆施工等。想要深入了解现场装修施工，首先需要了解装修的施工流程和各个工种的施工工艺。本章总结了施工中的各种标准要求，精解每一个施工步骤，重点提示关键的施工数据和主要的材料规格。

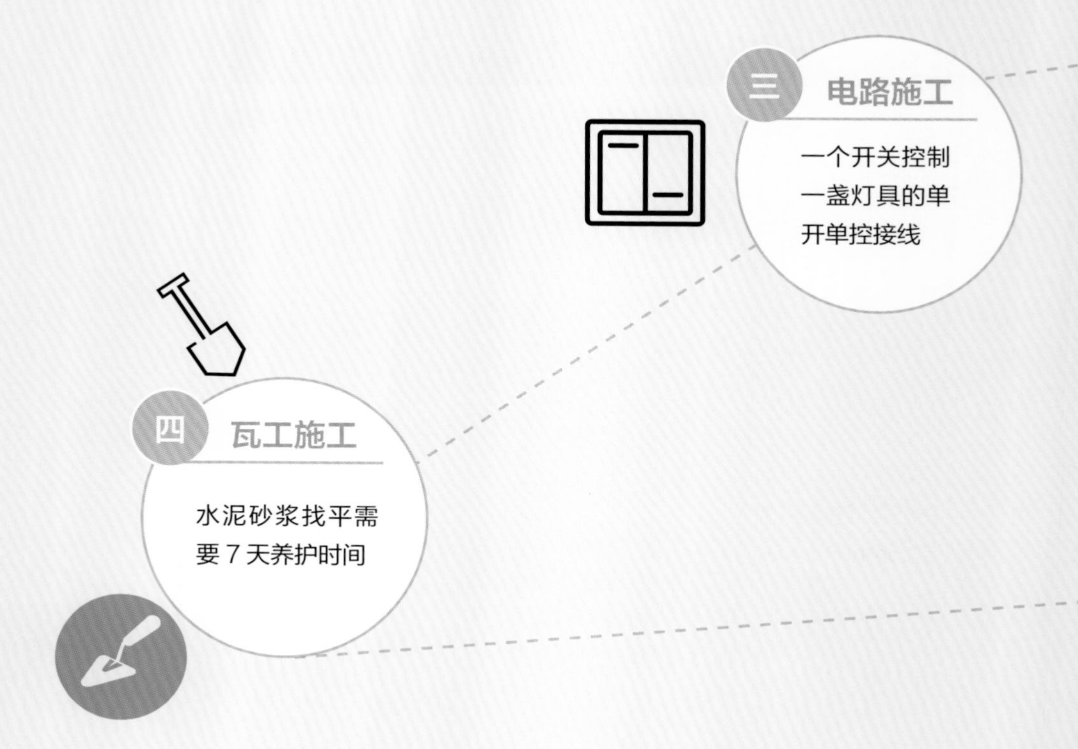

拆建施工

墙体拆除切割深度以超过墙体厚度10mm为宜

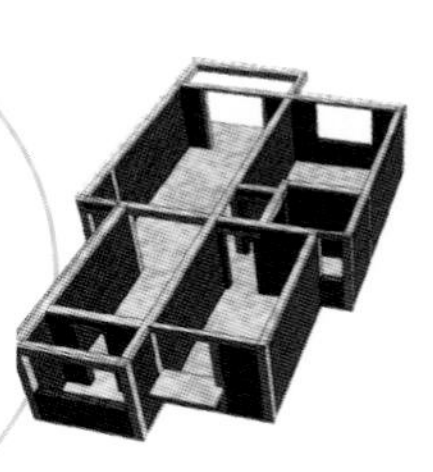

水路施工

水路布管注意冷热水管间距

木工施工

木作吊顶水平度拉通线检查不超过5mm

油漆施工

腻子层找平厚度在8~10mm

一、拆建施工

1. 墙体拆除切割深度以超过墙体厚度 10mm 为宜

墙体拆除主要涉及毛坯房内的非承重墙体。这些墙体拆除后，不会影响到楼层的原有承重结构，同时又可对室内格局进行重新改造。

步骤一：
切割墙体

使用手持式切割机切割墙面，切割深度保持在 20 ～ 25mm。

使用大型墙壁切割机切割墙面，切割深度以超过墙体厚度 10mm 为宜。

步骤二：
风镐打眼

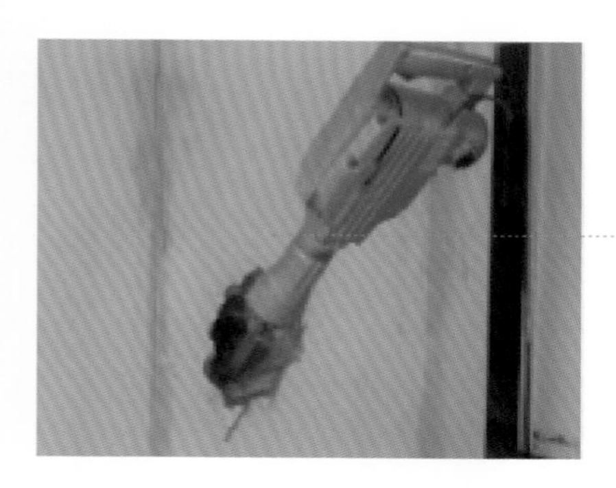

风镐不可在墙体中连续打眼，要遵循“多次数、短时间”的原则。

步骤三：
大锤拆墙

先从侧边的墙体开始，逐步向内侧拆墙。

2. 木地板拆除要注意顺着龙骨铺设方向拆

步骤一：

拆除墙边踢脚线

使用撬棍或羊角锤将门口侧边的踢脚线翘起。

步骤二：

从墙角开始，顺着龙骨铺设方向拆除木地板

拆除时顺着龙骨铺设方向进行拆除，可减少对木地板的损坏。

步骤三：

拆除木龙骨，清理干净龙骨钉

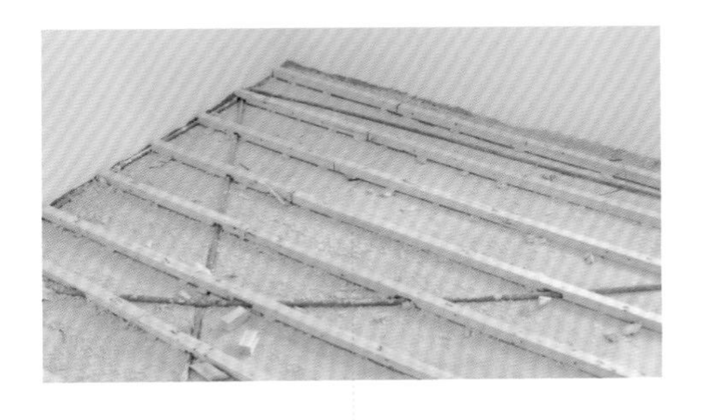

用锤子从侧边用力敲击，使木龙骨脱离地面和龙骨钉。

区分可拆除、非可拆除墙体

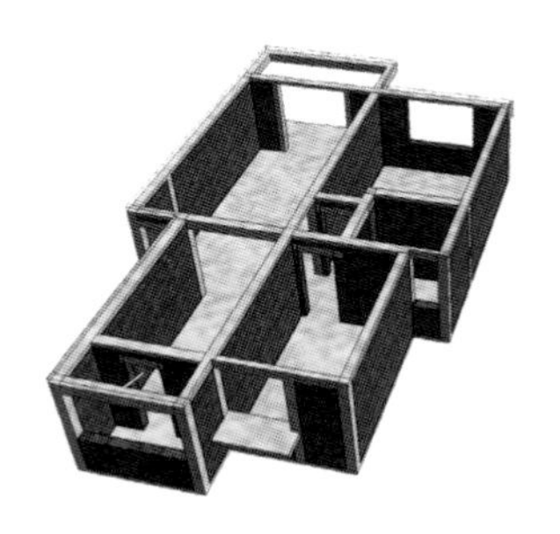

1 框架结构可拆除与重建

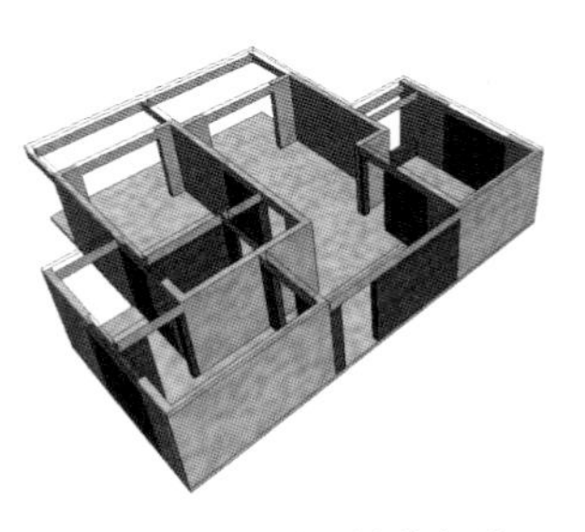

2 剪力墙可拆除砌墙体部分

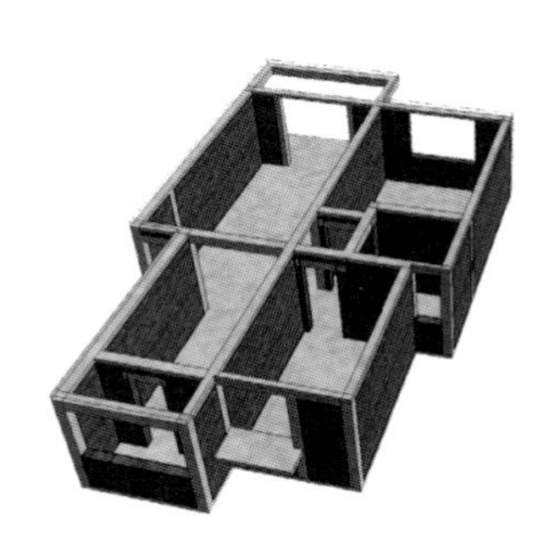

3 砌体结构所有的砖砌墙面都不可拆除

3. 砖砌隔墙需提前一天对砌体浇水

砖砌隔墙是一种最为常见的隔墙砌筑形式，搭配水泥砌筑而成，质量坚固，具有良好的抗冲击性。砖砌隔墙适合砌筑在卫生间、厨房等区域，这些区域的墙面需要粘贴瓷砖，而与瓷砖粘合性最好的隔墙便是砖砌隔墙。

步骤一：

砖体浇水湿润

浇水湿润在施工前一天进行，一般以水浸入砖四边150mm为宜。

步骤二：

测量放线

离地500mm左右的位置放横线，与砖墙始终保持200mm左右的距离。

六种常见的砖墙砌筑方式

① 240砖墙 一顺一丁式

② 240砖墙 多顺一丁式

③ 240砖墙 十字式

步骤三：

制备砂浆

用于砌筑在砖体内部粘合的水泥砂浆，水泥和沙子比例为 1：3；用于粘贴在砖体表面的水泥砂浆，可采用全水泥，也可采用水泥和沙子 1：2 的比例。

步骤四：

砌筑墙体

水平灰缝厚度和竖向灰缝宽度一般为 10mm，但不应小于 8mm，也不应大于 12mm。

步骤五：

墙体抹灰

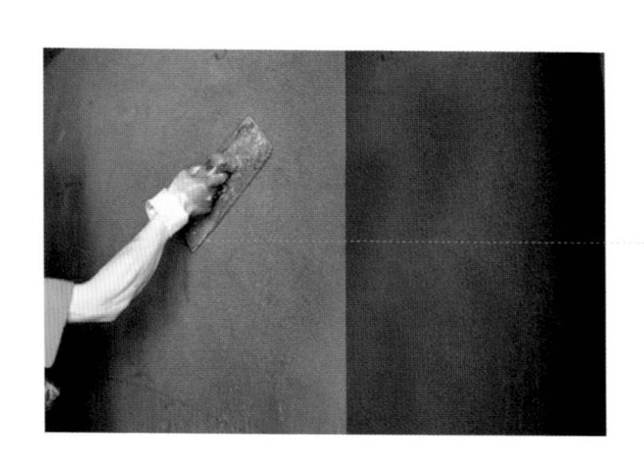

抹灰时应待前一层抹灰凝结后，方可抹第二层。用石灰砂浆抹灰时，应待前一层达到七八成干后再抹下一层。

4 120 砖墙

5 180 砖墙

6 370 砖墙

4. 轻质水泥隔墙板的宽度在 600~1200mm 之间

轻质水泥板隔墙是一种轻质隔墙板，是用新型节能材料打造而成，外型像空心楼板，但是它的两侧有公母隼槽。这样的隔墙不仅质量轻、强度高、多重环保、保温隔热，还具有隔音、呼吸调湿、防火、快速施工、降低制作费用等优点。

步骤一：
计算用量，切割隔墙板

轻质水泥隔墙板的宽度在 600~1200mm 之间，长度在 2500~4000mm 之间。

步骤二：
定位，放线

常见的隔墙板厚度有 90mm、120mm、150mm 三种规格。

步骤三：
安装轻质水泥隔墙板

接缝隙大小以不大于 15mm 为宜。

5. 木龙骨隔墙应对龙骨进行防火、防蛀处理

木龙骨隔墙是采用木龙骨为结构骨架、纸面石膏板为表面饰材的一种墙身薄、质量轻，便于造型和施工的隔墙。当室内隔墙需要一定造型或装饰性的时候，会采用木龙骨隔墙。但木龙骨隔墙不适合安装在卫生间、厨房等潮湿的空间，容易发霉变形。

步骤一：
定位，放线

有踢脚线时，弹出踢脚线台边线，先施工踢脚台。

步骤二：
骨架固定点钻孔

中心线上锚件钻孔，门框边设立筋固定点。

步骤三：
安装木龙骨

安装饰面板前，应对龙骨进行防火、防蛀处理。

步骤四：
铺装饰面板

用普通圆钉固定时，钉距为80~150mm，钉帽要砸扁，冲入板面0.5~1.0mm。采用钉枪固定时，钉距为80~100mm。

6. 低于 3000mm 的轻钢龙骨隔墙需安装一道通贯龙骨

轻钢龙骨隔墙是采用轻钢龙骨为结构骨架、纸面石膏板为表面饰材的一种隔墙。相比木龙骨隔墙，轻钢龙骨隔墙的抗冲击性、防震效果更好，作为隔墙材料，内部可填充隔音棉，以起到良好的隔音、吸音、恒温等作用。

步骤一：

定位，放线

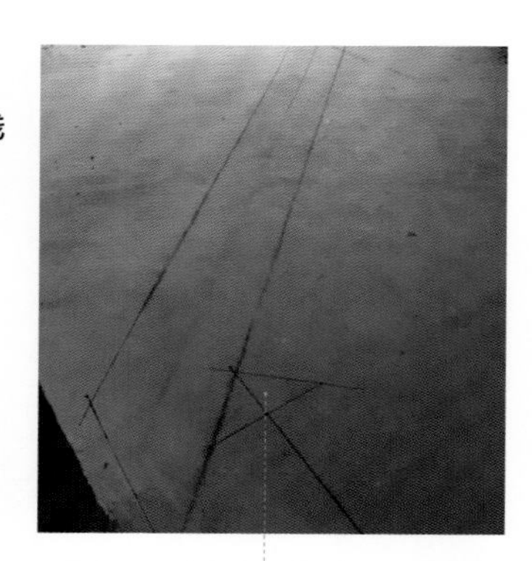

测量轻钢龙骨隔墙的宽度，并根据宽度弹出边线。

步骤二：

安装结构骨架

龙骨与基体的固定点其间距不应大于 1000mm。安装沿地沿顶的木楞时，应将木楞两端深入墙内至少 120mm。

步骤三：

装设氯丁橡胶封条

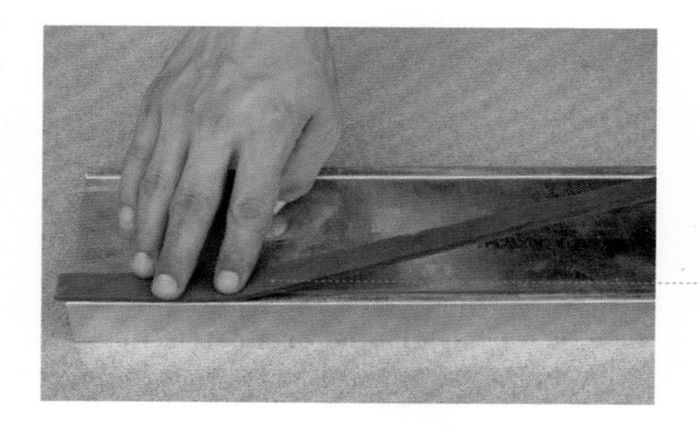

先用宽 100mm 的双面胶每隔 500mm 在龙骨靠建筑结构面粘贴一段，然后将橡胶条粘固其上。

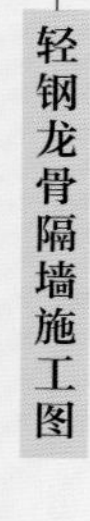

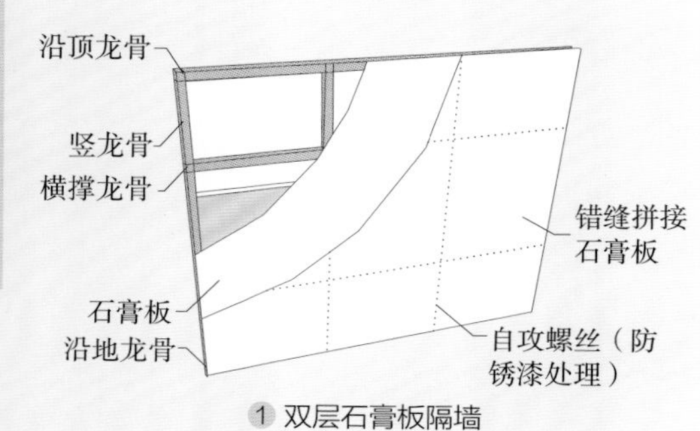

① 双层石膏板隔墙

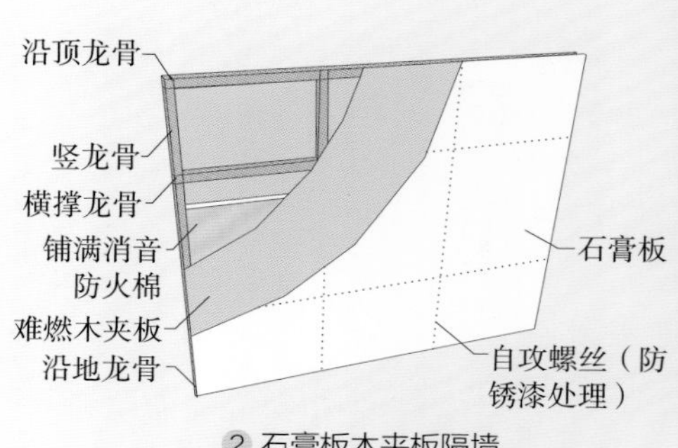

② 石膏板木夹板隔墙

步骤四：
装管线，填充保温层

墙体内要求填塞保温绝缘材料时，可在竖龙骨上用镀锌铁丝绑扎或用胶粘剂、钉件和垫片等固定保温材料。

步骤五：
安装通贯龙骨、横撑

低于3000mm的隔墙安装一道通贯龙骨；3000~5000mm的隔墙应安装两道。

步骤六：
铺装纸面石膏板并嵌缝

中间部位自攻螺钉的钉距不大于300mm，板块周边自攻螺钉的钉距应不大于200mm，螺钉距板边缘的距离应为10~15mm。

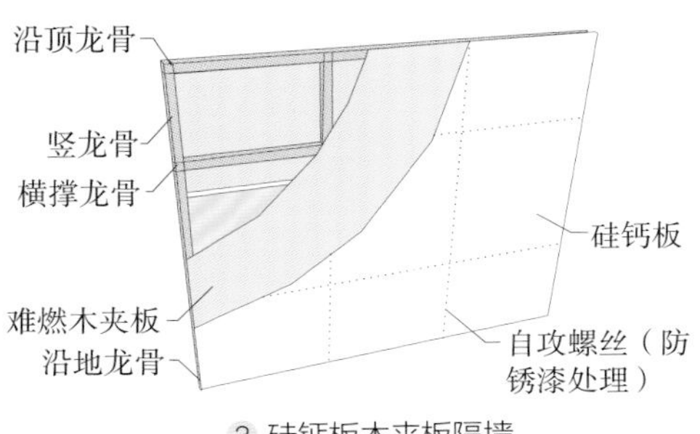

③ 硅钙板木夹板隔墙

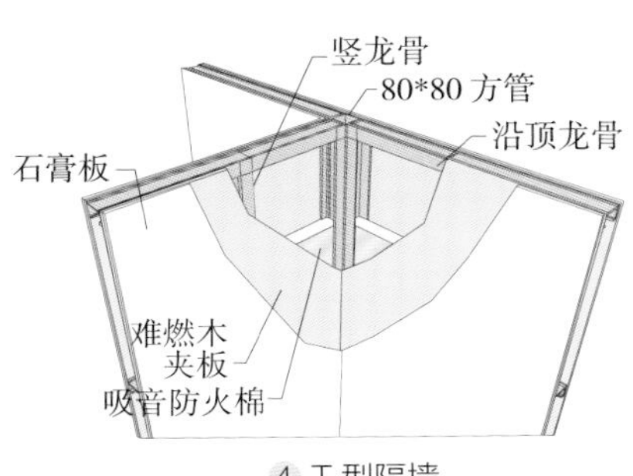

④ T型隔墙

7. 玻璃隔墙接缝时应留 2~3mm 的缝隙

玻璃隔墙采用钢化玻璃、磨砂玻璃、印花玻璃等材料搭配不锈钢等金属材料固定而成，具有厚度薄、透光性佳等优点。玻璃隔墙既实现对空间的分隔效果，又不会阻碍空间的通透性，还不会因为玻璃隔墙的设计而导致空间拥挤、狭小。

步骤一：

测量放线

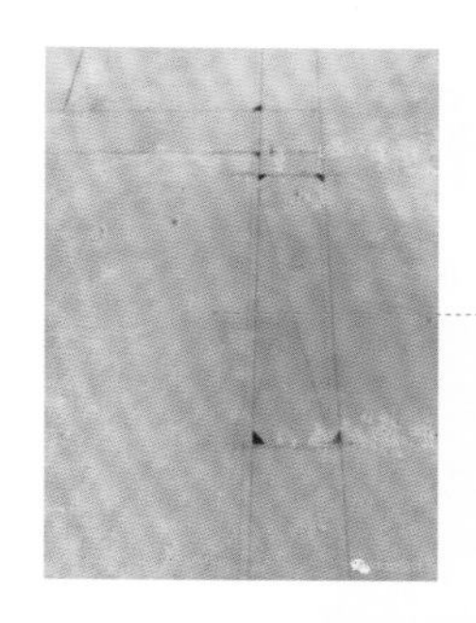

落地无框玻璃隔墙应留出地面饰面厚度及顶部限位标高。

步骤二：

安装固定玻璃的钢型边框

钢型材料在安装前应刷好防腐涂料，焊好后在焊接处应再补刷防锈漆。

步骤三：

安装玻璃

用 2~3 个玻璃吸器把厚玻璃吸牢，由 2~3 人手握吸盘同时抬起玻璃先将其竖着插入上框槽口内。

玻璃隔墙三维示意图

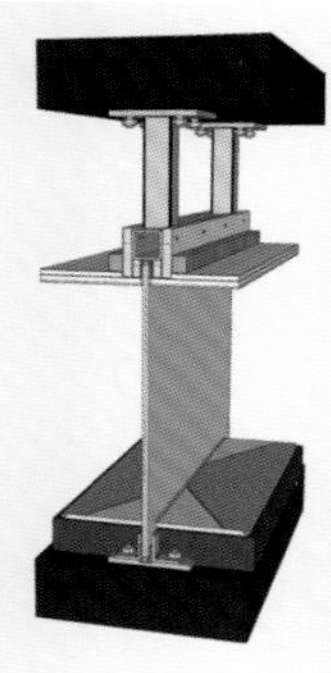

① 玻璃隔墙三维示意图

步骤四：

调整玻璃位置

两块玻璃之间接缝时，应留 2~3mm 的缝隙或留出与玻璃稳定器厚度相同的缝，此缝是为打胶而准备的。

步骤五：

嵌缝打胶

用聚苯乙烯泡沫嵌条嵌入槽口内，使玻璃与金属槽接合平伏、紧密，然后打硅酮结构胶。

步骤六：

装饰边框

精细加工玻璃边框在墙面或地面的饰面层时，则应用 9mm 胶合板做衬板，用不锈钢等金属饰面材料。

步骤七：

清洁及成品保护

用棉纱和清洁剂清洁玻璃表面的胶迹和污痕，然后用粘贴不干胶条、磨砂胶条做出醒目的标志，以防止碰撞玻璃的意外发生。

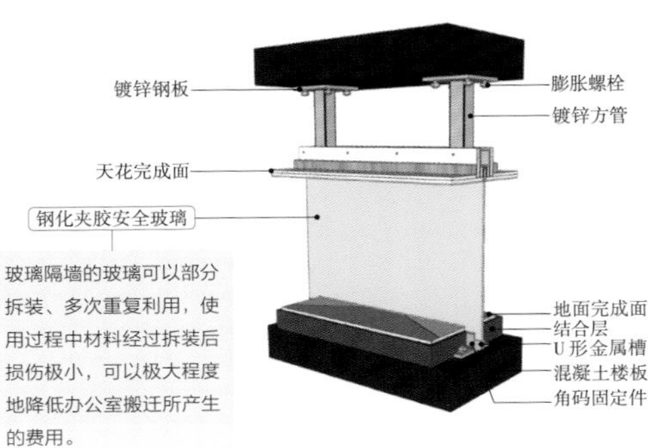

玻璃隔墙的玻璃可以部分拆装、多次重复利用，使用过程中材料经过拆装后损伤极小，可以极大程度地降低办公室搬迁所产生的费用。

2 玻璃隔墙三维示意图解析

8. 玻璃砖隔墙砖缝宽度在 10~30mm 之间

玻璃砖隔墙是采用方块形状的透明玻璃砖砌筑而成，具有一定的厚度、隔音性，以及良好的透光性和防水、防潮效果。玻璃砖隔墙隔音性、私密性优于玻璃隔墙，厚度则薄于砖砌隔墙，因此很适合设计在小空间当中，作为主要的隔墙使用。

步骤一：

放线并固定周边框架

固定金属型材框用的镀锌钢膨胀螺栓直径不得小于 8mm，膨胀螺栓之间的间距应小于 500mm。

步骤二：

扎筋

钢筋每端伸入金属型材框的尺寸不得小于 35mm。用钢筋增强的室内玻璃砖隔墙的高度不得超过 4m。

步骤三：

制作白水泥浆

采用白水泥：细沙为 1：1 的比例制作水泥浆，然后兑入 108 胶，水泥浆：108 胶的比例为 100：7。

步骤四：
排砖，砌筑玻璃砖隔墙

自下而上排砖砌筑。两玻璃砖之间的砖缝不得小于10mm，且不得大于30mm。

步骤五：
放置十字定位架

玻璃砖的中间槽卡在定位架上，两层玻璃砖的间距为5~10mm。

步骤六：
勾缝

待勾缝砂浆达到强度后用硅树脂胶涂敷，也可采用矽胶注入玻璃砖间隙勾缝。

玻璃砖表面效果分类

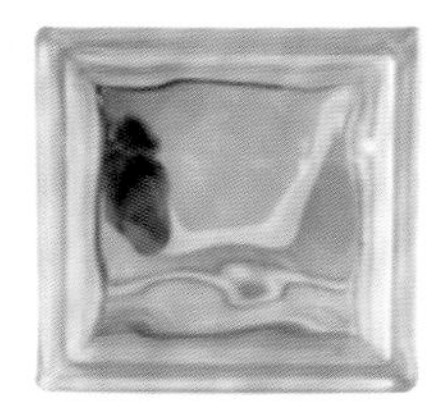

1 光面玻璃砖

2 雾面玻璃砖

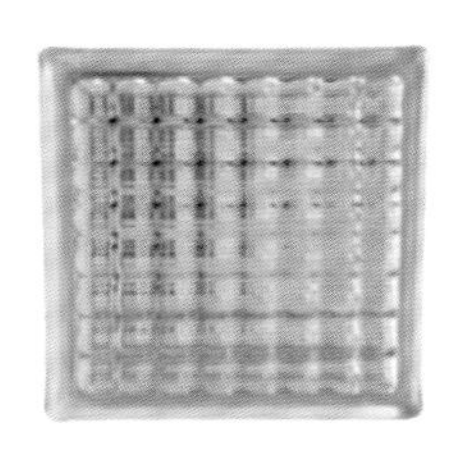

3 压花玻璃砖

二、水路施工

1. 水路布管注意冷热水管间距

水路布管是指 PPR 给水管和 PVC 排水管的布管原则。主要包含洗菜槽给排水布管、洗面盆给排水布管、坐便器给排水布管、淋浴花洒给排水布管、热水器给水管布管、洗衣机、拖把池给排水布管、地漏排水管布管。

步骤一：
洗菜槽给排水布管

热水管 冷水管 排水管（含存水弯）

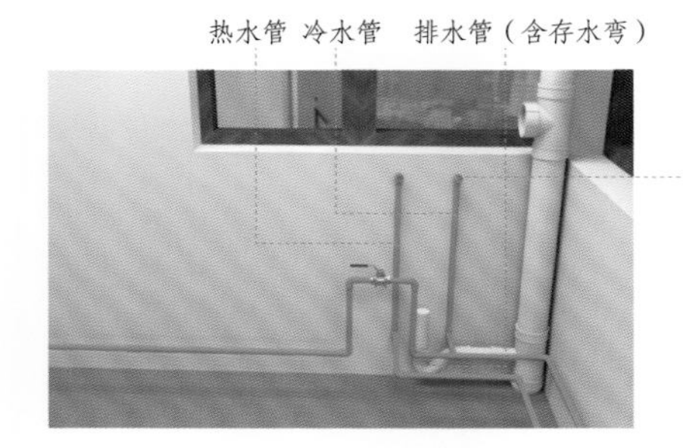

右侧是冷水管，左侧是热水管，冷、热水管间保持 150~200mm 的间距，冷、热水管端口距地 450~550mm。

步骤二：
安装固定玻璃的钢型边框

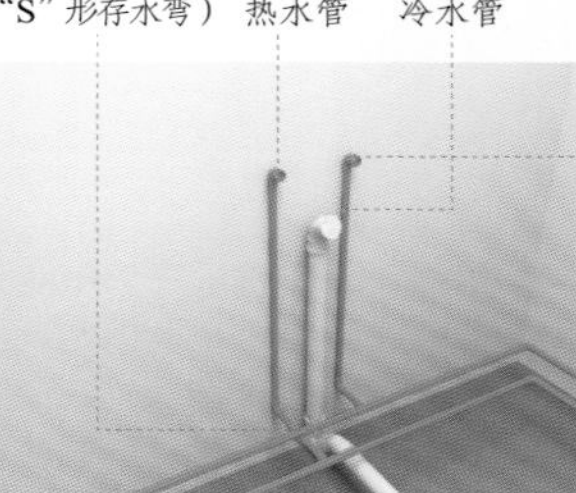

冷、热水应距离侧边的墙面 350~550mm。洗面盆冷热水管端口高度距地距离有两种选择，一种是距地 450~500mm，另一种是距地 900~950mm。

步骤三：
坐便器给排水布管

冷水管

排水管（直径 110mm）

坐便器冷水管的端口距地在 250~400mm 之间。坐便器的排水管采用 110 管（直径 110mm），与主排水立管的直径相同。

步骤四：
淋浴花洒给排水布管

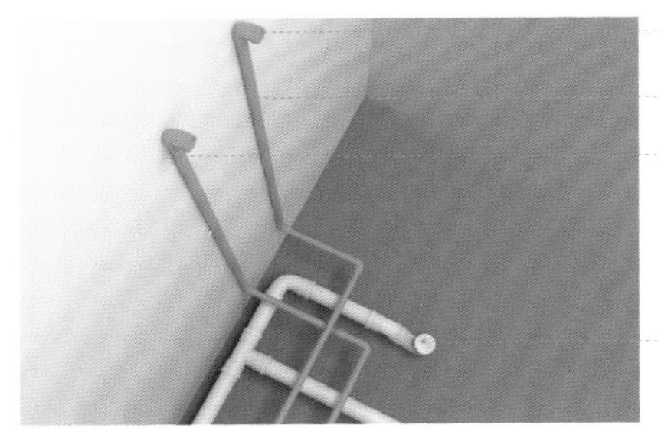

淋浴花洒冷热水管端口距地应在1100~1150mm之间，排水管距离一边的墙面400~500mm的距离。

步骤五：
热水器给水管布管

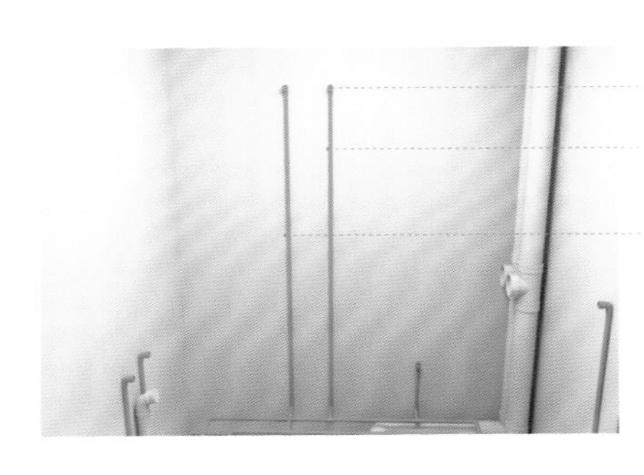

热水器在卫生间中的安装高度在2000~2200mm之间，冷热水管的安装高端口距地标准为1800mm。

步骤六：
洗衣机、拖把池给排水布管

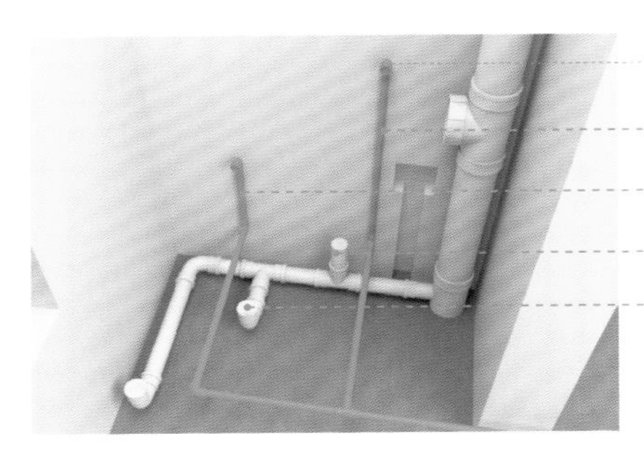

洗衣机冷水管高度应为1100~1200mm，拖把池冷水管高度应为300~450mm。同时，拖把池排水管设计在距墙350mm的位置。

步骤七：
地漏排水管布管

无论设计在任意空间的地漏，都需要采用50管（直径50mm）。

2. 给水管热熔连接温度不要超过 270℃

热熔连接使用热熔器将给水管与各种配件，如三通、90° 弯头、过桥弯头等热熔连接到一起。给水管之所以必须采用热熔的方式连接，而不是普通的粘接，是考虑到 PPR 管材的特性以及耐热度。

步骤一：
准备热熔器

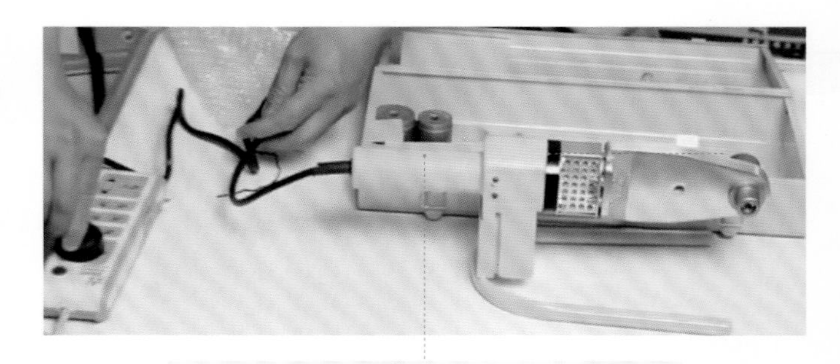

PPR 管调温到 260~270℃；PE 管调温到 220~230℃。

步骤二：
热熔连接入户水管及管件

可将弯头上凸起的线条和 PPR 管的红色线条对准，便于连接。

水管数据要求

① PP-R 管材与管件的热熔深度要求

公称外径 / mm	热熔深度 / mm	加热时间 / s	加工时间 / s	冷却时间 / min
20	14	5	4	2
25	15	7	4	2
32	16.5	8	6	4

步骤三：

热熔连接水管总阀门

给水管总阀门为金属材质，两边端口为 PPR 材质。

步骤四：

向厨房、卫生间等处热熔连接给水管分支

检查连接质量的方法是，看热熔处是否出现胶圈，胶圈的形状越好，说明热熔连接的质量越出色。

步骤五：

安装堵头和金属软管

所有 PPR 管热熔连接好后，在每一个内丝弯头处安装堵头和金属软管，使给水管形成封闭的回路，以便后续做打压测试。

2 聚丙烯管冷热水管道支架的最大安装距离

管径（外径）/ mm		20	25	32	40
冷水	水平管	650	800	950	1100
	立管	1000	1200	1500	1700
热水	水平管	500	600	700	800
	立管	900	1000	1200	1400

3. 排水管粘接注意管件表面清洁

排水管是采用胶水涂刷在 PVC 排水管以及配件上，相互嵌入粘接在一起的工法。由于排水管用于室内水流的排污处理，因此对管材的粘接牢固度要求严格，以避免发生漏水等情况。

步骤一：
测量，画线，标记

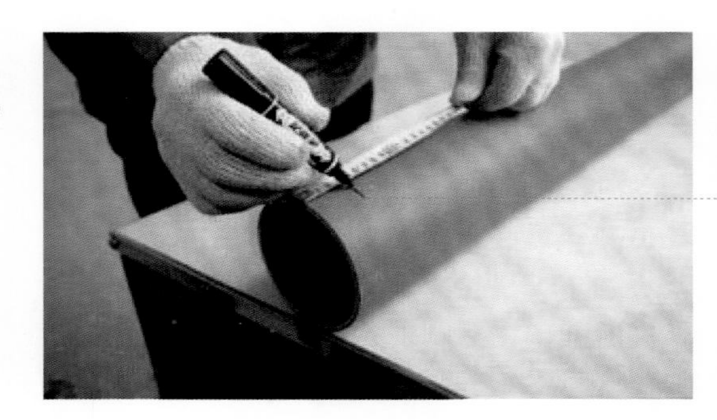

因为切割机的切割片有一定厚度，所以在管道上做标记时需多预留 2~3 mm。

步骤二：
切割 PVC 排水管

切割时确保与管道成 90°直角。

步骤三：
抹布擦拭清洁排水管口

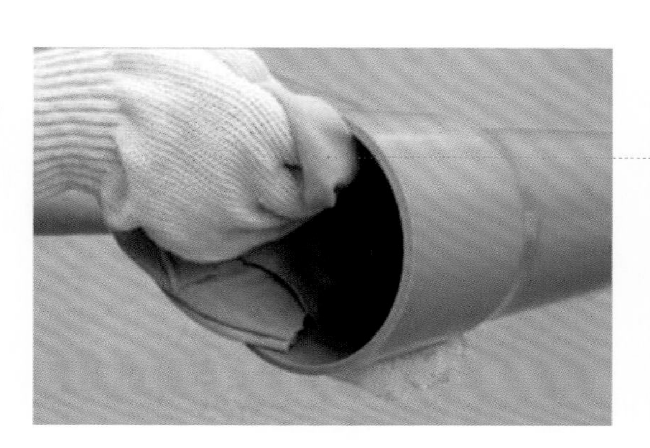

旧管件必须使用清洁剂清洗粘接面。

步骤四：
涂刷胶水

在管道待粘接面外侧涂抹胶水，管道端口长约 1cm，胶水需均匀涂抹。

步骤五：
粘接排水管及配件

将配件轻微旋转插入管道，待完全插入后，需要固定 15 秒。

4. 水管打压测试保证压力在 0.9~1.0Mpa

水管打压测试是针对给水管热熔连接完成后，进行的密封性测试工法。通过向给水管内注水加压，测试各个连接处或 PPR 管有无漏水现象，用来判断 PPR 给水管热熔连接得是否牢固。

步骤一：

封堵所有出水端口

采用带有螺纹的堵头封堵出水端口。

步骤二：

安装金属软管

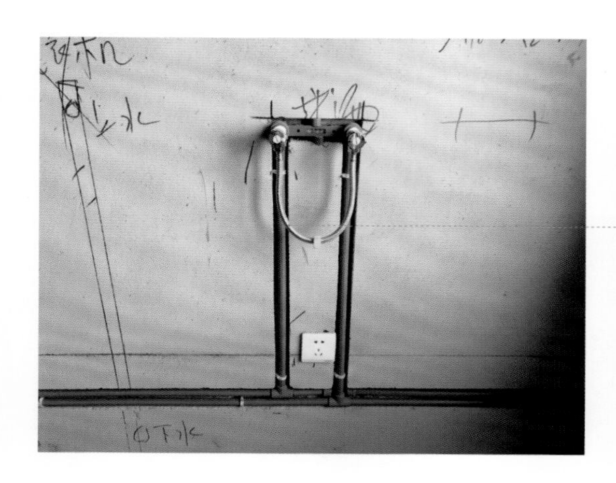

在冷、热水管的出水端口处，使给水管形成一个完整的回路。

步骤三：

连接打压泵，向给水管内注水

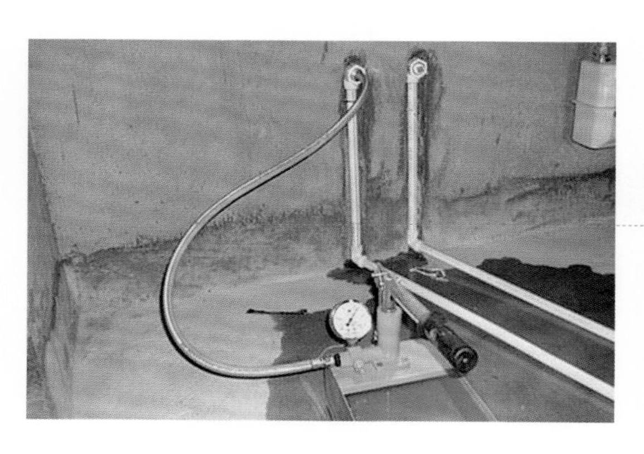

在注水时，应注意打开排气孔，直至管道内充满水，再关闭排气孔。

步骤四：

开始测压

摇动压杆使压力表指针指向 0.9~1.0Mpa（此刻压力是正常水压的三倍），保持这个压力一定时间。不同管材的测压时间不同，一般在 0.5~4h 之内。

步骤五：

检查密封度及渗水情况

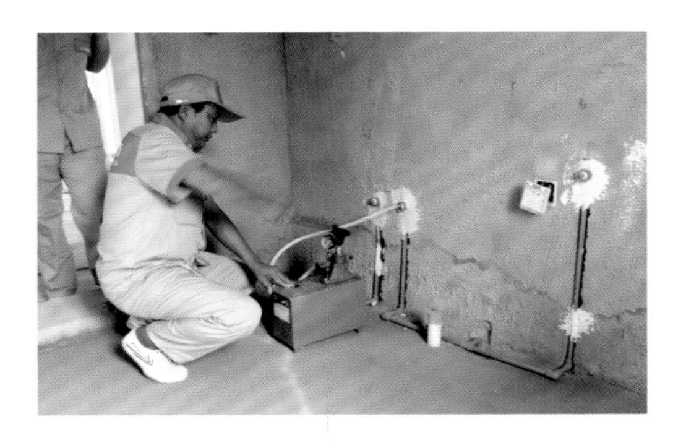

打压泵在规定的时间内，压力表指针没有丝毫下降，或下降幅度保持在 0.1Mpa 之内，说明测压成功。

打压测试监工重点

1 打压测试在验房时和施工后应分别进行一次，验房时进行是为了确认原有管道有无泄漏。

2 仔细地检查每一个接头有无渗水情况，渗水会导致压力值加速下降，如果存在渗水情况，一定要马上要求工人进行修补。

3 一定要严格监督打压的时间，不能草草了事，根据国标规定的时间进行检测。

4 在规定的测试时间内，若压力表的指针没有变化或者下降幅度小于 0.1Mpa，才能说明管路没有问题。

5. 二次防水距墙面 300mm 位置也要涂刷

一次防水是指建筑防水，二次防水是指装修涂刷防水，相较于一次防水，二次防水的涂刷对施工细节与质量要求更高，以防止卫生间、厨房或阳台等空间出现漏水等情况。二次防水涂刷有两种施工工法，一种是丙纶布防水工法，另一种是涂料防水工法。这里着重讲解丙纶布防水工法。

步骤一：
裁剪丙纶防水布

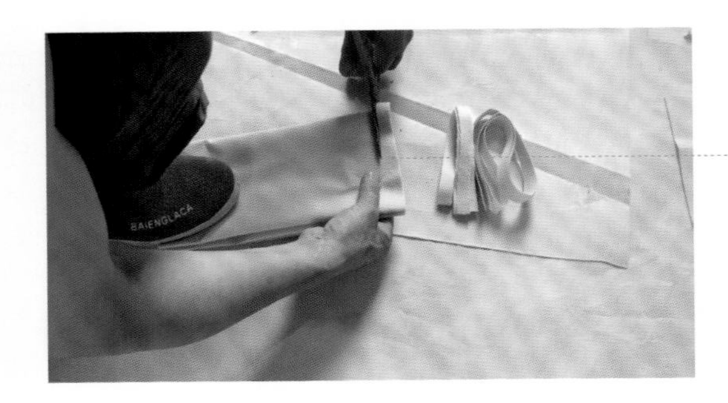

防水布的长、宽尺寸均要超出卫生间长、宽尺寸 300~400mm。

步骤二：
预敷设防水布

当铺设到边角位置时，预留出 300~400mm 的材料。

步骤三：
搅拌防水涂料

使用搅拌器充分搅拌 3~5 分钟，直至形成无生粉团和颗粒的均匀浆料即可。

步骤四：
第一遍填充防水涂料

阴湿地面、距墙面300mm左右的位置也需要洒水阴湿。搅拌好的防水涂料均匀涂抹2~3mm厚度。

步骤五：
正式敷设防水布到卫生间中

铺贴墙边的丙纶防水布前，需先均匀涂抹防水涂料，起到粘合剂的作用，然后再铺贴到墙面中。

步骤六：
第二遍填充防水涂料

将防水涂料刮平整后，其表面有明亮的反光层，呈现像镜面一样的效果。

步骤七：
打开门窗，风干防水涂层

一般情况下，风干后隔半天的时间或第二天再开始做闭水实验，测试防水施工是否存在漏水等问题。

6. 地暖施工固定点间距不大于 500mm

地暖施工属于室内的暖气工程，通常分为电地暖和水地暖两种工法，这里主要讲解水地暖工法。水地暖是通过给地暖管供给热水的方式来提升室内的温度，具有供暖均匀、温度恒久等特点。

步骤一：
组装集分水器

在集分水器的活接头上依次缠绕草绳和防水胶带，每种至少缠绕 5 圈以上。

步骤二：
铺设保温板

底层保温板缝处要用胶粘贴牢固，上面需铺设铝箔纸或粘一层带坐标分格线的复合镀铝聚酯膜。

步骤三：
铺设反射铝箔层

先铺设铝箔层，在搭设处用胶带粘住。

地暖管布管方式

① 迂回形布管法

步骤四：

铺设钢丝网

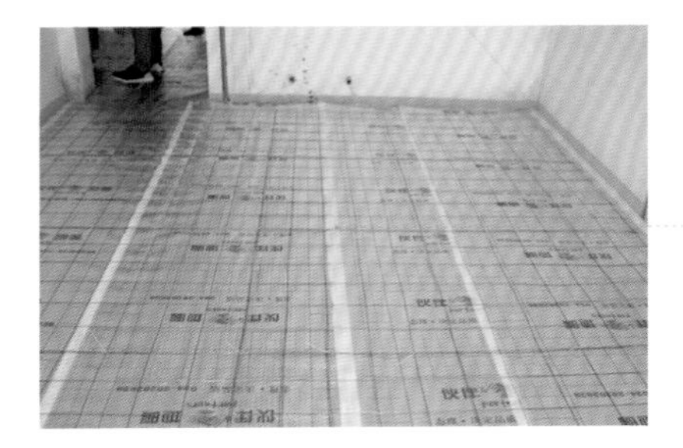

在铝箔纸上铺设一层 ϕ2 的钢丝网，间距 100mm×100mm，规格 2m×1m。

步骤五：

铺装地暖管

施工长度超过 6m，地暖管要用管夹固定在保温板上，固定点间距不大于 500mm，大于 90° 的弯曲管段的两端和中点均应固定。

步骤六：

压力测试

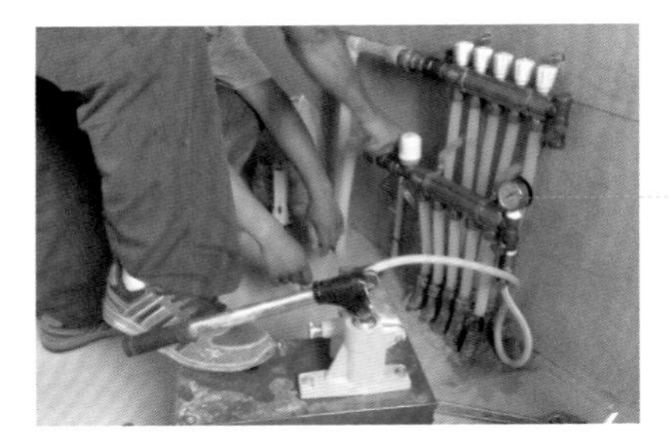

试验压力为工作压力的 1.5~2 倍，但不小于 0.6MPa，稳压 1 小时内压力下降不大于 0.05MPa，且不渗不漏为合格。

步骤七：

浇筑填充层

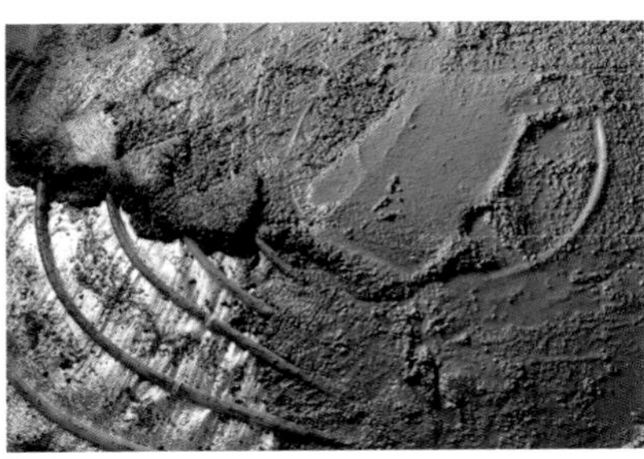

地暖管验收合格后，回填水泥砂浆层，加热管保持不小于 0.4MPa 的压力。

2 螺旋形布管法

3 混合形布管法

三、电路施工

1. 一个开关控制一盏灯具的单开单控接线

单开单控接线是指一个单开开关控制一盏照明灯具。主要讲解单开开关处的接线细节，即一根火线分成两段，连接到开关中形成一根完整的火线，加上灯具上原本连接的零线，构成一个完整的回路。

步骤一：

导线插入火线接口（L1）

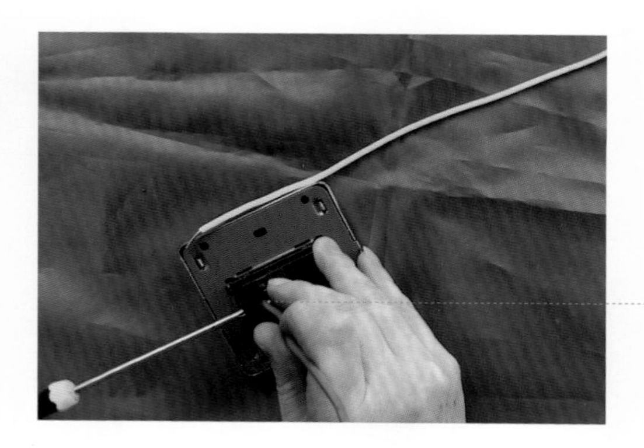

将火线 1 的纯铜线芯插入火线接口（L1），用十字螺丝刀将纯铜线芯拧紧。

步骤二：

另一根导线插入火线接口（L）

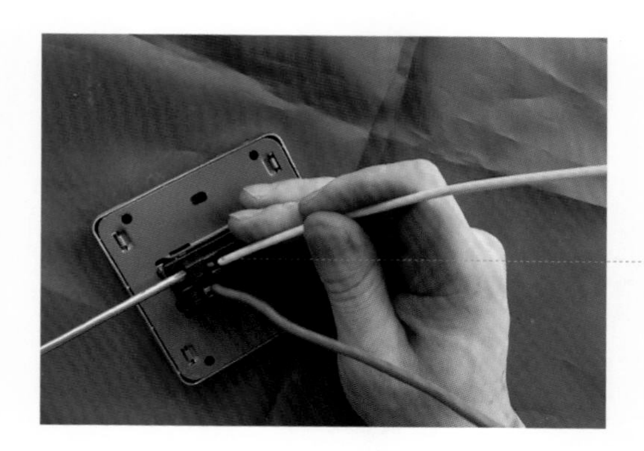

将火线 2 的纯铜线芯插入火线接口（L），用十字螺丝刀拧紧。

步骤三：

接线完成

接线完成后，开合开关检测灯具照明是否正常。

2. 两个开关同时控制一盏灯具的单开双控接线

单开双控接线是指两个开关同时控制一盏照明灯具。接线难点与复杂程度集中体现在两个双控开关之间的接线，彼此需要连接两根互通线，并各自接出一根线到照明灯具上，通过空开的供电，实现灯具的双控。

步骤一：
准备导线和开关面板

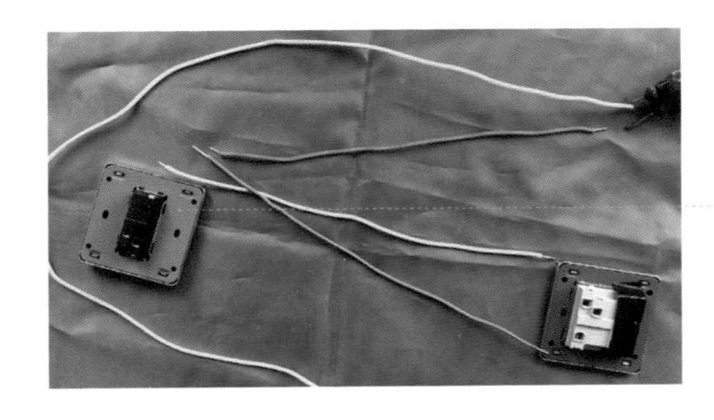

准备五根导线，其中 4 根是火线，1 根是零线。

步骤二：
连接干路火线

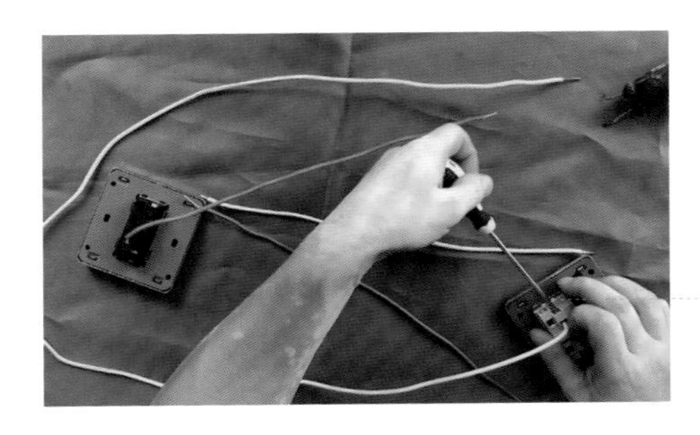

将干路火线 1 的纯铜线芯插入右侧开关火线接口（L），将干路火线 2 插入左侧开关火线接口(L)。

步骤三：
连接支路火线

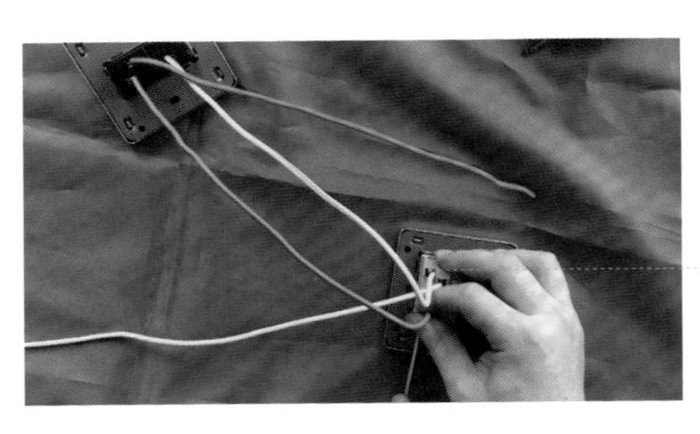

将支路火线 1 分别插入两个开关的火线接口(L1)，将支路火线 2 分别插入两个开关的火线接口(L2)。

步骤四：
接线完成

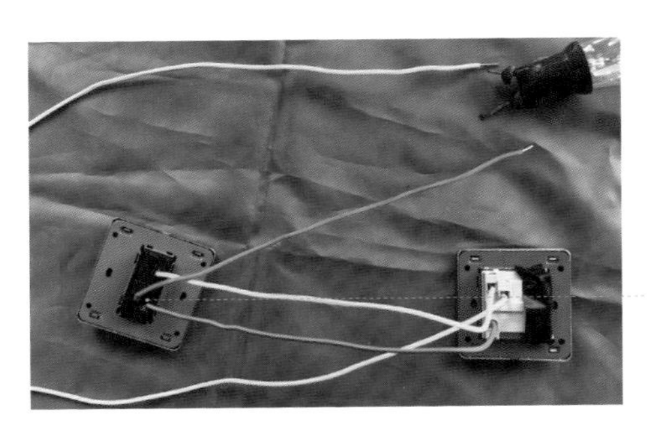

干路火线只可以连接到开关火线接口（L）中，而支路火线可相互串接到火线接口（L1）或（L2）中。

3. 一个开关分别控制两盏灯的双开单控接线

双开单控接线是指一个双开开关分别控制两盏照明灯具。在双开单控接线的过程中，应用了跳线的原理，使一个干路火线加跳线完成对灯具照明的控制，既节省了导线的使用数量，又简化了接线过程。

步骤一：
准备导线和开关面板

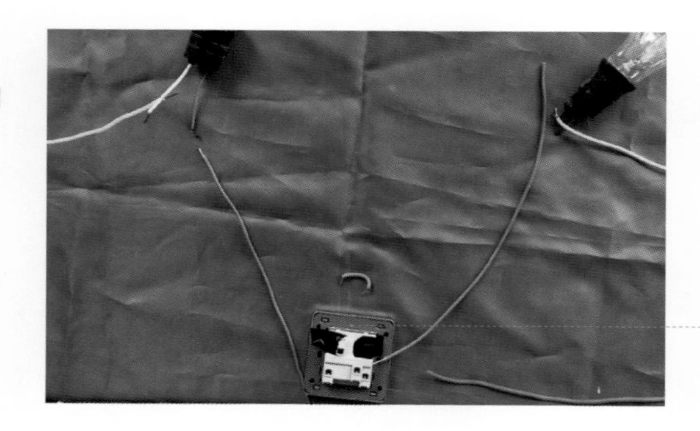

准备 1 个双开单控开关、1 根跳线、1 根干路火线、2 根支路火线、2 根零线。

步骤二：
连接跳线

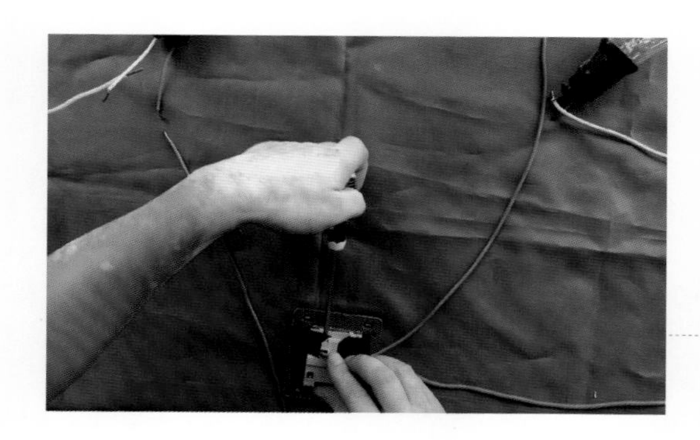

将干路火线插入火线接口（L1）中，与跳线连接到一起，用十字螺丝刀将两根线芯拧紧。

步骤三：
连接干路火线

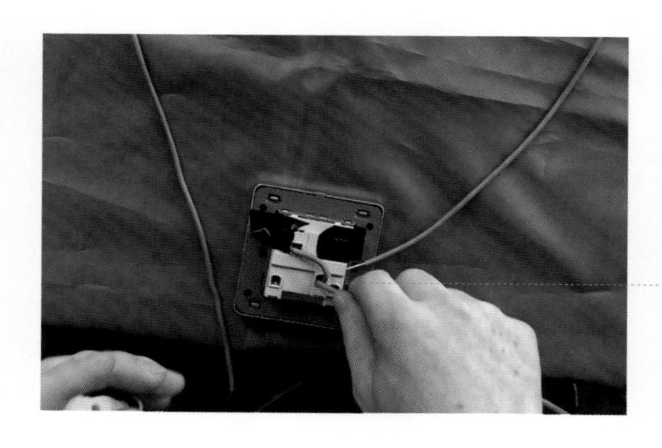

将干路火线插入火线接口（L1）中，与跳线连接到一起，用十字螺丝刀将两根线芯拧紧。

步骤四：

连接支路火线

将支路火线 1 和支路火线 2 分别插入两个火线接口（L2）中，用十字螺丝刀拧紧。

步骤五：

连接完成

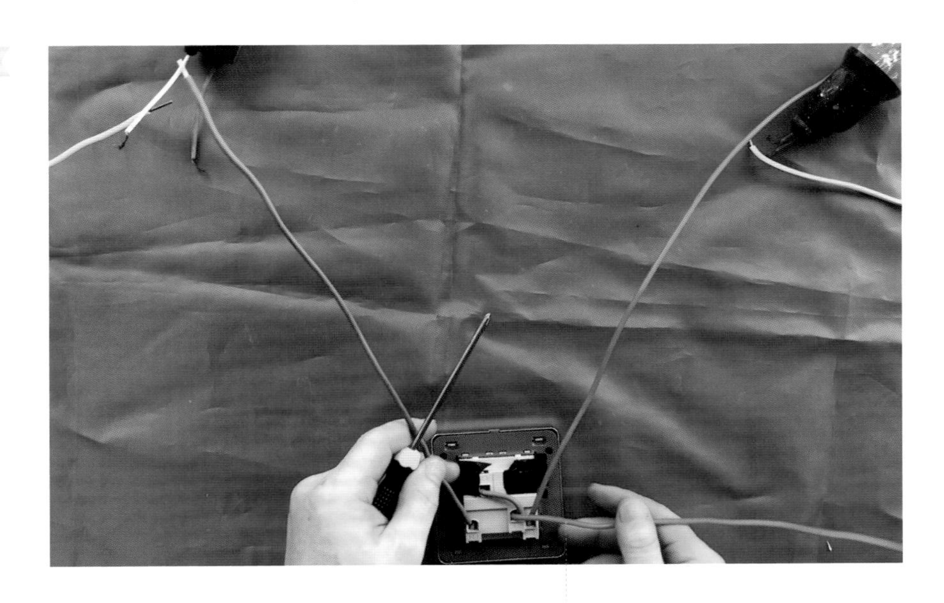

连接完成后，用手轻微拉拽导线，看连接是否稳固。开启开关检测灯具照明是否正常。

4. 两个开关分别控制两盏灯的双开双控接线

双开双控接线是指两个双开双控开关分别控制两盏照明灯具。每一个双控开关的背板上，都需要连接 6 根导线，每一根导线的连接位置都是固定的。

步骤一：
准备导线和开关面板

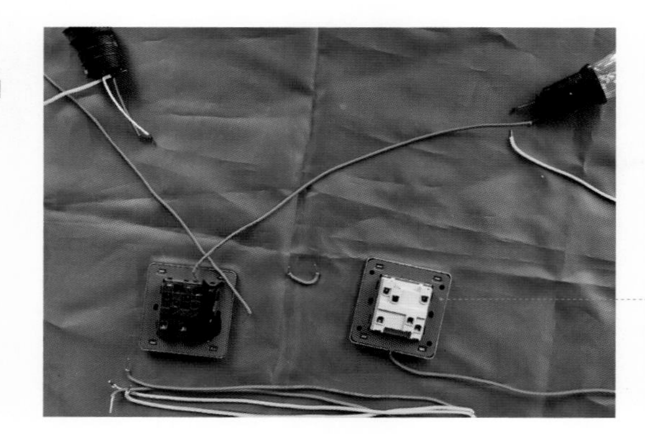

准备 2 个双开双控开关、2 根接入照明灯具的支路火线、4 根连接 2 个开关的支路火线、1 根跳线、1 根接入空开的干路火线以及 2 根接入照明灯具的零线。

步骤二：
连接跳线

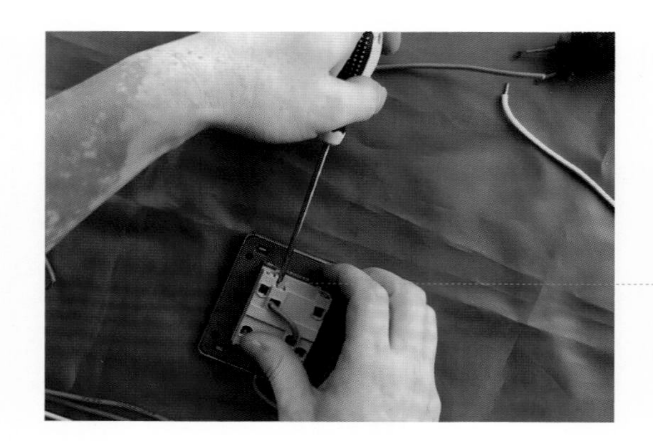

将跳线插入火线接口（L1）和火线接口（L2），用十字螺丝刀拧紧其中一个火线接口，另一个火线接口准备接入干路火线。

步骤三：
连接干路火线

将干路火线插入火线接口（L1）或（L2）中任意一个，然后和跳线一起拧紧。

步骤四：

连接 4 根支路火线

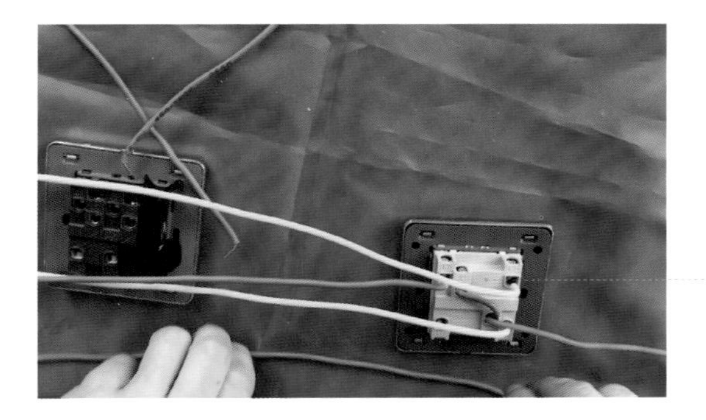

依次将 4 根支路火线插入火线接口（L11）、火线接口（L12）、火线接口（L21）和火线接口（L22）中，用十字螺丝刀拧紧。

步骤五：

4 根支路火线连接到另一个开关中

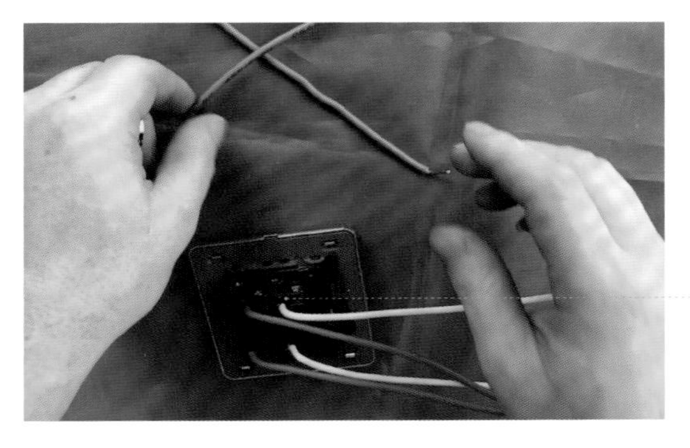

将 4 根连接好的支路火线按照上述顺序依次插入另一个开关中，并用十字螺丝刀拧紧。

步骤六：

连接照明接线端的支路火线

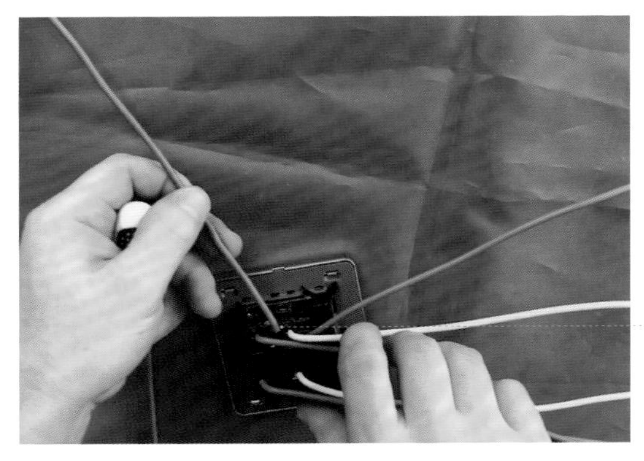

将 2 根支路火线依次插入火线接口（L1）和火线接口（L2）中，拧紧后再与照明接线端相连。

步骤七：

连接完成

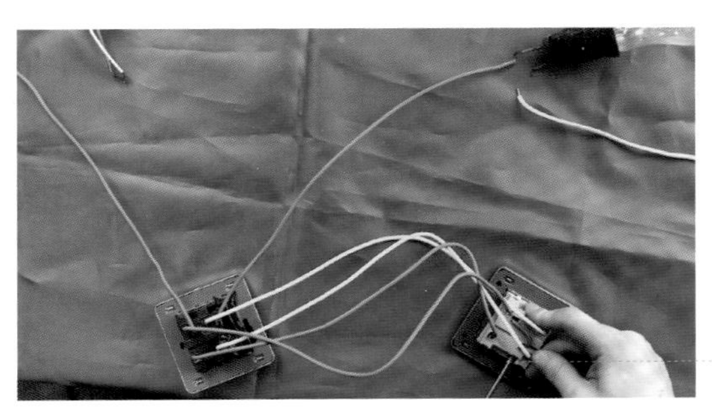

开关接线完成后，用十字螺丝刀将所有的接线口再次铰紧一遍，确保线路连接牢固。

四、瓦工施工

1. 水泥砂浆找平养护时间需要 7 天

水泥砂浆找平是最常用的一种地面找平工法，用于找平后铺设木地板。水泥砂浆找平施工难度和复杂度较低，但有一定的厚度，当室内的层高较低时，并不适合采用水泥砂浆找平，水泥砂浆找平在找平的效果、完成度的质量上是不错的，可以保护地面下预埋的水电管路、地暖管路等，提升安全性。

步骤一：
清除灰尘、灰渣层，表面洒水

可用 10% 的火碱水溶液刷掉沉积的油污。

步骤二：
墙面标记，确定抹灰厚度

根据墙上 1m 处水平线，往下量出面层的标高，并弹在墙面上。

步骤三：
搅拌水泥砂浆

搅拌时间应选择在找平之前，搅拌好之后，及时使用，防止水泥砂浆干结。

步骤四：
铺设水泥砂浆，并找平

木刮杠刮平之后，要立即用木抹子搓平，并要随时用 2m 靠尺检查平整度。

步骤五：
洒水养护一周

地面压光完工后的 24 小时，要铺锯末或是其他材料进行覆盖洒水养护，保持湿润，养护时间不少于 7 天。

2. 水泥砂浆粉光养护时间为 7~14 天

水泥砂浆粉光是一种饰面工程，经过水泥砂浆粉光后的墙、地面便不再需要铺砖、涂刷漆面等工序。由于水泥砂浆粉光之后的质感粗犷，因此常将这种工艺设计在工业风、现代风等风格的空间中。

步骤一：
涂刷界面粘合剂

粘合剂采用益胶泥，益胶泥粘结力大、抗渗性好、耐水、耐裂，施工适应性好，能在立面和潮湿基面上进行操作。

步骤二：
筛沙，搅拌水泥砂浆

沙子进行两次筛除，将大颗粒全部筛除出去，留下细沙。

步骤三：
涂抹水泥砂浆在墙面和地面中

涂抹在墙面中的水泥砂浆厚度应保持在 15mm，涂抹在地面中的水泥砂浆应保持在 25mm。

步骤四：

进行磨砂处理

等待 12~24 小时后待水泥砂浆完全干燥和硬化之后，再进行磨砂施工。

步骤五：

涂刷保护剂

磨砂处理完成后，需对墙、地面养护 7~14 天。养护期结束后，涂刷保护剂。

3. 磐多魔地坪需 24 小时后方可进行打磨

磐多魔地坪非常坚固，而且保养方便。不同于传统块状拼接地坪，磐多魔地坪能保持地坪的完整度，没有缝隙，不会收缩。因此，磐多魔地坪适合设计在多边形的空间，可完美适应空间的多种不同变化，并带来视觉延伸扩大的效果。

步骤一：
基层处理

磐多魔地坪施工对地面的平整度要求较高，需要对地面进行找平工艺处理。

步骤二：
涂刷两遍树脂漆

涂刷第一遍树脂漆，厚度在 1.5mm 左右，过 24 小时之后，开始涂刷第二遍树脂漆，厚度同样保持在 1.5mm 左右。

步骤三：
洒上石英砂

在第二遍树脂漆涂刷完成且没有硬化之前，均匀地洒上石英砂，起到增强结构的作用。

步骤四：

涂刷磐多魔骨材

将磐多魔骨材均匀地涂刷到地面中，厚度保持在5mm左右。涂抹的过程中，应不断进行找平。

步骤五：

干燥，打磨表面

经过24小时后可干燥和硬化，再进行打磨。

步骤六：

涂刷保护油

保护油干燥后可进行抛光处理，一般需要重复两遍工序。

4. 砖材干式施工定位带间隔 15~20 块砖

砖材干式施工常运用在地面中，但对地面的平整度要求较低，只要将地面清扫干净，即可展开铺贴施工。铺贴施工遵循“从局部到整体，从边角到中间”的原则，使砖材之间的缝隙均匀，大小一致，也可确保不浪费砖材材料。

步骤一：

基层处理

在地面中洒水阴湿，但不可洒水过多，导致地面积水。

步骤二：

标线，灰饼，冲筋

灰饼表面应比地面建筑标高低一块砖的厚度。厨房及卫生间内陶瓷地砖应比楼层地面建筑标高低 20mm。

步骤三：

铺结合层砂浆

应提前浇水湿润基层，刷一遍水泥素浆，随刷随铺 1 : 3 的干硬性水泥砂浆。

砖材、石材拼贴样式

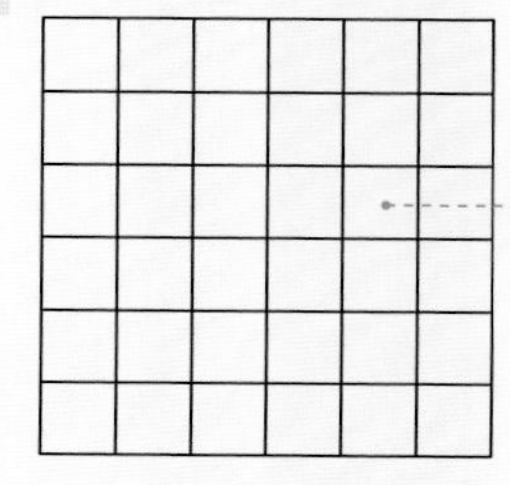

① 方格形

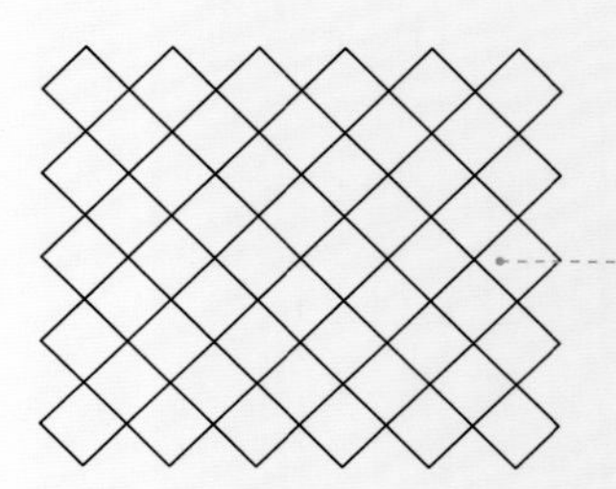

② 菱形

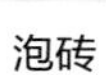

步骤四：

泡砖

放入清水中浸泡2~3小时。

步骤五：

铺砖

按线先铺纵横定位带，定位带间隔 15~20 块砖。

步骤六：

压平、拔缝

用喷壶洒水大约 15 分钟，用木锤垫硬木拍板按铺砖顺序拍打一遍。

步骤七：

嵌缝

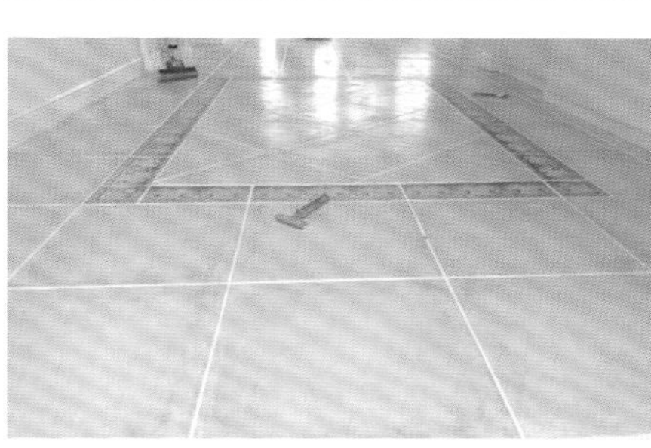

地砖铺完两天后，将缝口清理干净，并刷水湿润，用水泥浆嵌缝。

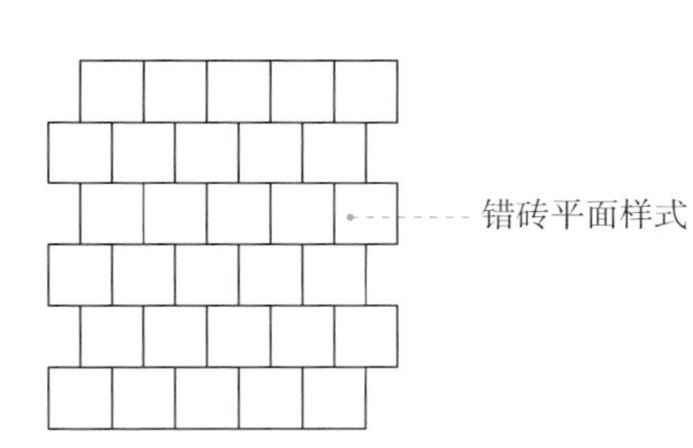

3 错砖形

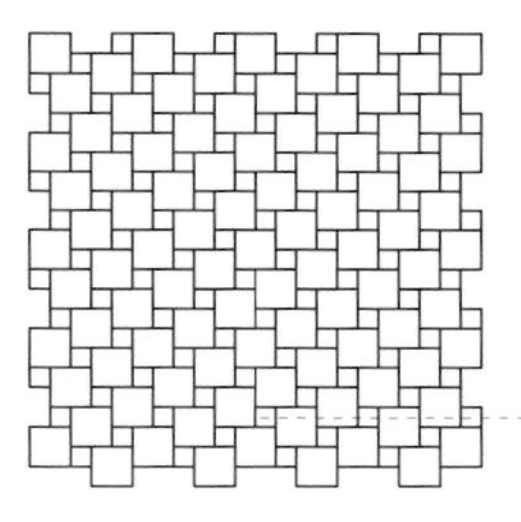

大小两种尺寸跳着摆放

4 跳房子形

5. 砖材湿式施工接缝宽度可在 1~1.5mm 之间调整

砖材湿式（软底）施工常应用在墙面中，由于墙面通常都会先进行抹灰找平等工序，因此可满足湿式施工对表面平整度的高要求。砖材湿式施工的厚度较薄，不会占用过多的空间面积，因此适合铺贴在墙面中。

步骤一：

预排砖，调整接缝宽度

当无设计规定时，接缝宽度可在 1~1.5mm 调整。

步骤二：

拉标准线

根据室内标准水平线，找出地面标高，按贴砖的面积计算纵横的皮数，用水平尺找平，并弹出砖的水平和垂直控制线。

步骤三：

做灰饼，标记

为了控制整个砖面的平整度，可粘贴废砖作为标志块，上下用托线板挂直，作为粘贴厚度的依据，横向每隔 1.5m 左右做一个标志块。

步骤四：
泡砖

砖粘贴前应先放入清水中浸泡 2 小时以上，取出晾干。冬季宜在掺入 2% 盐的温水中浸泡。

步骤五：
湿润墙面

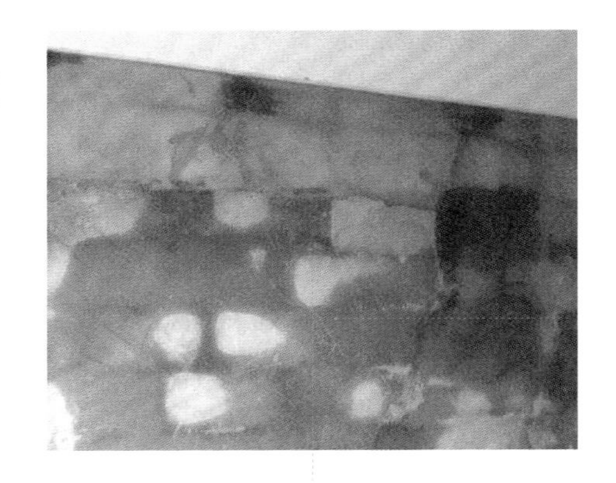

砖墙面要提前一天湿润好，混凝土墙面可以提前 3~4 天湿润。

步骤六：
铺贴墙砖

在釉面砖背面抹满灰浆，四周刮成斜面，厚度应在 5mm 左右。

砖材、石材拼贴样式

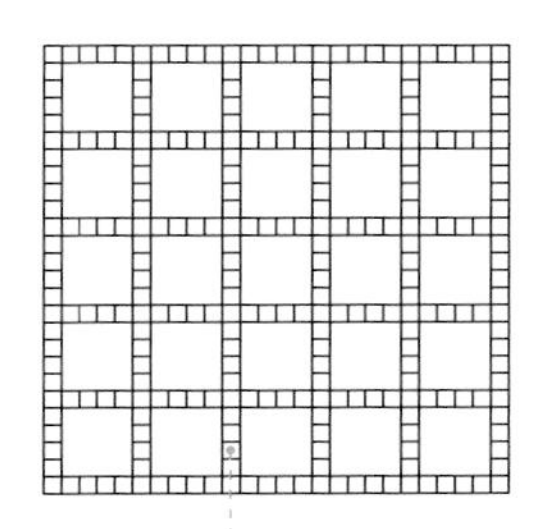

小尺寸砖材围绕拼贴

1 阶段形

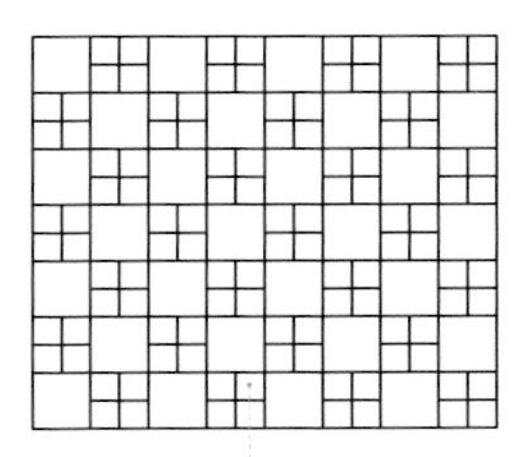

四块小砖拼成一块大砖

2 除四边形

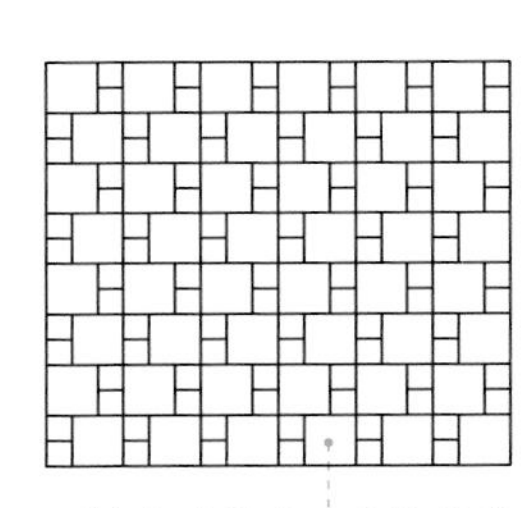

两块小砖拼成一个长条砖

3 走道形

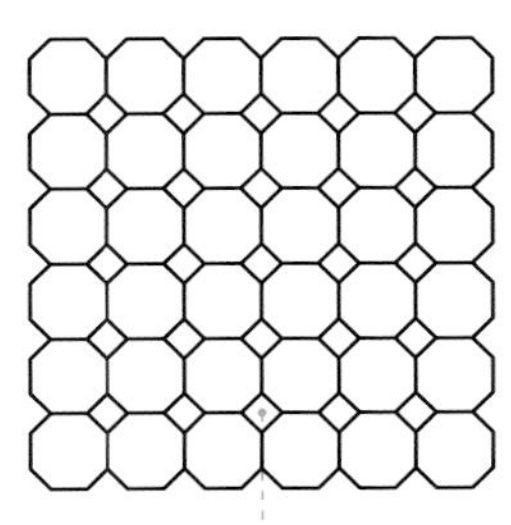

中间为菱形花片

4 网点形

6. 石材硬底施工养护时间不应少于 7 天

石材硬底施工的施工工法和砖材的干式施工相似，同样应用于地面中的施工。这种施工工法可提高石材铺贴的平整度，减少空鼓、缝隙不均匀等问题出现。

步骤一：
试排

在房间内的两个相互垂直的方向铺两条干砂，其宽度大于板块宽度，厚度不小于 3cm。

步骤二：
铺贴石材板块

正式铺贴前先在水泥砂浆结合层上满浇一层水灰比为 1：2 的素水泥浆，再铺板块，安放时四角同时往下落。

步骤三：
灌缝、擦缝

灌缝和擦缝完成后的养护时间不应少于 7 天。

7. 石材干式施工总体厚度在 25mm 以上

石材干式施工是一种石材铺贴在墙面中的高级工法，但会占用 25mm 以上的墙面厚度，因此对于面积较小的卫生间、厨房等并不适合采用石材干式施工。

步骤一：

墙面找平

一般涂抹水泥砂浆时，每遍厚度以 5~7mm 为宜，共涂抹 2~3 层。

步骤二：

清理墙面，浇水湿润

将墙面中凸起的颗粒与灰尘等清理干净，并提前一天浇水湿润。

步骤三：

石材上胶

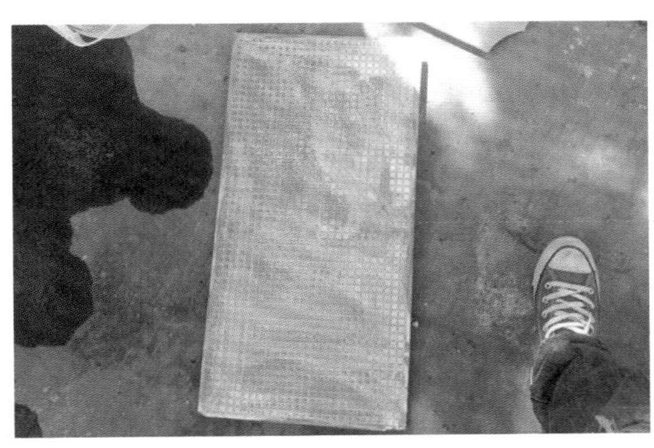

石材的背面均匀地涂抹砖材胶黏合剂，可根据石材的厚度大小，选择点涂或者面涂。

步骤四：

铺贴石材

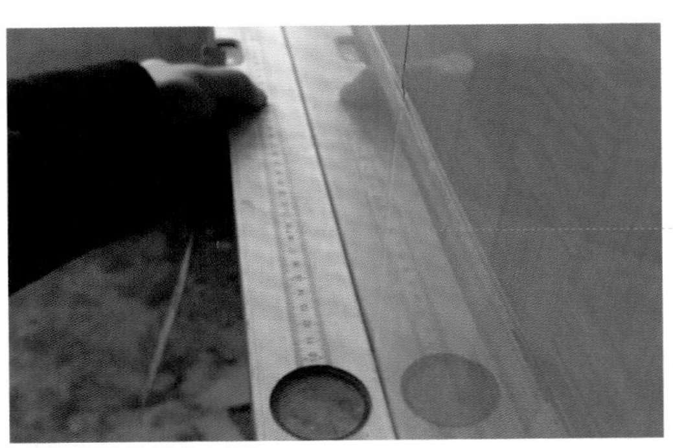

从下向上开始铺贴，石材向上铺贴几层之后，用靠尺或水平尺检查水平。

8. 石材干挂施工注意在上层石材底面和下层石材上端的切槽内涂胶

石材干挂施工又名石材悬空挂法，是墙面施工中一种较新型的施工工法。石材干挂式施工可以有效避免传统湿贴工艺会出现的石材空鼓、开裂、脱落等现象，明显提高使用空间的安全性和耐久性。在一定程度上改善施工人员的劳动条件，降低劳动强度，从而可以加快工程的进度。

步骤一：

墙面基层处理

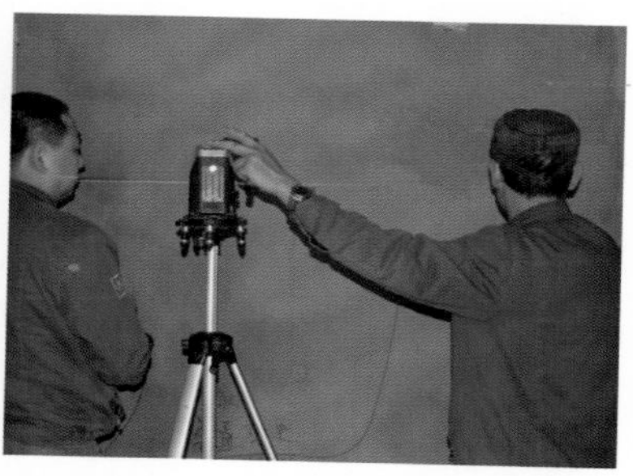

基层墙面必须清理干净，不得有浮土、浮灰，将其找平并涂好防潮层。

步骤二：

放线

在墙面上弹出控制网，由中心向两边弹放，应弹出每块板的位置线和每个挂件的具体位置。

步骤三：

安装龙骨及挂件

焊接完成，按规定除去药皮并进行焊缝隐检，合格后刷防锈漆三遍。

砖材、石材拼贴样式

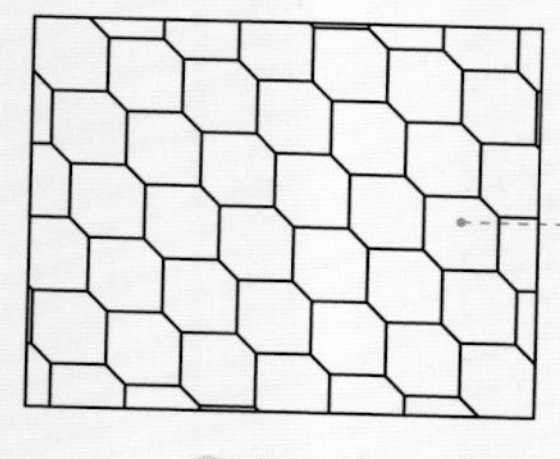

要求切割掉的两角大小一致

① 六边形

长方形砖材横竖错落拼贴

② 编篮形

步骤四：
石材钻孔及切槽

采用销钉式挂件和挂钩式挂件时，可用冲击钻在石材上钻孔，采用插片式挂件时可用角磨机在石材上切槽。

步骤五：
安装石材

按照放线的位置在墙面上打出膨胀螺栓的孔位，孔深以略大于膨胀螺栓套管的长度为宜。

步骤六：
注胶

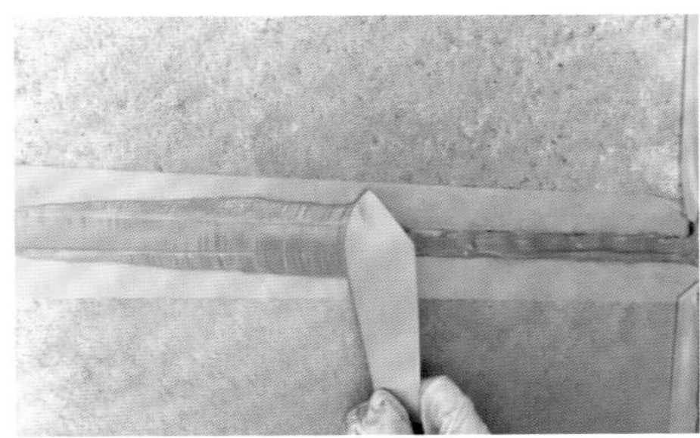

为保证拼缝两侧石材不被污染，应在拼缝两侧的石板上贴胶带纸保护，打完胶后再撕掉。

步骤七：
擦缝及饰面清理

按石材的出厂颜色调成色浆嵌缝，边嵌边擦干净，以便缝隙密实均匀、干净，颜色一致。

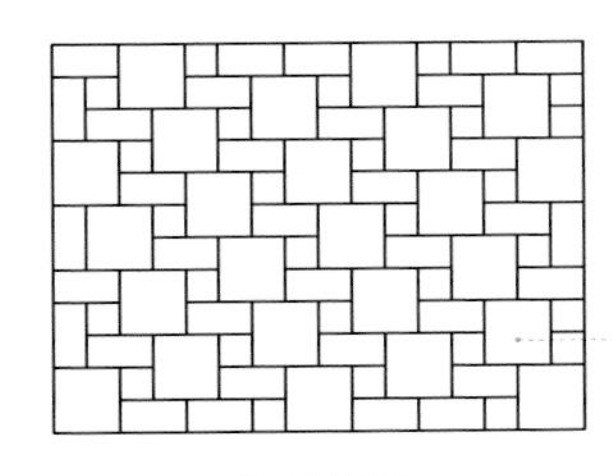

3 补位形

4 风车形

9．石材半湿式施工应先切割石材长度

石材半湿式施工是石材在地面中某个局部进行铺贴的工法，如石材窗台板的铺贴等。石材半湿式施工适合质量大、尺寸宽的石材，可一次性安装铺贴到位。

步骤一：
石材画线标记

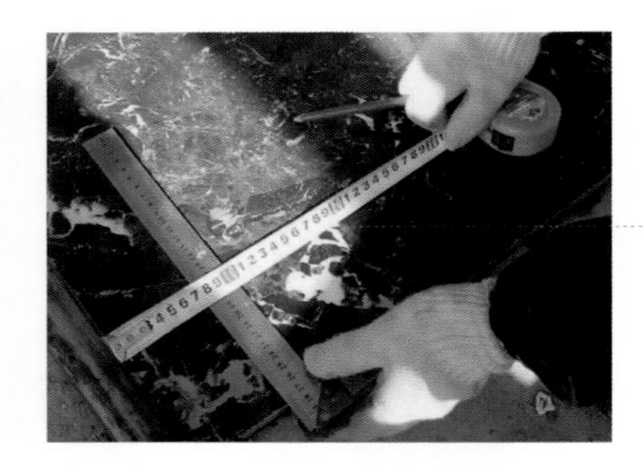

根据设计要求的窗下框标高、位置，划出石材的标高、位置线。

步骤二：
切割石材

先切割石材的长度，再切割石材的宽度，最后切割石材的侧边。

步骤三：
预埋窗台基层

在窗台上均匀摆放木方，间距保持在 400mm 以内；摆放好木方之后，再在表面填充砂子。

步骤四：
安装石材窗台板

接缝应平顺严密，固定件无误后，按其构造的固定方式正式进行固定安装。

10. 石材无缝工法需粗磨 3 遍

石材无缝工法是在已铺设好的石材相邻间隙中，先用颜色与石材近似的特殊填缝剂予以填隙处理，再利用专业机具与技术加以研磨、抛光处理。做石材无缝处理，既可以增强石材地面的整体感，又可以防止石材在打磨时及后期的使用和养护过程中渗脏、缝隙变黑、渗水等情况的发生。

步骤五：

勾缝处理

根据石材的颜色，勾兑填缝剂。

步骤六：

研磨石材接缝处

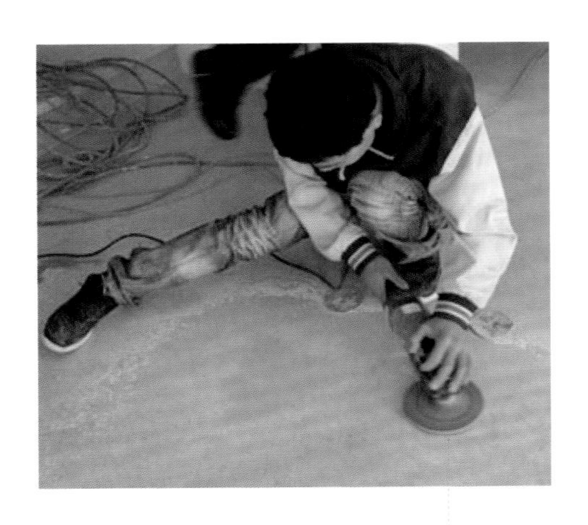

使用砂轮机对石材的缝隙处进行研磨，此步骤需重复 3 遍，将石材的亮面完全磨平。

砖材、石材纹饰种类

1 团纹

2 直流纹

3 裂纹

五、木工施工

1. 木作吊顶水平度拉通线检查不超过 5mm

木作吊顶是木工在现场施工中的重要内容之一，其施工对工法的要求较高，有一定的顺序和平整度要求，在施工的过程中，应不断进行施工检查。

步骤一：
根据设计图纸弹线

对局部吊顶房间，如原天棚不水平，则吊顶是按水平作或顺原天棚作。

步骤二：
弧形吊顶先在地面放样

弧型顶面造型应先在地面放样，确定无误后方能上顶，保证线条流畅。

步骤三：
安装吊顶主筋和间距设置

吊顶主筋不低于 3cm × 5cm 木龙骨，间距为 300mm，必须使用 1mm × 8mm 膨胀螺栓固定，约 $1m^2$ 用量一个。

步骤四：
安装主龙骨和次龙骨

吊顶主龙骨采用 20mm×40mm木龙骨，用¢8mm×80mm 的膨胀螺丝与原结构楼板固定，孔深规定不能超过 60mm。每平方米不少于 3 颗膨胀螺丝，次龙骨为 20mm×40mm 木龙骨。

步骤五：
检查隐蔽工程，线路预放到位

龙骨架的底面是否水平平整，误差要求小于 1‰，超过 5m 拉通线，最大误差不能超过 5mm。

步骤六：
吊顶封板

纸面石膏板使用前必须弹线分块，封板时相邻板留缝 3mm，使用专用螺钉固定，沉入石膏板 0.5~1mm，钉距为 15~17mm。

步骤七：
检查吊顶水平度

拉通线检查不超过 5mm，2m 靠尺不超过 2mm，板缝接口处高低差不超过 1mm。

2. 木地板悬浮铺设需预留 8~12mm 的伸缩缝

悬浮式铺装工法是地面找至水平后，铺上防潮膜，在防潮垫上直接铺装地板的方法，一般适合强化地板和实木复合地板使用。悬浮式铺装方法最大的优点在于它不使用胶将地板固定在地面上，地板的榫槽之间也可以不用胶，因此不必担心胶中含有的甲醛造成室内污染。

步骤一：

铺设地垫

地垫间不能重叠，接口处用 60mm 的宽胶带密封、压实，墙边上引 30~50mm，低于踢脚线高度。

步骤二：

铺设地板

从左向右铺设地板，预留 8~12mm 的伸缩缝进行正式铺装地板。

木地板拼贴样式

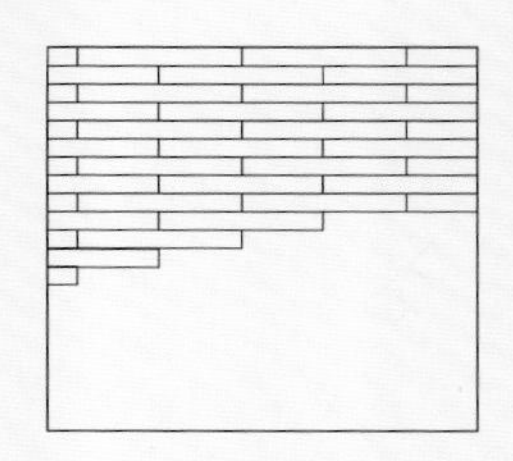

① 工字形

② 人字形

3. 木地板龙骨铺设间距在 300mm 左右

龙骨铺设工法是指在地面中铺订龙骨，先用钉子等距离固定好龙骨的位置，然后在龙骨上铺设地板的一种施工工法。龙骨铺设法适用于实木地板和复合地板，要求地板具有较高的抗弯强度。

步骤一：

安装木龙骨

固定木龙骨，确保木龙骨彼此之间的间距一致，保持在 300mm 左右。

步骤二：

铺装木地板

毛地板可以铺设成斜角为 30° 或 45°，这样可以减少应力。

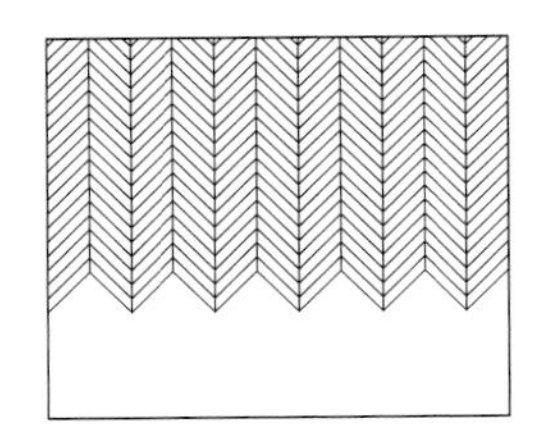

3 鱼骨形

4 编篮形

4. 木地板直接铺设适用于长度在 350mm 以下的软木地板

直接铺设工法是指将地板直接铺设在地面的一种施工工法。直接铺设法对地面要求很高，需要地面平整，而且前期也要经过几道工序的处理后再铺装。这种方法一般适用于长度在 350mm 以下的实木地板和软木地板的铺设，实木地板很少用这样的铺设方法。

步骤一：

基层处理

地面的水平误差不能超过 2mm，超过则需要找平。

步骤二：

撒防虫粉，铺防潮膜

防虫粉不需要满撒地面，可呈“U”字形铺撒，间距保持在 400~500mm 就可以。

步骤三：

铺装地板

从边角处开始铺装，先顺着地板的纵向铺设，再并列横向铺设。

木地板拼贴样式

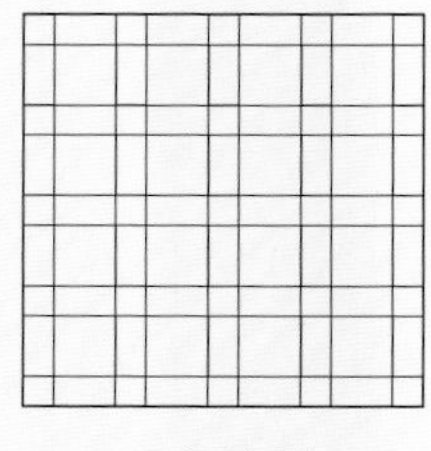

⑤ 回字形

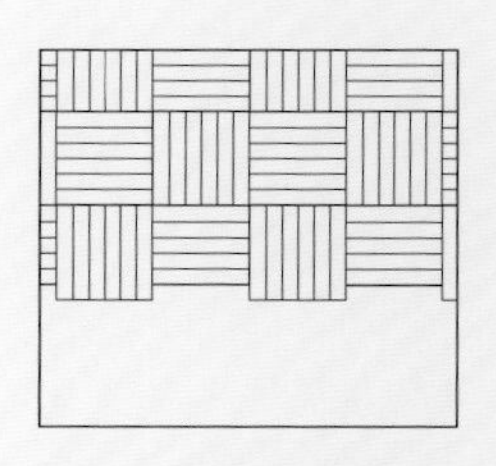

⑥ 田字形

5. 楼梯制安最佳坡度为 30°

楼梯制安是指楼梯在施工现场的一种组装与安装工法。在安装楼梯的时候应该预留一定的膨胀空间。在安装成品定制楼梯之前，所有尺寸都经过精确测量，安装过程中不需要再进行裁切等加工，这样就大大减少了粉尘对屋内环境的破坏。

步骤一：
安装楼梯骨架

“L”形的楼梯需要确定转弯处地支撑或墙支撑的详细位置。确定好后固定上挂和底座。

步骤二：
安装楼梯踏步板

从上至下逐步安装，有踏步小支撑的，还要调节小支撑的高度。

步骤三：
安装楼梯围栏

先确定所需安装立柱的位置，打眼安装立柱。

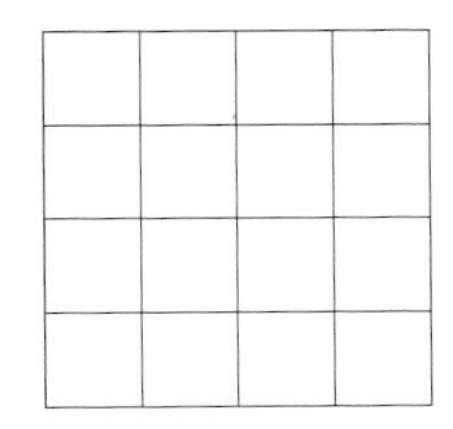

7 棋盘格形

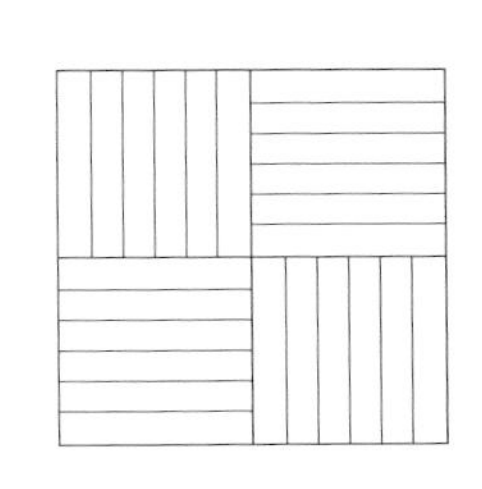

8 马赛克形

六、油漆施工

1. 腻子层找平厚度在 8~10mm

腻子层找平是指石膏、腻子基层的施工，包括一层石膏和两层腻子。腻子层找平是涂刷乳胶漆之前的工序，只有腻子层处理好才能开始涂刷乳胶漆。在腻子层找平施工的过程中要求满刮腻子粉，并对阴阳角进行修理，保证边角的平直。

步骤一：基层粉刷石膏

如果满刮厚度超过 10mm，那么需要再满贴一遍玻纤网格布后，继续满刮基层粉刷石膏。

步骤二：面层粉刷石膏

将粗糙的表面填满补平。

步骤三：第一遍刮腻子

第一遍腻子厚度控制在 4~5mm，主要用于找平。

步骤四：

墙面打磨

尽量用较细的砂纸，一般质地较松软的腻子用400~500号的砂纸，质地较硬的用360~400号的砂纸为佳。

步骤五：

第二遍刮腻子

第二遍腻子厚度控制在3~4mm，凉干腻子一般需要3~5天。

2. 涂刷墙漆需刷 3 遍

在进行刷漆前有很多准备工作要做，如果墙面状况很差，直接刷漆可能会导致墙体大面积开裂、脱皮，所以基层必须要处理干净。刷漆的方法很多，但不论是哪种方法，乳胶漆都需要刷 3 遍，即一遍底漆，两遍面漆。底漆既能封闭墙面底层返上来的潮气和碱，还能增加漆面的附着力；面漆则负责美观。

步骤一：
涂刷墙固

增加石膏附着力。

步骤二：
将吊顶填补平整

用石膏把吊顶上面的钉眼、石膏板之间的拼缝填补平滑。

步骤三：
用石膏找平墙面

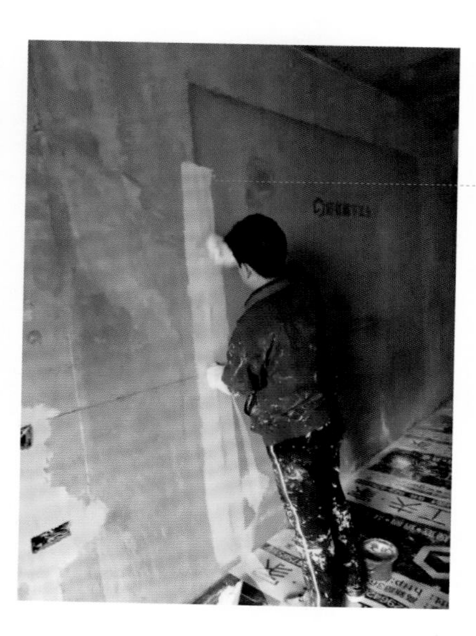

找平时先把墙面 4 条边的厚度找出来，再填充中间。

步骤四：

给阴阳角贴角条

先刷腻子，再把裁切好的阴角条压在上面。

步骤五：

挂玻璃纤维网布和刮两遍腻子

玻璃纤维网布可以防止墙体出现细微裂痕。

步骤六：

涂刷乳胶漆

乳胶漆需刷 3 遍，即一遍底漆，两遍面漆。

漆工法分类

1 排刷漆法

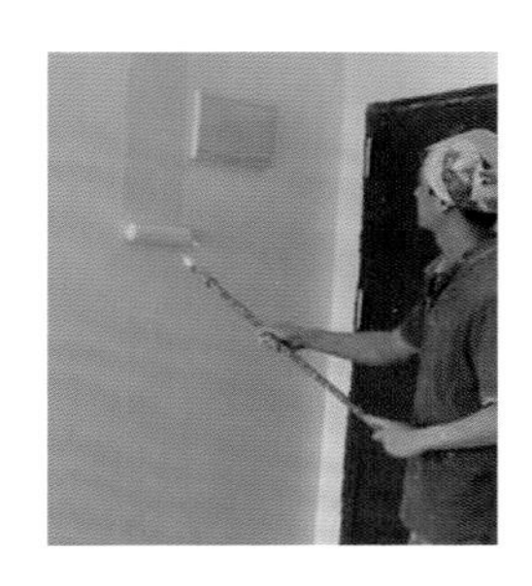

2 滚涂刷漆法

3 喷漆法

3. 壁纸粘贴顺序是先垂直后水平，先上后下，先高后低

在壁纸粘贴施工中，包括调制基膜、壁纸胶，以及粘贴施工两部分。在壁纸具体施工时，从边角开始从上到下纵向粘贴，并保证每层壁纸都重叠到一起，然后用刀具裁剪掉多余的部分。需要注意的是，壁纸的纹理要连接顺畅，确保花纹的连续性。

步骤一：

调制基膜，在墙面均匀涂刷

壁纸基膜最好提前一天刷，不过如果气温较高，基膜在短时间内能干，也可以安排在同一天。

步骤二：

调制壁纸胶水

调制的方法是取胶粉倒入盛水的容器中，调成米粉糊状，放置大约半个小时。

步骤三：
裁剪壁纸，涂壁纸胶

涂好胶水的壁纸需面对面对折，将对折好的壁纸放置 5~10 分钟，使胶液完全透入纸底。

步骤四：
粘贴壁纸，修理边角

粘贴的时候可先弹线保证横平竖直，粘贴顺序是先垂直后水平，先上后下，先高后低。

裱糊壁纸常见质量问题

1 翘边

原因：基层处理不干净；选择胶黏剂黏度差；在阳角处甩缝等。
处理办法：基层检验合格后再开始裱糊；选用与产品配套的专用胶黏剂；阳角处应裹过 20mm 以上。

2 气泡

原因：胶液涂刷不均匀；裱糊时未赶出气泡。
处理办法：施工时可在刷胶后再用刮板刮一遍，以避免出现刷胶不均匀的情况；上墙后出现气泡需用刮板由里向外刮抹，将气泡和多余胶液赶出；如在使用中发现气泡，可用注射器注入胶液后压平。

3 离缝或亏纸

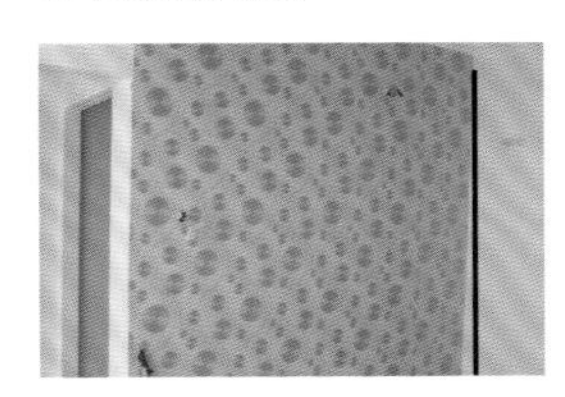

原因：裁纸尺寸测量不准；墙纸或墙布粘贴时不垂直。
处理办法：裁割壁纸前应反复核对墙面尺寸，裁割时要留 10~30mm 余量；必须由拼缝处横向向外赶压胶液，不得斜向或由两侧向中间赶压，每裱贴 2~3 张后，就应用吊锤在接缝处检查垂直度，及时纠偏；发生轻微离缝或亏纸，可用同色乳胶漆描补或用相同的材料搭茬粘补，如离缝或亏纸较严重，则应撕掉重裱。

第四章 定制家具尺寸与收纳尺寸

定制家具相对于成品家具来说，可以更加契合空间的形态，并能够充分利用空间，将空间的利用率达到最大化。定制家具在规划时应遵循“以人为本”的设计理念，主要表现在两个方面，其一是柜体的尺寸和内部结构应契合居住者的使用需求。其二是柜体在空间中的位置应符合居住者的行动轨迹。本章着重介绍了六类常见柜体，分别是玄关柜、电视柜、餐边柜、衣柜、书柜和橱柜，包含常见的柜体样式与尺寸，收纳物品的尺寸，方便读者直接参考。

四 衣柜

衣柜是卧室中最重要的定制家具，主要承担着收纳的任务。好的衣柜应该区分有序、整洁利落，并且能够做到 " 常用不乱 "。

五 书柜

书柜可以通过内部结构、层板数量、柜门样式的变化，满足居住者的个性化需求。

玄关柜

在进行玄关柜体定制时，应先明确玄关柜的位置，以及家中需要收纳的物品数量，再结合玄关面积来考虑做何种造型的玄关柜。

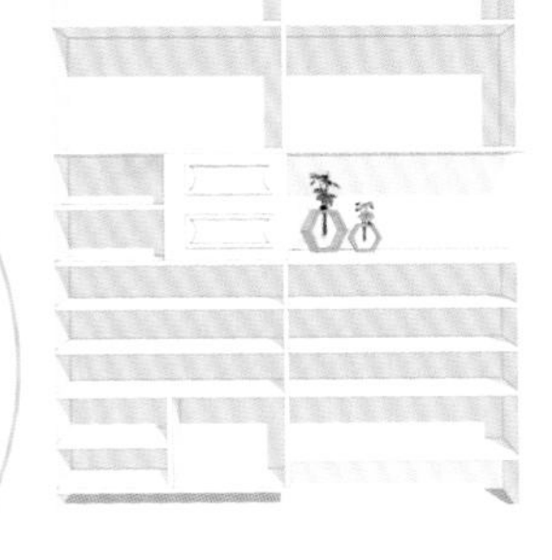

电视柜

客厅的定制柜体主要是位于电视背景墙的柜体，在设计时需考虑清楚居住者的收纳习惯。

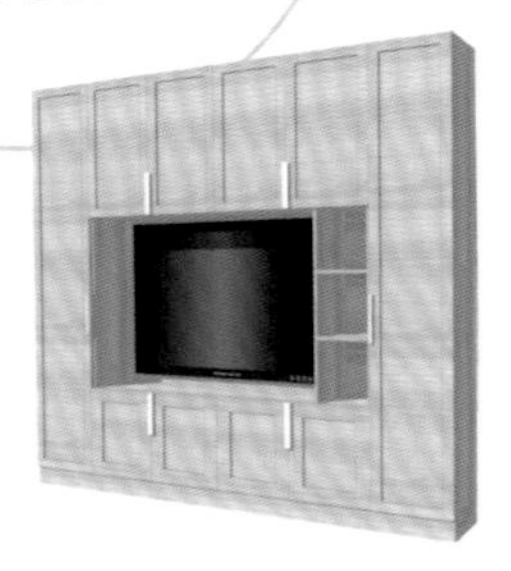

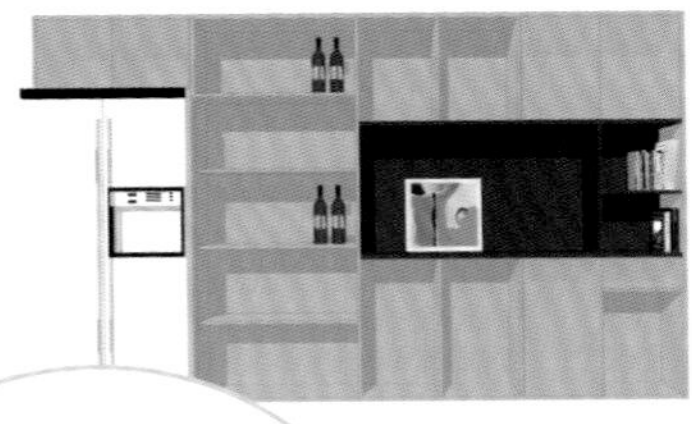

三 餐边柜

餐边柜用来收纳餐盘、杯具、酒水饮品等，不仅可以方便用餐时的拿取，还减轻了厨房的储物压力。

橱柜

整体橱柜作为厨房中主要的定制柜体，不仅在定制设计时考虑美观度的问题，更应该满足烹饪时对各种物品拿取的便利性与高效性。

一、玄关柜

1. 经典两段式玄关柜适宜宽度为 600~1000mm

经典两段式玄关柜主要作为鞋柜，上柜可收纳换季鞋，下柜可收纳当季鞋，中间可随手放置钥匙等小物件。它是形式最简单的定制玄关柜，也是最节省空间的玄关柜，玄关面积最小 2.7m² 即可摆下，但所在墙宽度要达到 600mm 以上。

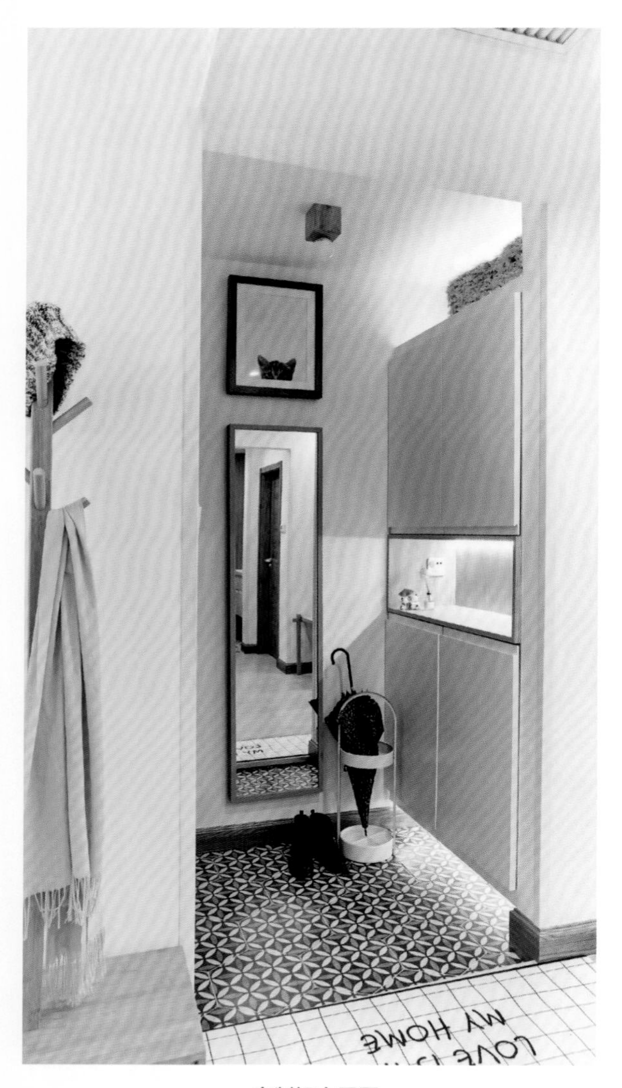

玄关柜上半段 660mm 的柜格可以收纳短款衣物，189mm 的柜格可以收纳其他不常用的杂物。

中间开放部分设置了 450mm 的高度，并且用内嵌的灯具照亮，为空间增添光线。

玄关柜下半段 150mm 的柜格可以收纳平底鞋，490mm 的柜格可以收纳长靴。

▲ 定制柜实景图

玄关面积较小，为了减少拥挤感，特地没有将玄关柜的高度做到顶，而是做成了 2410mm 的高度。

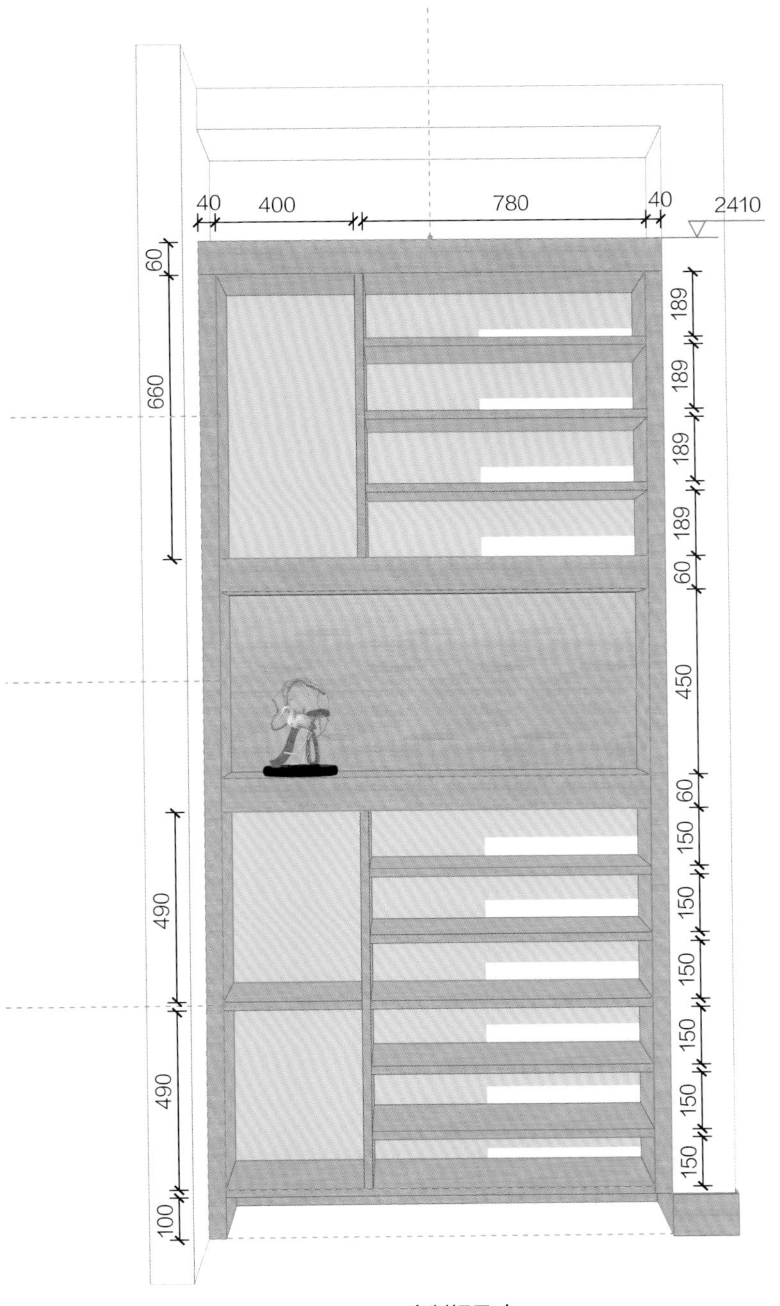

▲ 定制柜尺寸

玄关柜柜体模块推荐尺寸

1 可放普通运动鞋、拖鞋、平底鞋等

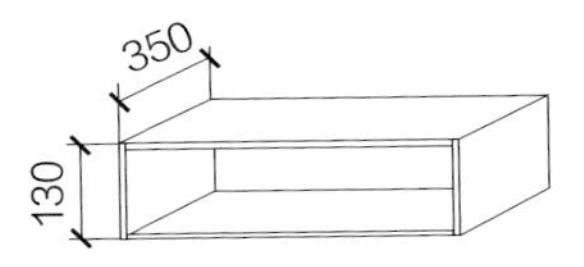

2 可放短靴、长靴等

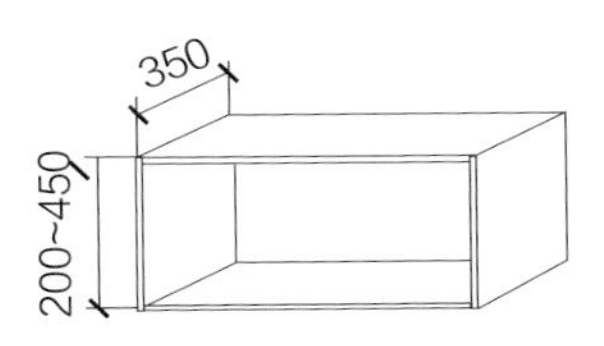

3 可悬挂衣物，或放清洁工具等

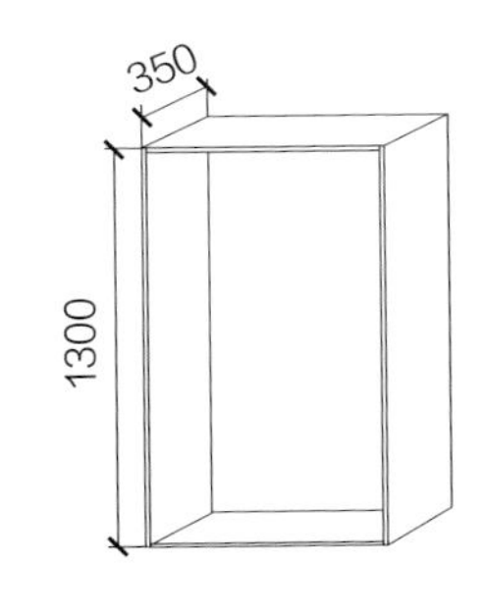

2. 带换鞋凳与挂衣区的玄关柜适宜宽度为 1200~1500mm

玄关柜加入了换鞋凳，使用起来更加方便、舒适；挂衣区能够随手悬挂进门后需要脱掉的外出衣物。这样的玄关柜功能变多，所以玄关面积适宜在 4.8m^2 以上。

▲ 定制柜实景图

玄关柜柜体模块推荐尺寸

④ 换鞋凳

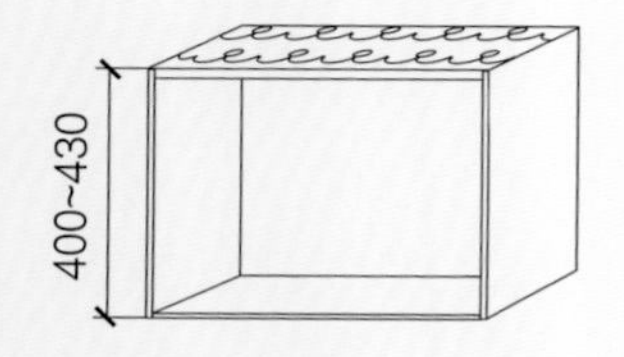

⑤ 开放格子，主要放钥匙或小摆件等

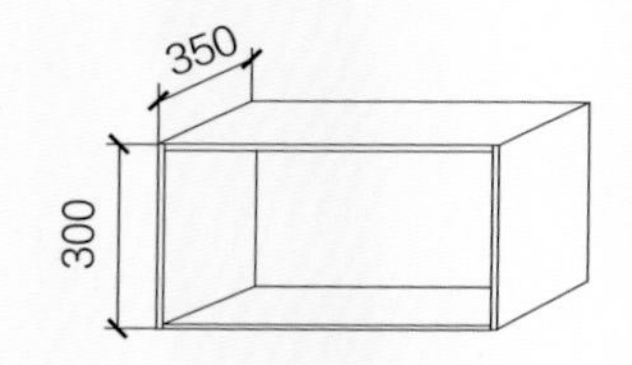

⑥ 抽屉

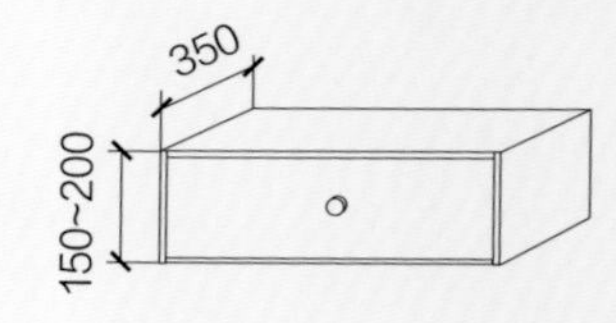

297mm 的柜格可以收纳一些不常用的换季鞋或鞋盒，所以被安排在玄关柜最顶部。

玄关柜右侧做了高 1535mm 的开放格，可以用来充当换鞋凳，同时也可以悬挂衣物、包包等。

中间预留出 500mm 的中空部分，用来摆放可随手拿取的钥匙等小物件，也可以摆放一些摆件增加装饰性。

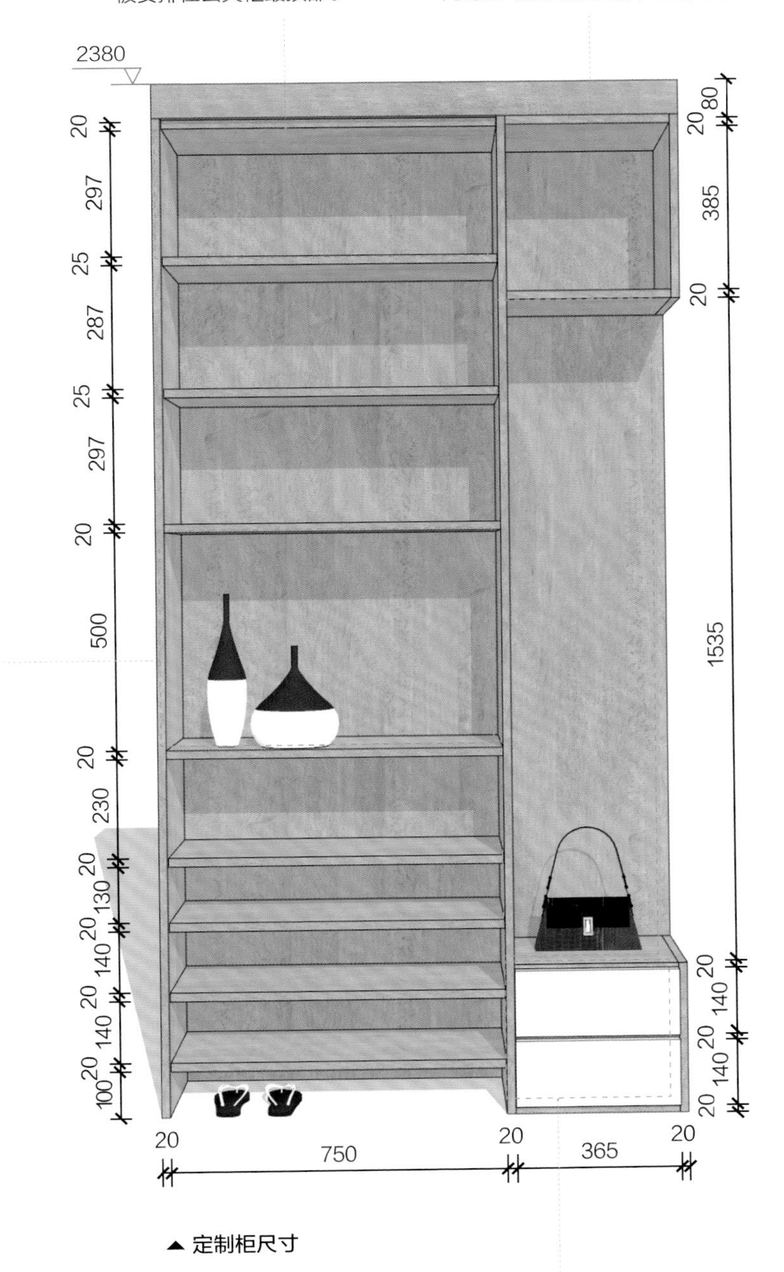

▲ 定制柜尺寸

140mm 的柜格被安排在玄关柜的最底部，用来收纳普通的运动鞋。

3. 起隔断作用的玄关柜

如果一进门就是客厅会缺少私密性，那么带有隔断作用的定制柜可以解决这个问题。镂空的格栅保证更多的光线通过，同时也可以收纳包包或帽子。尽量选择半开放式的柜体样式，这样看上去不那么沉闷与笨重。

▲ 定制柜实景图

镂空的格栅高度为 1440mm，保证更多的光线可以通过，同时也可以收纳包包或帽子。

柜格的高度在 280~460mm，可以收纳高度较高的高跟鞋、长靴、鞋盒等。

▲ 定制柜尺寸

柜格的高度为 140mm，用来收纳普通运动鞋等。

玄关柜收纳物品尺寸

① 衣物

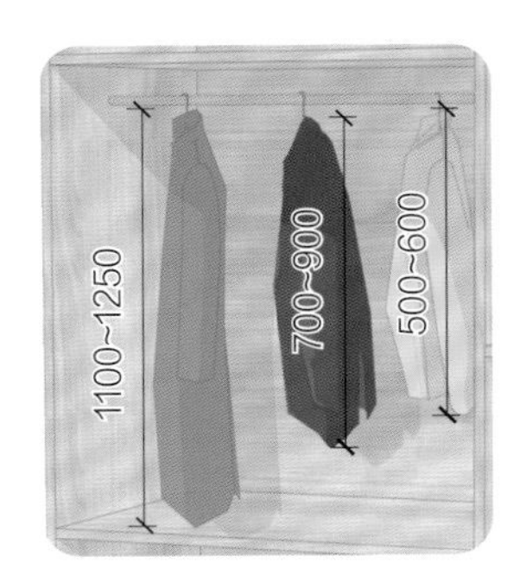

② 鞋子

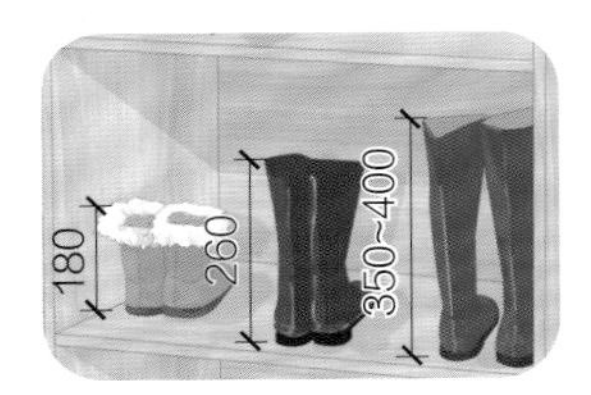

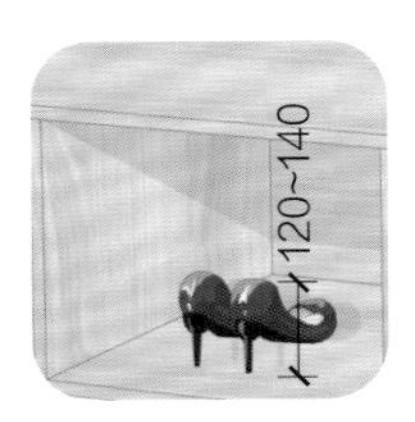

4. 玄关柜底部悬空至少要有150mm

玄关柜底部通常预留 250mm 高的空间，放日常换穿的鞋子，这样进出门更加方便。如果没有高跟鞋和靴子等较高的鞋子放在外面，底部留空 150mm 也够用，这个高度扫地机器人也可以放得进去。

柜体上部统一预留四个 470mm 高的格子区，方便存放体积较大的被褥等。

两层高 195mm 的抽屉，可以用来收纳零碎的小物品。

柜体中间留出 410mm 高的开放格，用来收纳或展示装饰品。1m 的台面高度基本与女性胳膊肘齐平，方便随手放置一些进出门时使用的小物品，如钥匙等。

柜体下部分预留出 150mm、165mm 和 230mm 高度不等的柜格，满足不同高度鞋子或杂物的收纳需求。

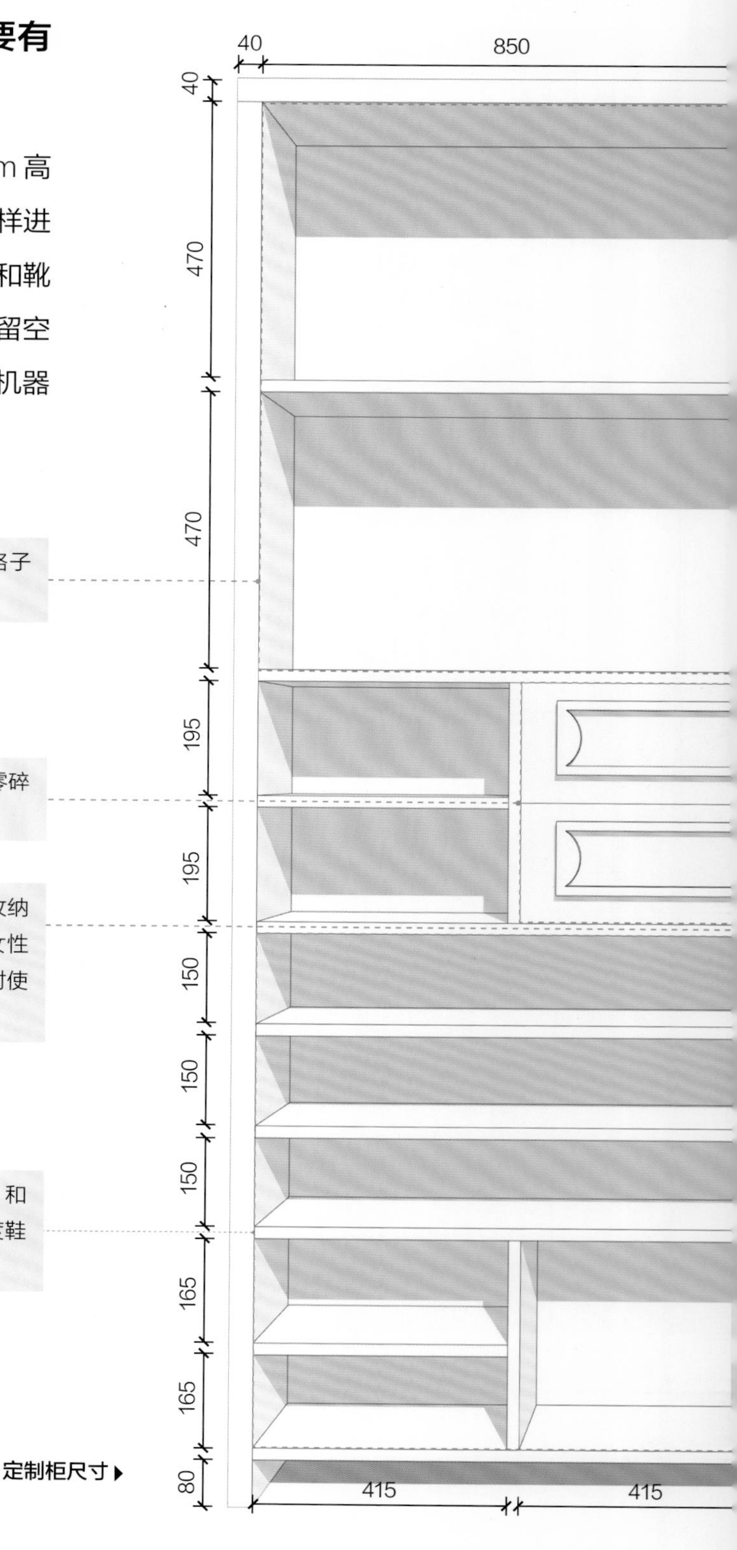

定制柜尺寸▶

▲ 定制柜实景图

玄关柜收纳物品尺寸

3 收纳箱

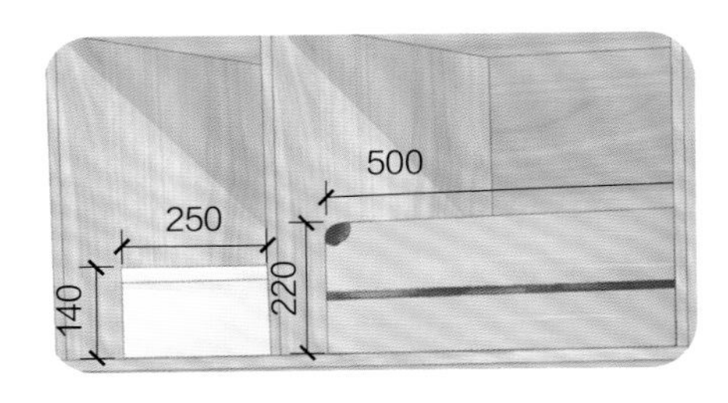

4 清洁用品

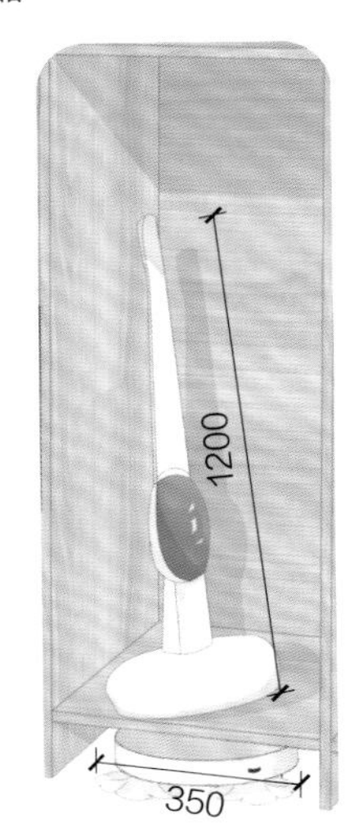

5. 通顶式玄关柜最小进深 550mm

通顶式玄关柜可以单纯用来收纳物品，不再包含其他的功能。相比其他玄关柜样式，通顶式玄关柜面对再多的鞋子或杂物都可以容纳得下。但要注意的是，如果是单纯地想放鞋子之类的物品，柜体深度可以保持在 350mm 左右。但如果还想用来挂衣服用，那么深度至少要增加到 550mm。

由于玄关柜的容量非常大，除了鞋子之外，也可以置放一些其他不常用的物品。

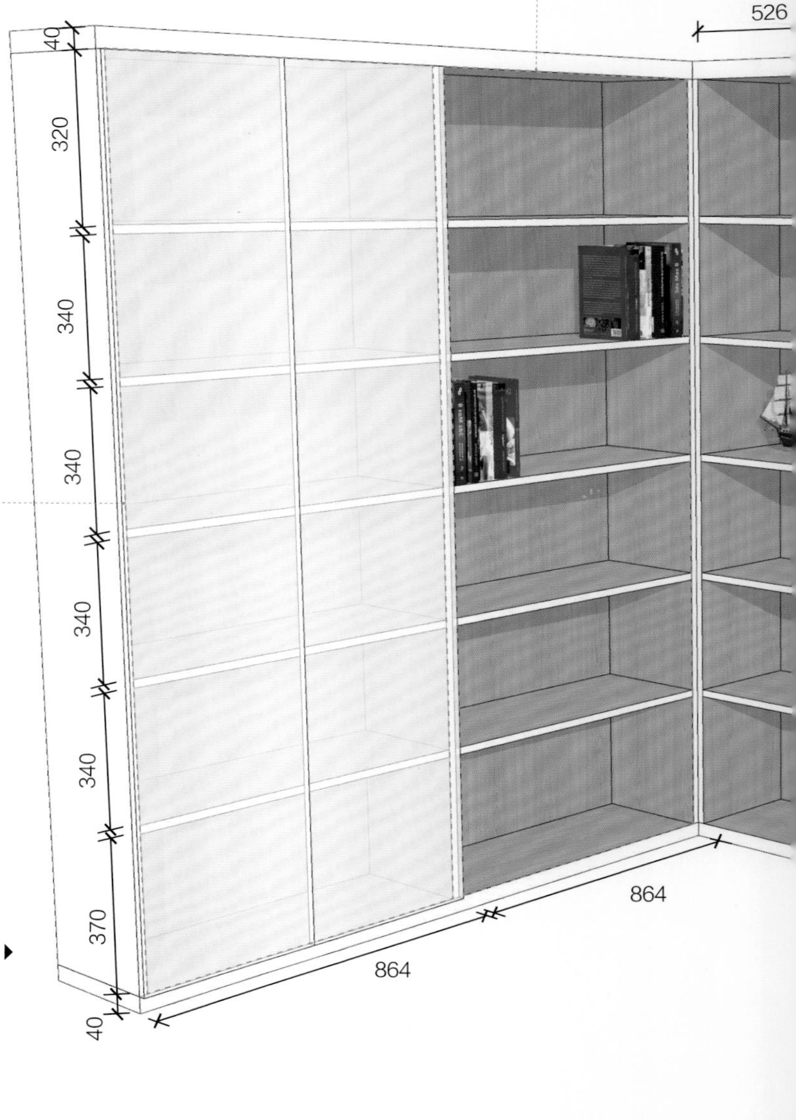

将转角柜一边的柜格设置成适合摆放书籍的尺寸，存放家中大量的书籍。

定制柜尺寸

部分柜体没有做柜门，作为开放式的柜格，高度不一，可以收纳不同高度的物品。

▲ 定制柜实景图

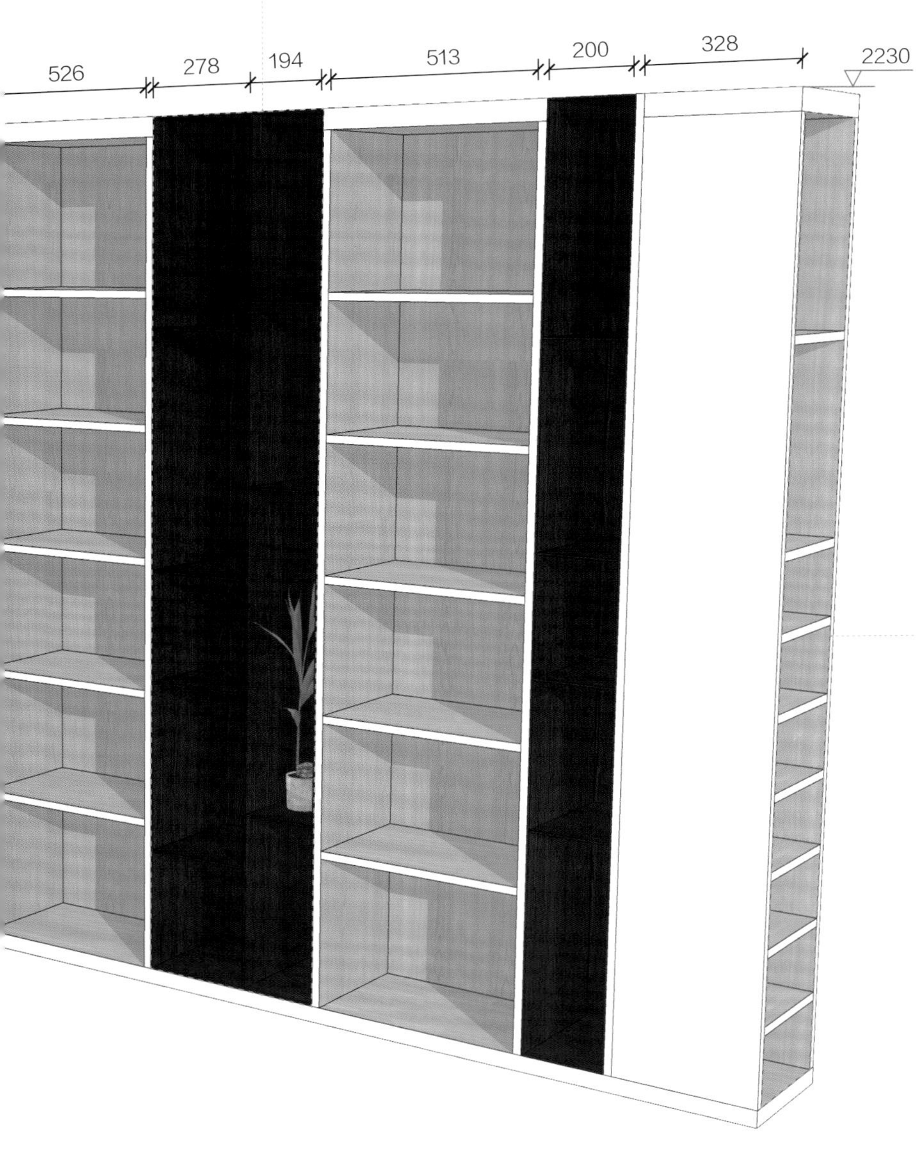

柜门朝向入户门方向开启，且柜格的尺寸高低有别，适合摆放常穿且尺寸不一的鞋子。

6. 换鞋凳的适宜高度在 450mm 左右

带换鞋凳的玄关柜比较适合有老人和小孩的家庭，可以满足坐着换鞋和悬挂衣服、包包的需求。一般来说，换鞋凳离地高度最好在 450mm 左右，人坐上去大腿与地面平行，是比较舒适的高度。

▲ 定制柜实景图

下半部分的柜格预留高度在 140mm 左右，主要用来收纳运动鞋、休闲鞋、拖鞋等。

上半部分的柜格高度在 415mm 左右，主要用来收纳鞋盒，或是一些其他的杂物等。

定制柜尺寸 ▶

开放部分高度在 1300mm 左右，加上 500mm 高的换鞋凳，可以满足坐着换鞋和悬挂衣服、包包的需求。

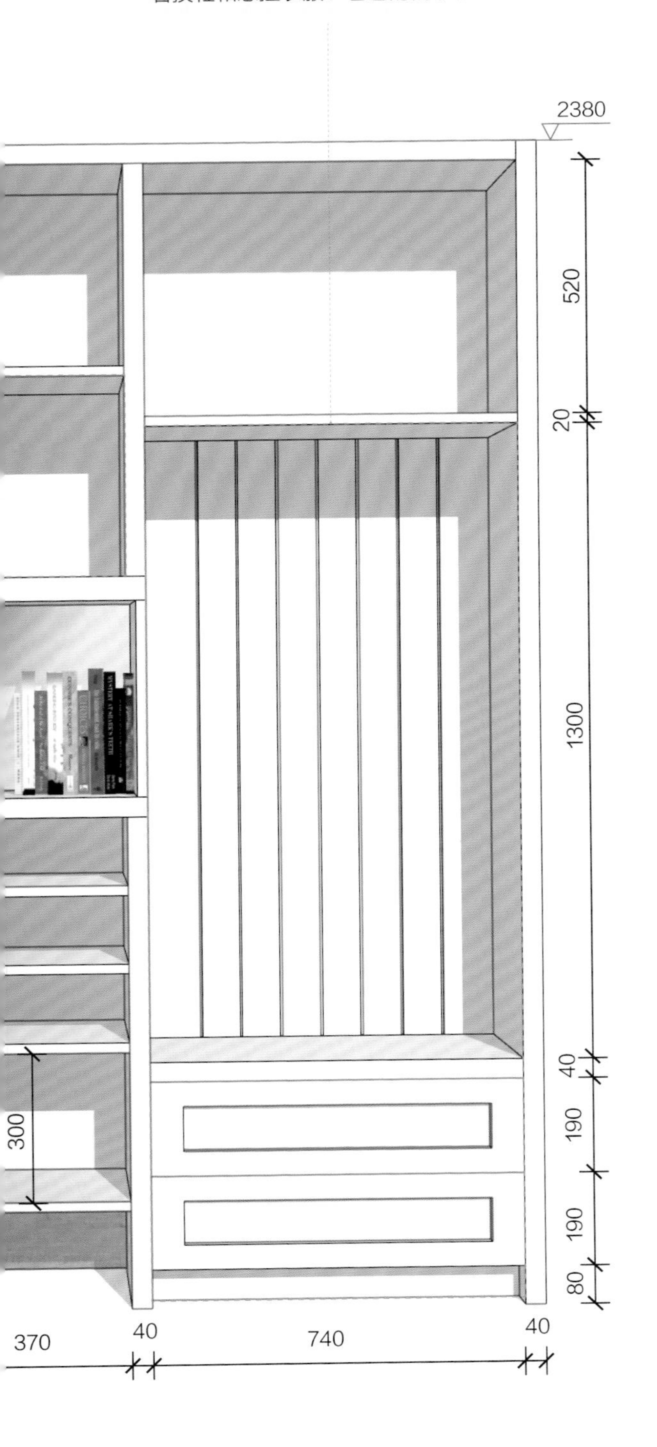

玄关柜收纳物品尺寸

5 运动器械

6 其他物品

二、电视柜

1. 电视柜最小收纳深度为 300mm

两段式的电视柜相比整墙电视柜，在视觉上显得更加轻盈。下面的柜体可以定制进深 500mm 的柜体，做收纳抽屉，上面的柜体最小进深可以为 300mm，用来摆放书籍或陈列收藏品等。

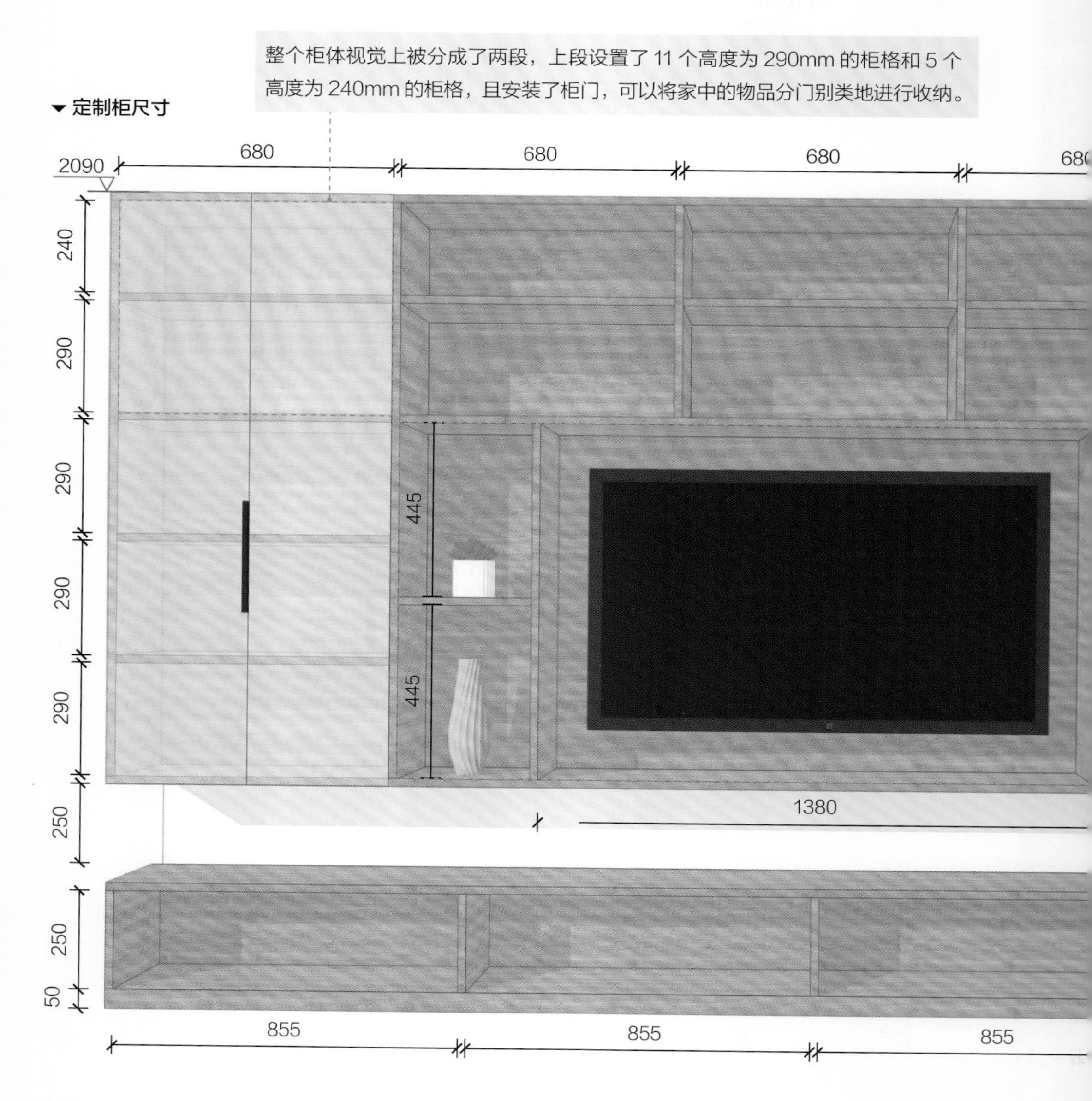

定制柜实景图▶

电视顶柜中间预留出1380mm×910mm的开放格悬挂电视，并在两边设置了5个小柜格摆放装饰品，分区合理，且具有一定的装饰性。

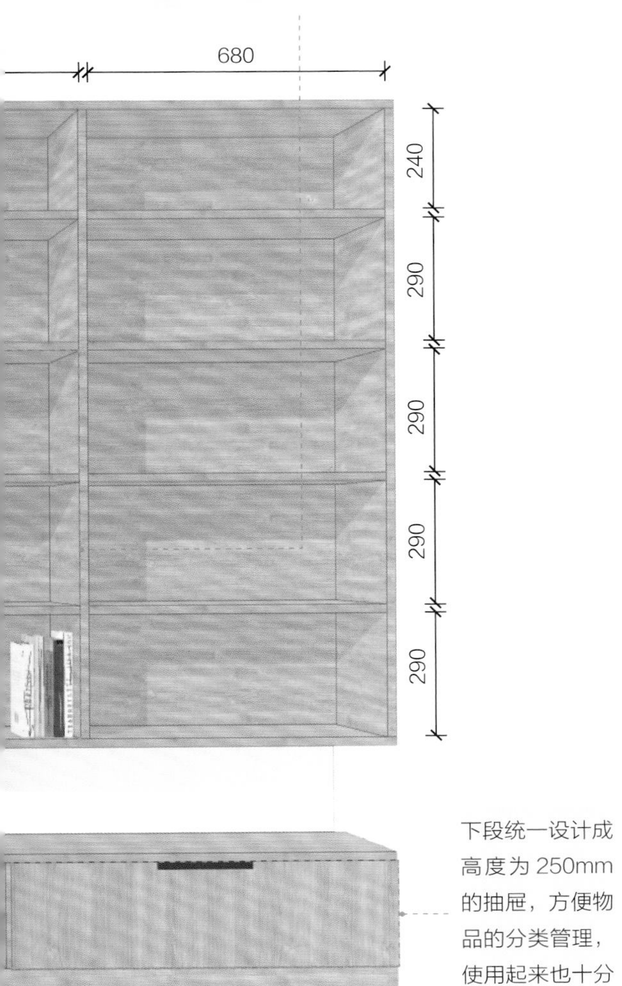

下段统一设计成高度为250mm的抽屉，方便物品的分类管理，使用起来也十分方便。

定制柜外观风格

1 简约风格

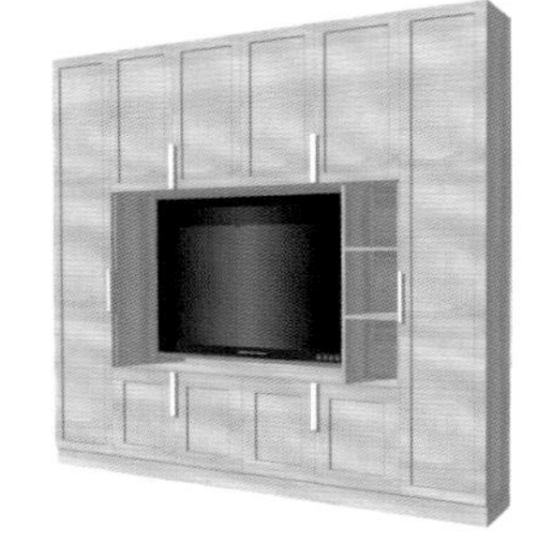

2 新中式风格

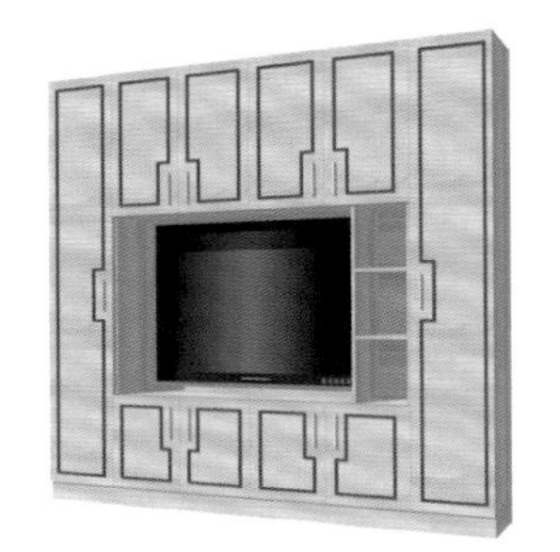

3 日式风格

▲ 定制柜实景图

定制柜体的高度为 2560mm，利用装饰线条凸显精致感。另外，在吊顶暗装了投影幕布，没有预留电视的位置。

开放式的柜格高度为 400mm，摆放工艺品和书籍均十分合适。每个柜格的横向宽度不一，带来视觉上的变化。

底部的收纳柜格为封闭式，方便收纳一些零碎小物件，以及家中的日用品等。

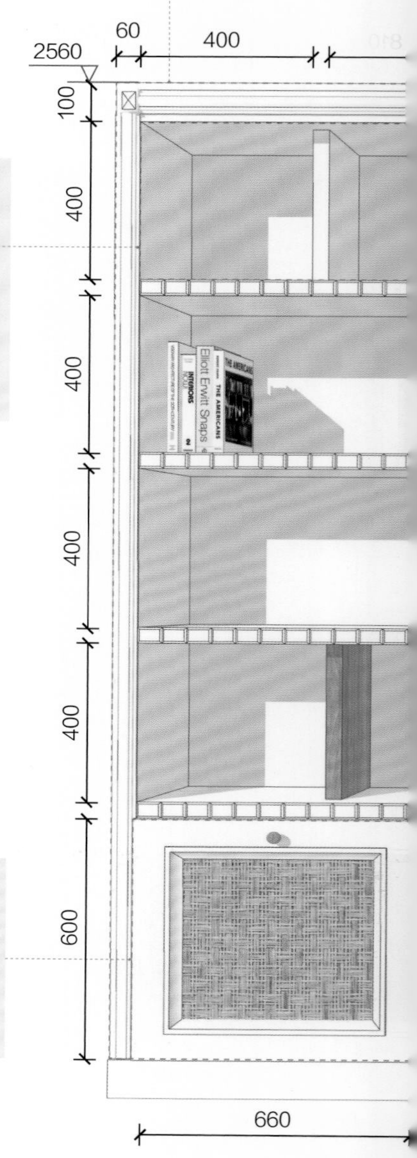

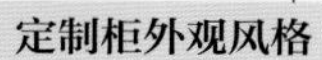

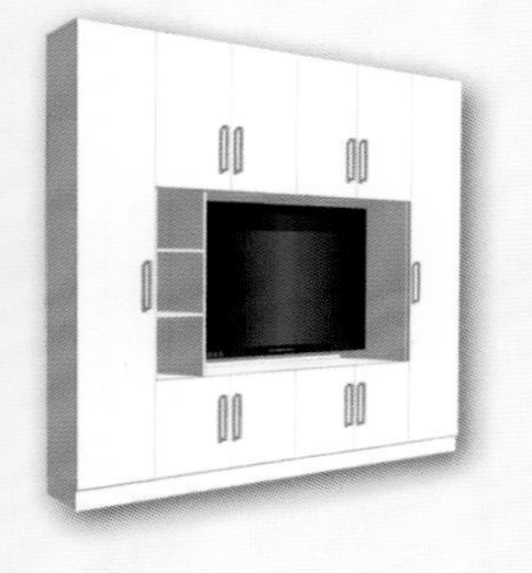

4 北欧风格

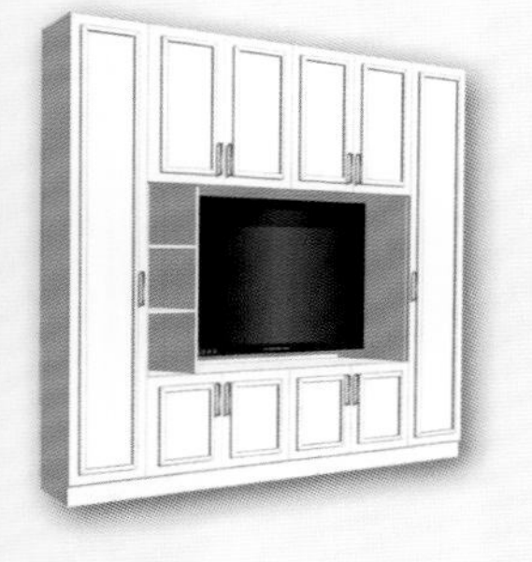

5 法式风格

6 现代风格

2. 书架式电视柜柜格最小高度为 320mm

想要在客厅打造一个书架式的电视柜，可以选择开放式定制柜，收纳书籍或装饰品非常方便，而且起到了展示作用。柜体的进深 300mm 即可，如果收纳的书籍数量较大，为了避免长期使用把书架压弯，可以在层板的跨度超过 600mm 时，使用 250mm 加厚板材。

▼ 定制柜尺寸

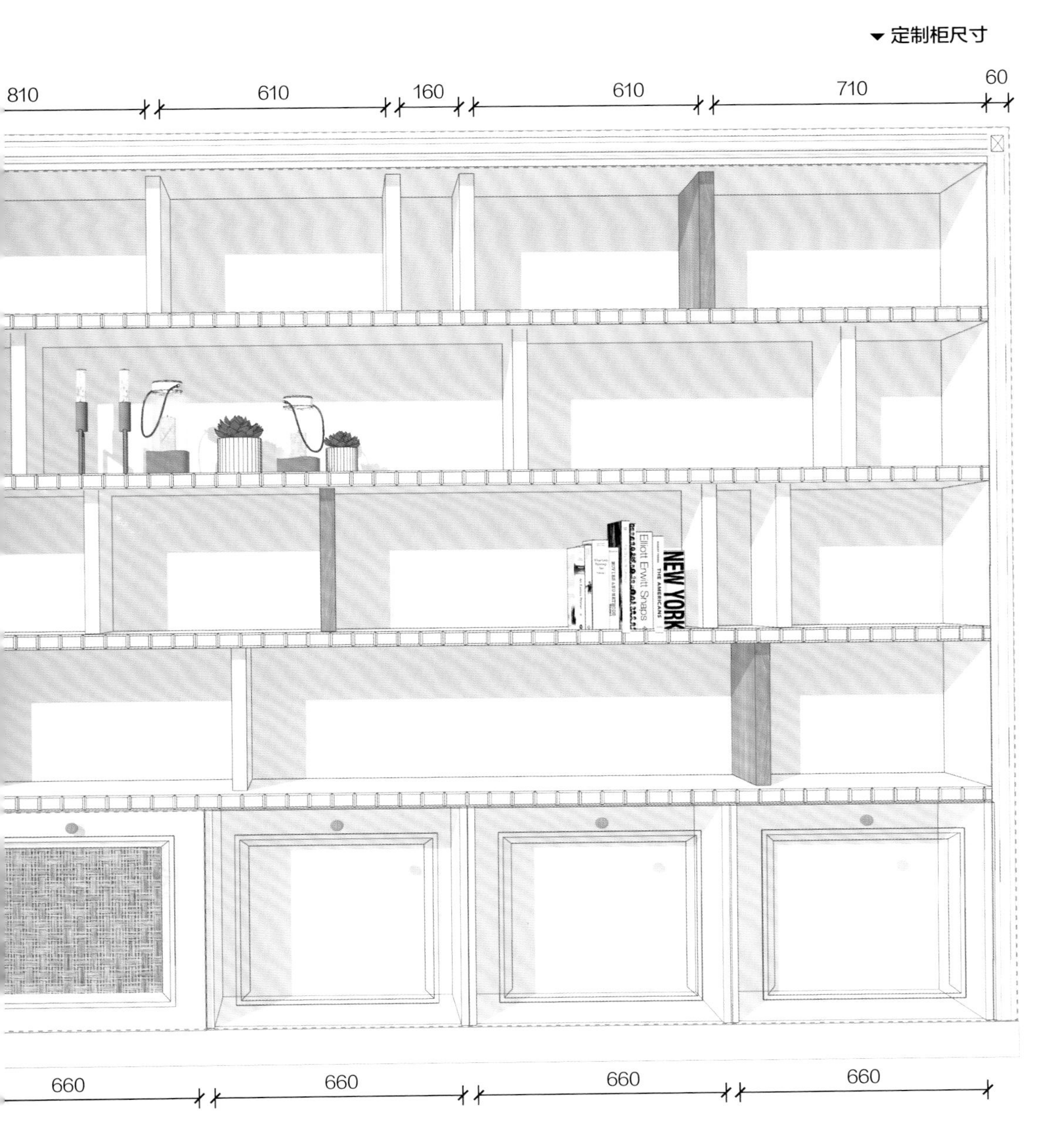

3. 手办展示电视柜柜格高度至少 260mm

如果电视柜有展示手办、模型的需求，应提前测量好手办或模型的尺寸，将其展示在带玻璃门的柜子里，防止落尘。一般来说，最适合观赏的高度为 1.2~2.2m，所以在设计电视柜时，可以将摆放手办的柜格设置在这个高度，作为展示区域。

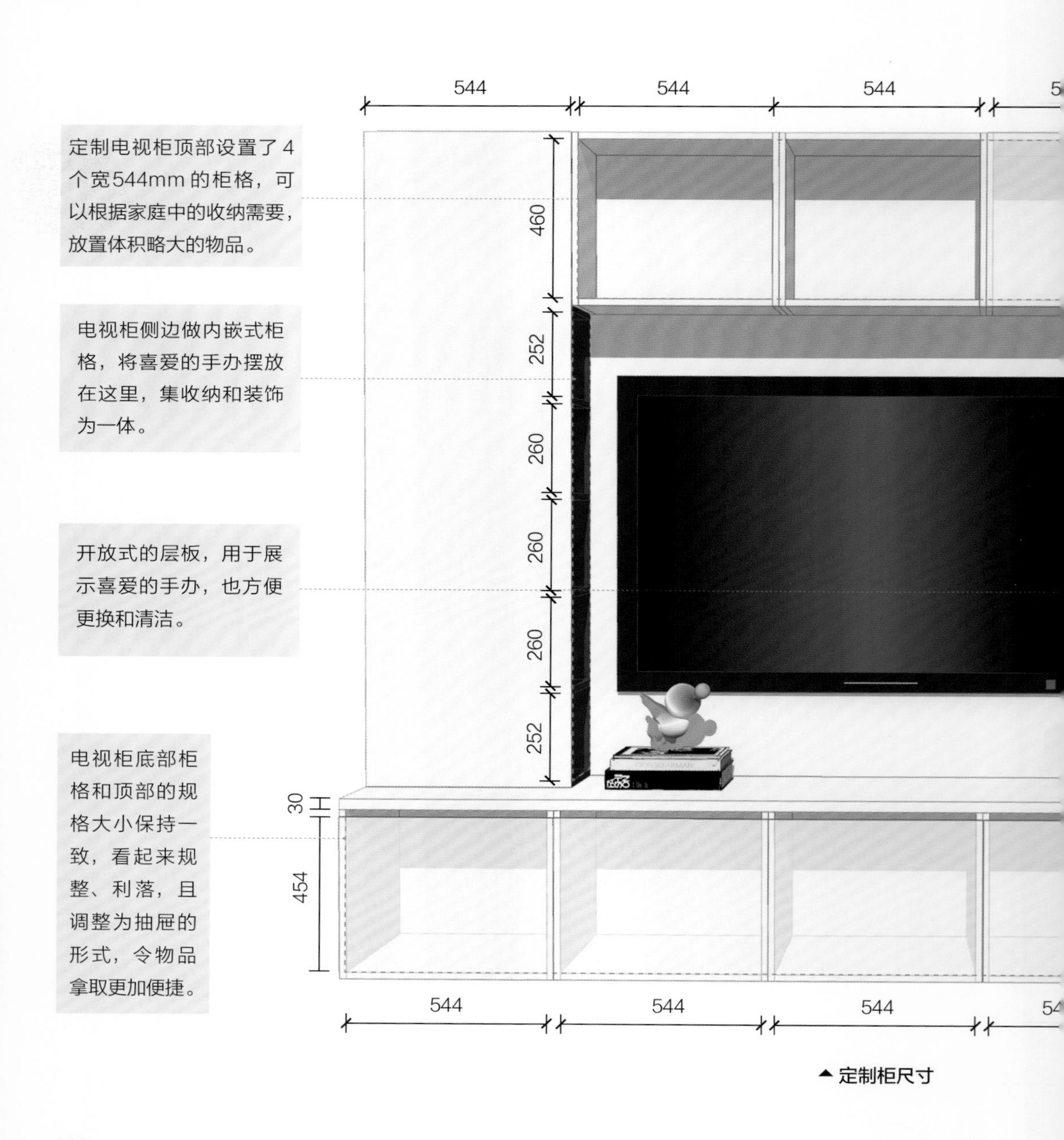

▲ 定制柜尺寸

定制柜实景图 ▶

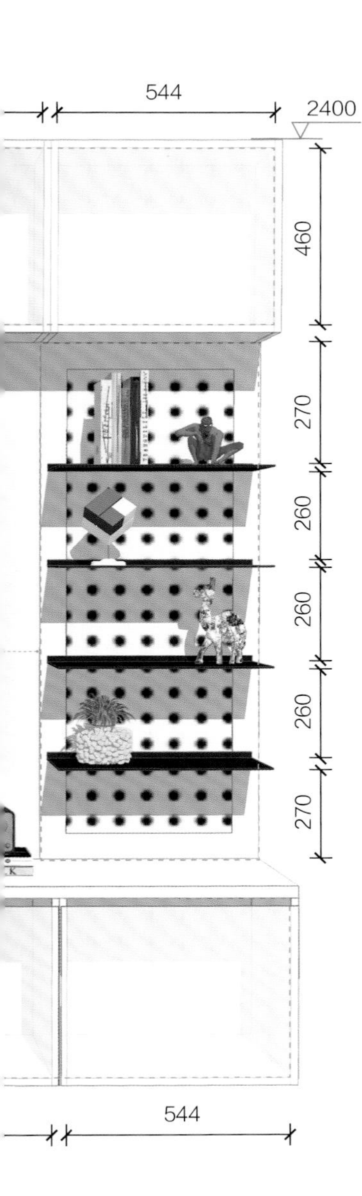

电视柜收纳物品尺寸

1 国际开本书籍

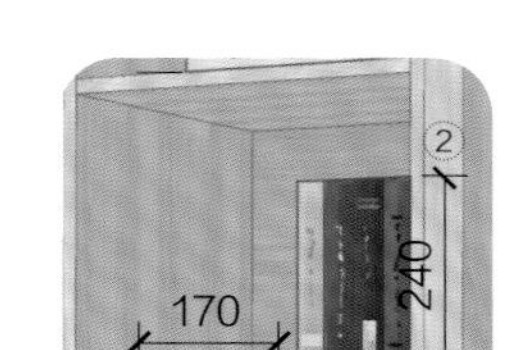

2 手办

3 调制调节器（光猫）

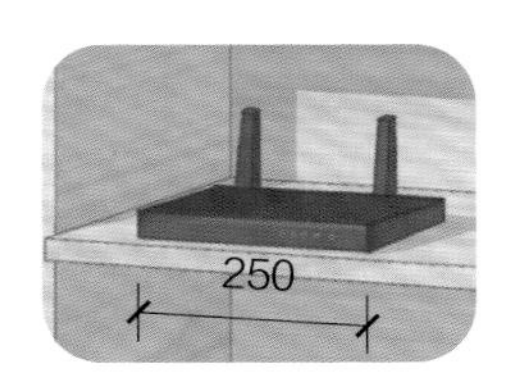

4 路由器

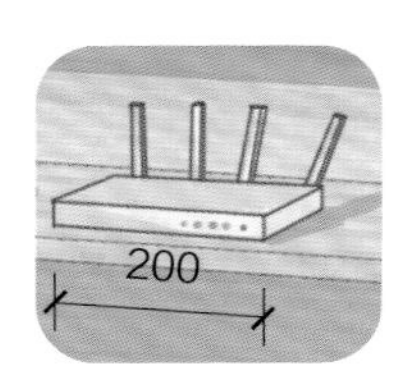

5 机顶盒

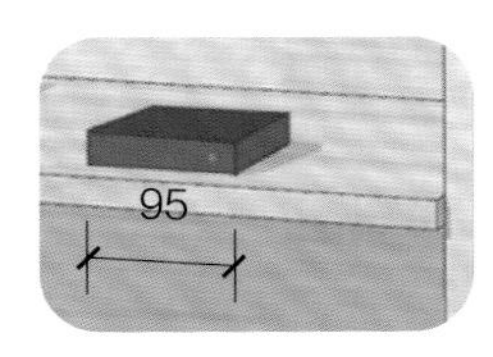

6 音响

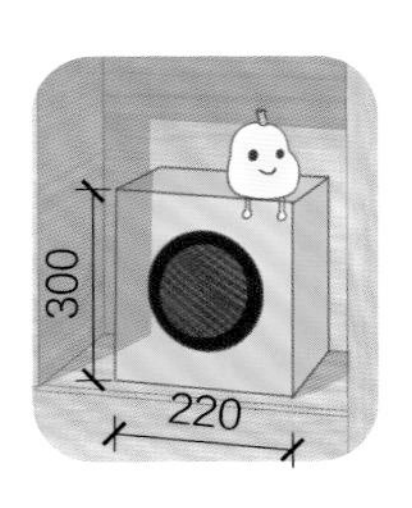

三、餐边柜

1. 嵌入电器的餐边柜最好预留 100mm 的散热缝隙

很多家庭喜欢在餐边柜中嵌入电器，比较常嵌入的电器就是冰箱。对于不同散热方式的冰箱，预留的尺寸也不同：左右散热的冰箱四周至少预留 100mm；上下散热的冰箱四周至少预留 20mm；后面散热的冰箱至少预留 80~100mm。

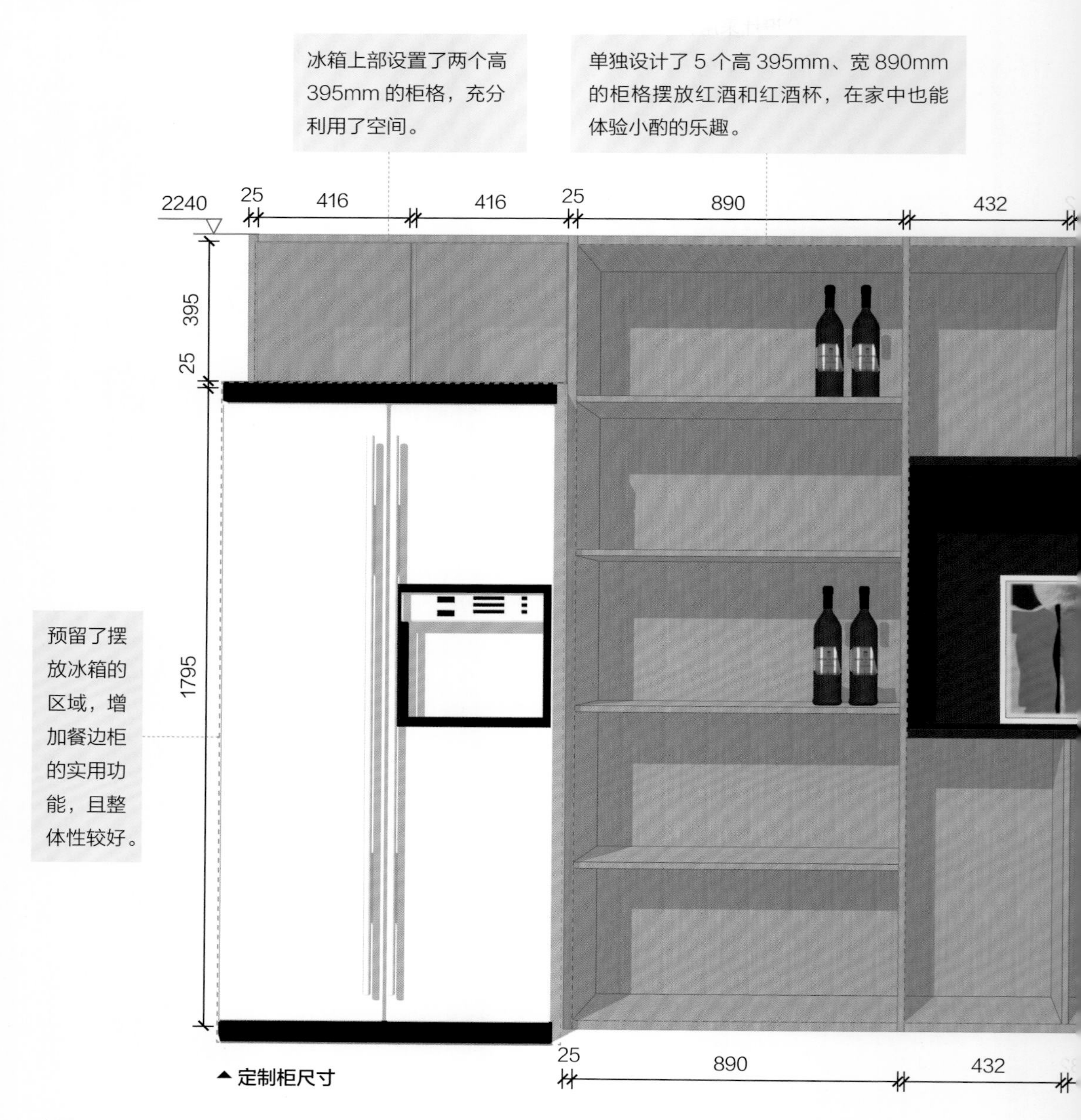

▲ 定制柜尺寸

定制柜实景图 ▶

餐边柜的右半部分设计采用有藏有露的形式，兼具收纳和展示功能，既保证了实用性，又提升了美观性。

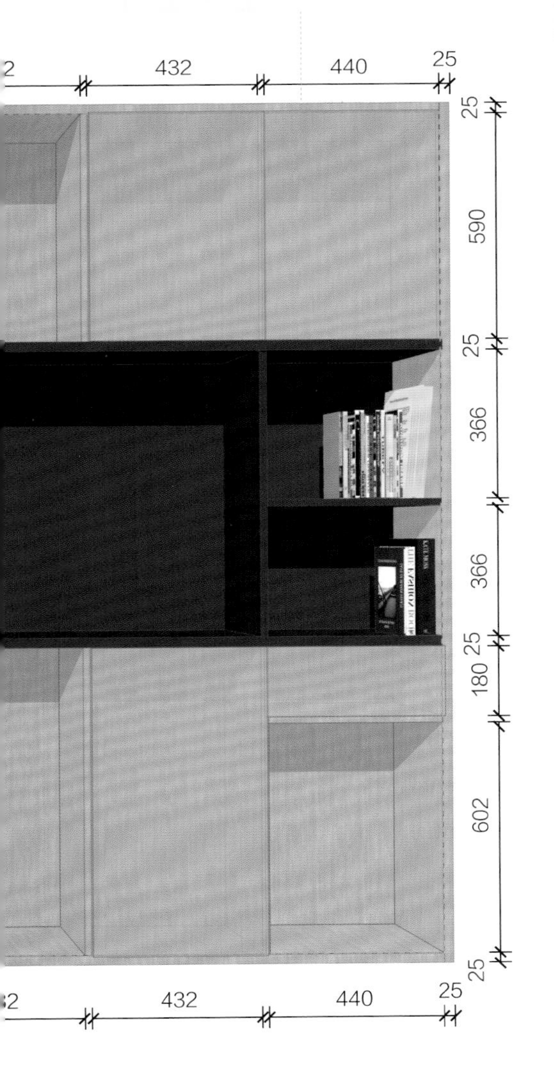

餐边柜收纳物品尺寸

1 红酒

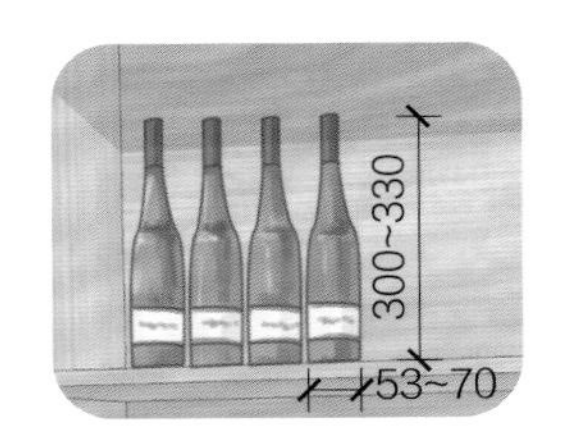

2 餐盘架

3 红酒杯

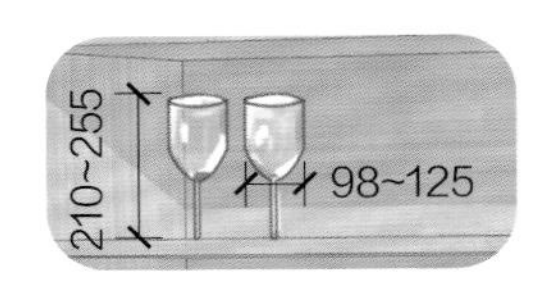

4 咖啡机

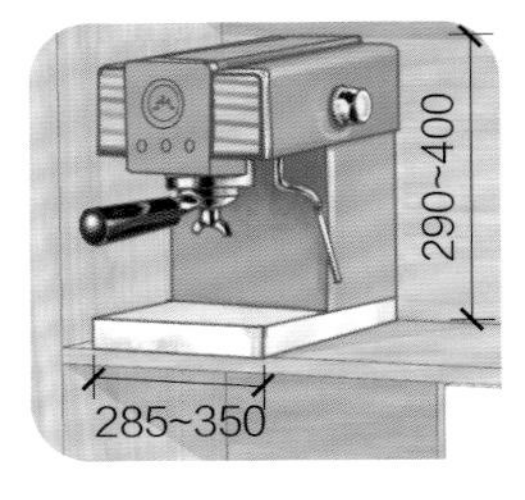

5 面包机

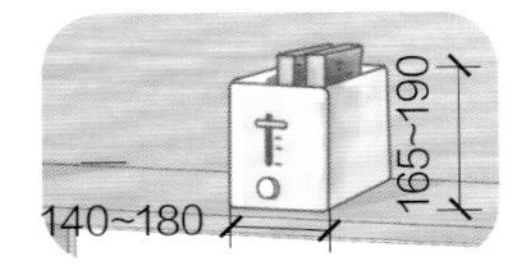

2. 带卡座的餐边柜座椅宽度最好在 1300mm 以上

带有卡座的餐边柜实现了“一柜多用”的效果，1300mm 宽的卡座可以满足两人同时入座，相比摆放两张餐椅要更省空间。柜体的两侧可以设计非常多的收纳格，整个柜体的收纳空间非常充足。

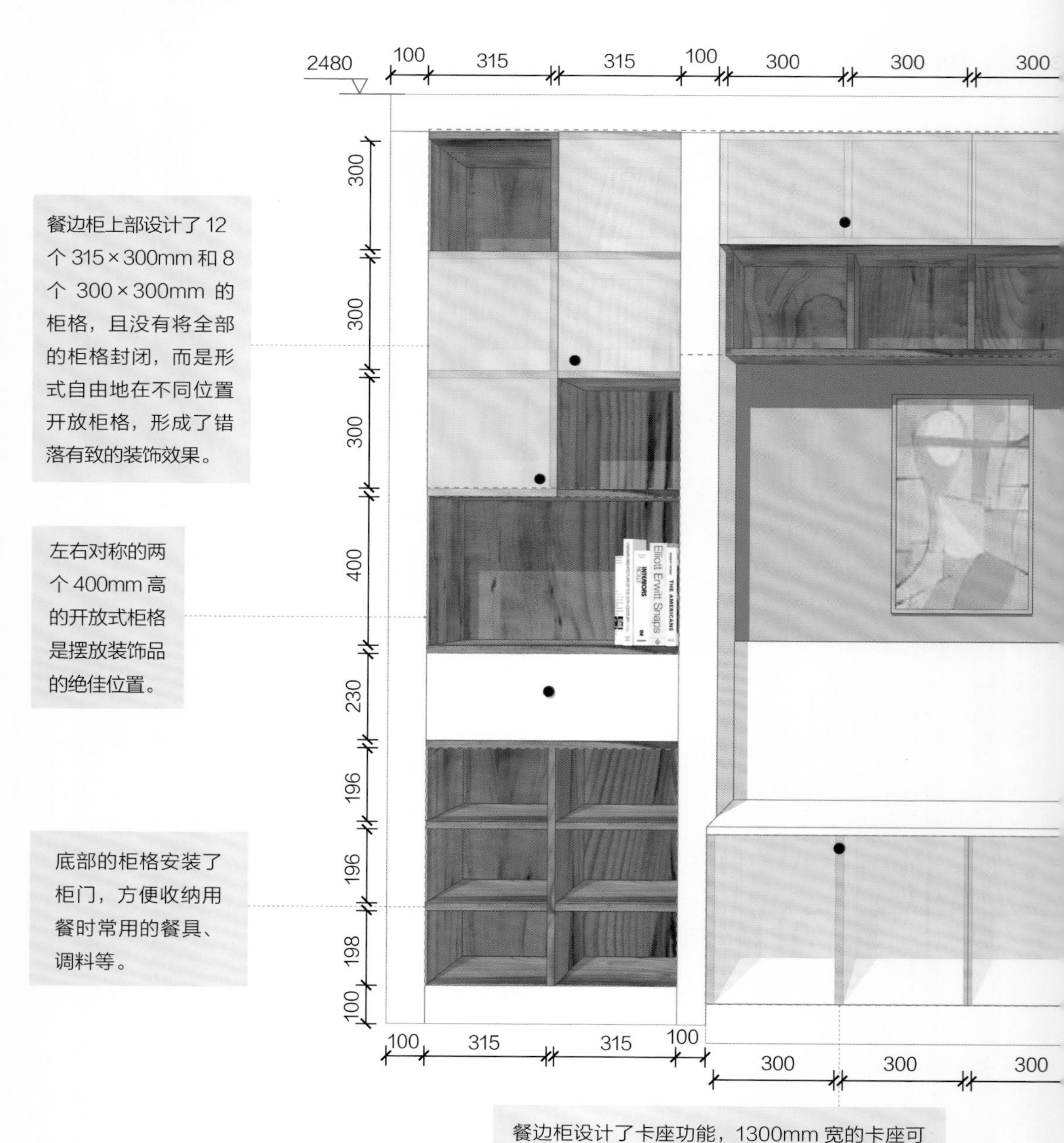

餐边柜设计了卡座功能，1300mm 宽的卡座可以让两人同时入座，相比摆放两张餐椅更加节省空间，同时结合柜体设计，增加了收纳功能。

定制柜实景图 ▶

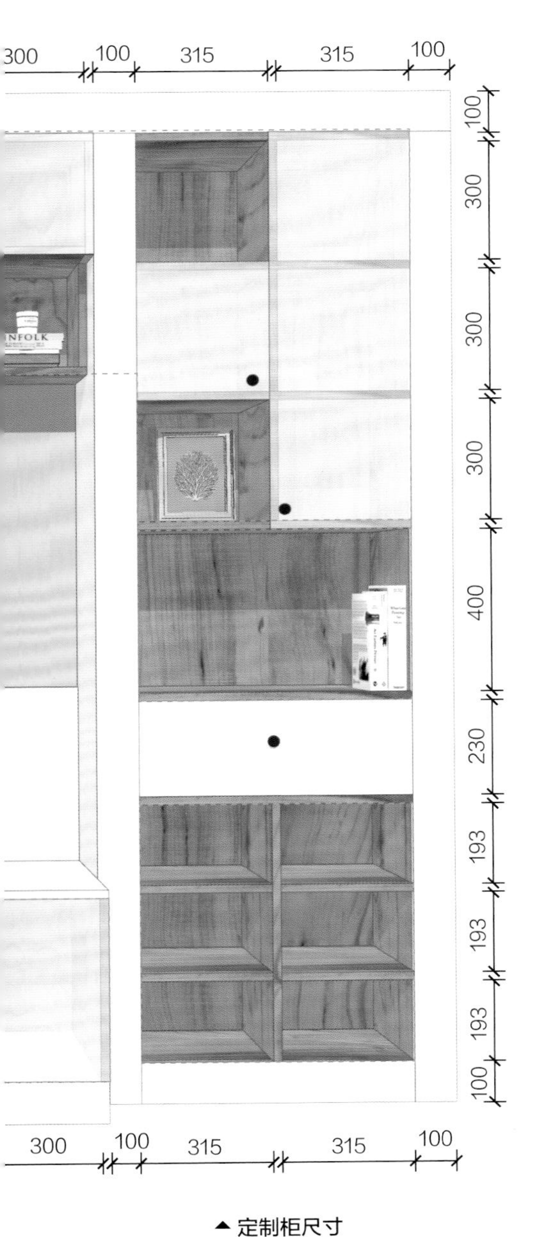

▲ 定制柜尺寸

餐边柜收纳物品尺寸

6 微波炉

245~300

450~500

7 电烤炉

420~520

100~125

8 电火锅

100~125

360~410

9 咖啡杯

10 咖啡豆

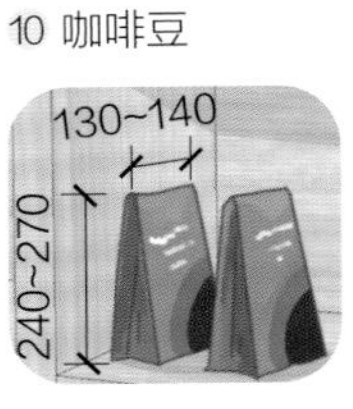

3. 带操作台的餐边柜中空部分至少预留 600mm 高度

带操作台的餐边柜，中间中空的部分至少要有 600mm 的高度，这样才能够放下一些小电器。考虑到使用的舒适度，台面高度要与厨房橱柜台面的高度一致，一般在 850~900mm，而餐边柜的深度最好在 500~600mm 比较适合操作。

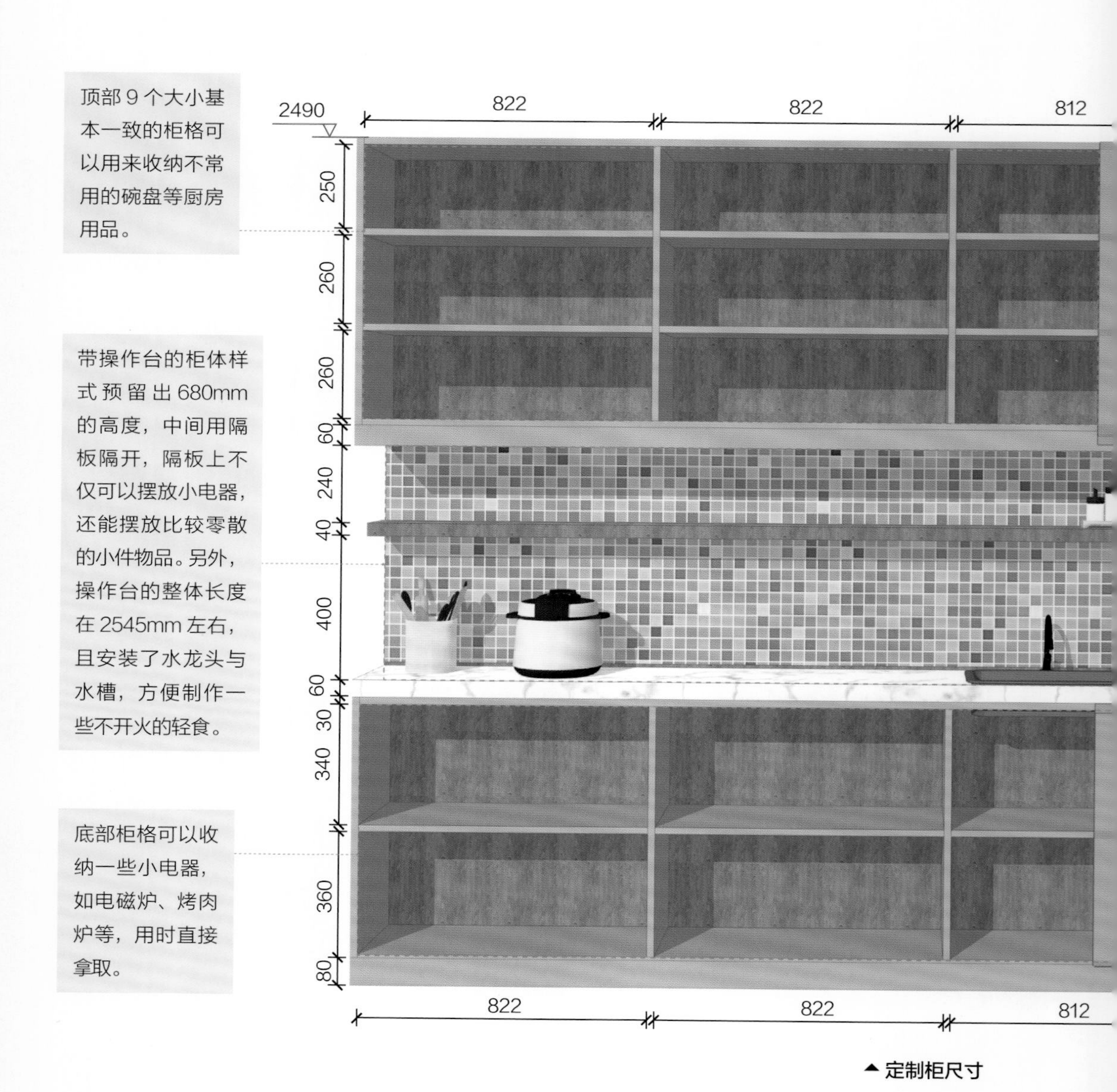

▲ 定制柜尺寸

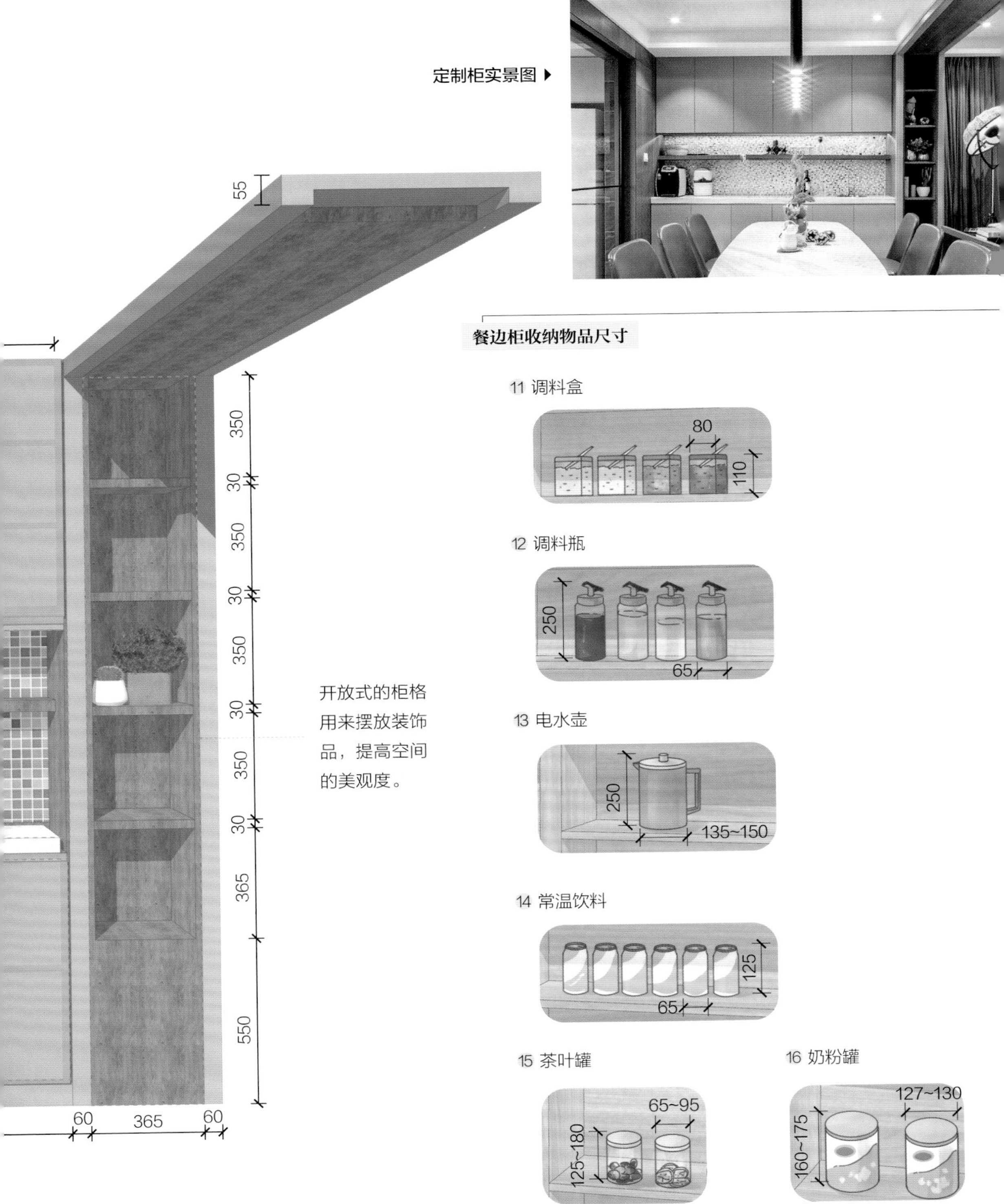
定制柜实景图
55
350
30
350
30
350
30
350
30
365
550
60
365
60
开放式的柜格用来摆放装饰品，提高空间的美观度。
餐边柜收纳物品尺寸
11 调料盒
80
110
12 调料瓶
250
65
13 电水壶
250
135~150
14 常温饮料
125
65
15 茶叶罐
65~95
125~180
16 奶粉罐
127~130
160~175

四、衣柜

1. 两段式衣柜最小宽度至少 1600mm

对于面积较小的卧室，两段式衣柜既可以满足收纳需要又不会占用过多空间。两段式衣柜最小宽度为 1600mm，衣柜内的具体分区还是根据需求决定。

▲ 定制柜实景图

衣柜抽屉的高度没有很高，大概在 700mm 左右，这样孩子自己也可以整理衣服或玩具。

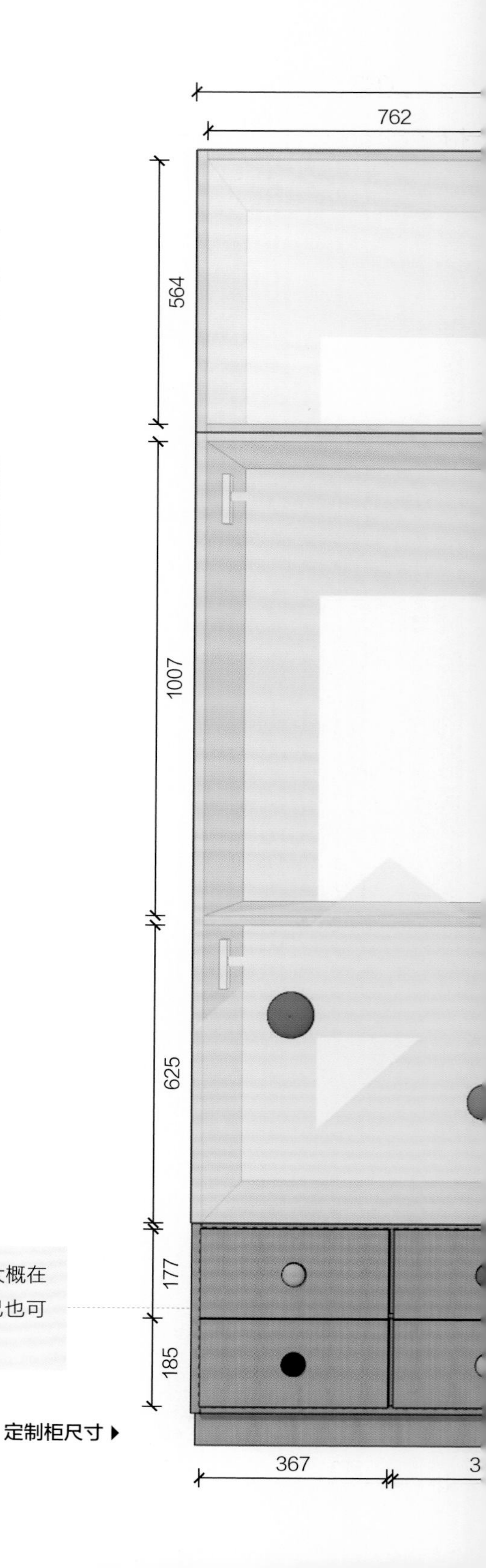

定制柜尺寸 ▶

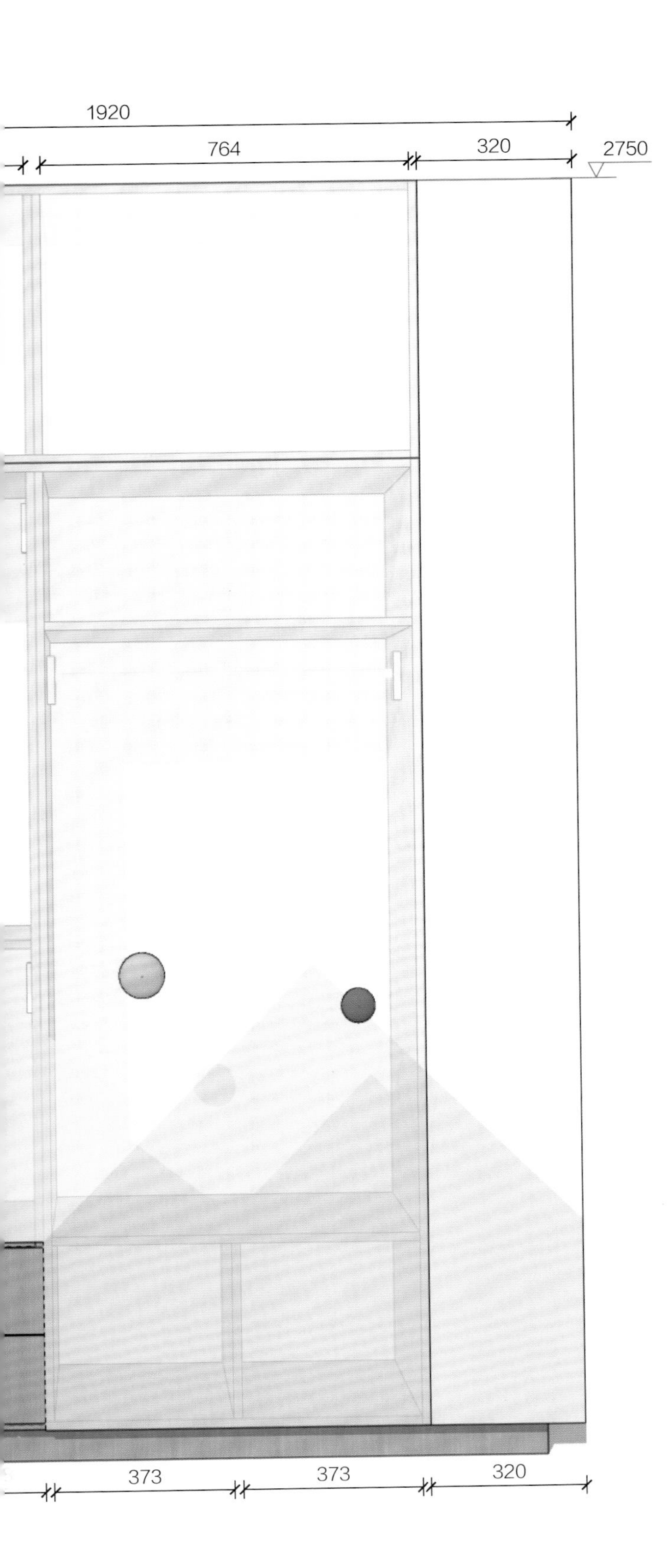

衣柜收纳物品尺寸

1 包包

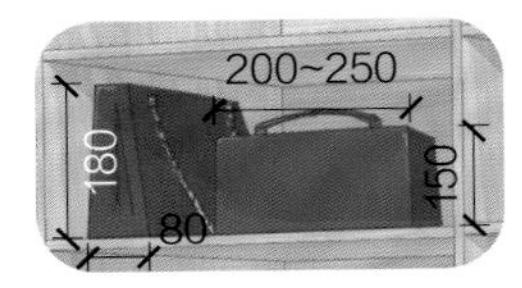

2 围巾（折叠悬挂）

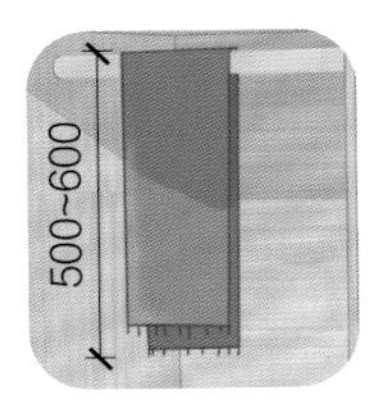

3 被褥

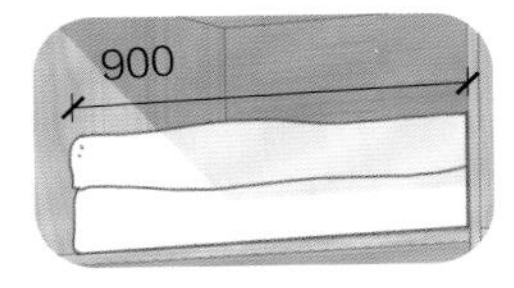

4 衬衫 /T 恤（叠放）

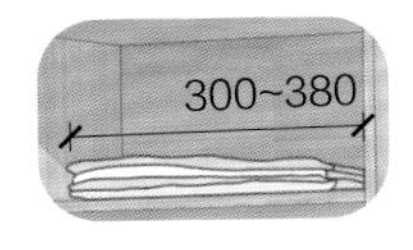

5 短裙

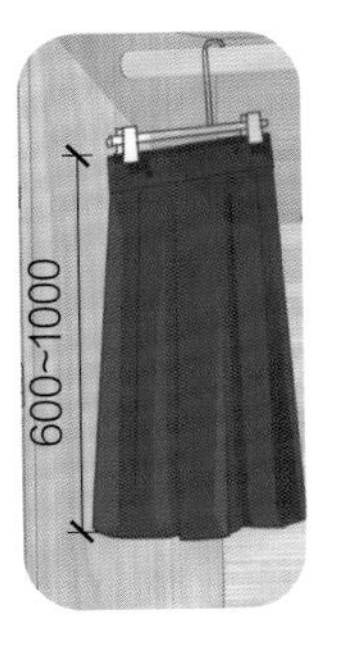

2. 三段式衣柜最小宽度可达 1800mm

将衣柜分为三段，每段最小宽度为 600mm，衣柜内部可以根据需求具体划分悬挂区或叠放区，要注意悬挂区的高度至少要有 1000mm，这样才够悬挂比较短的外套。

衣柜叠放区的高度在 400~700mm

1030mm 高的悬挂区用来收纳短外套或上衣

▲ 定制柜实景图

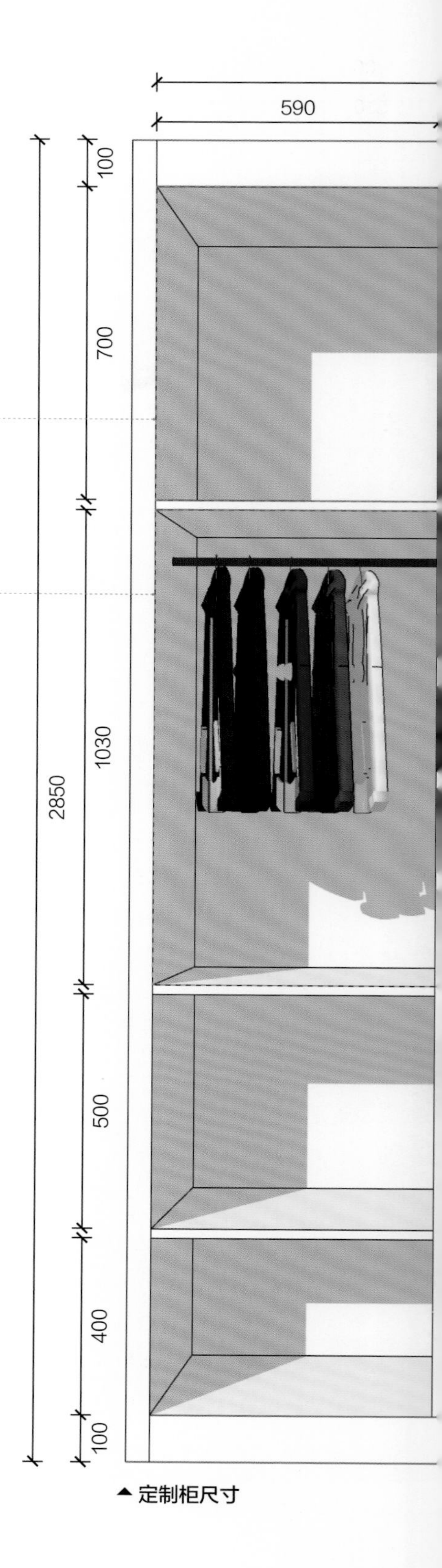

▲ 定制柜尺寸

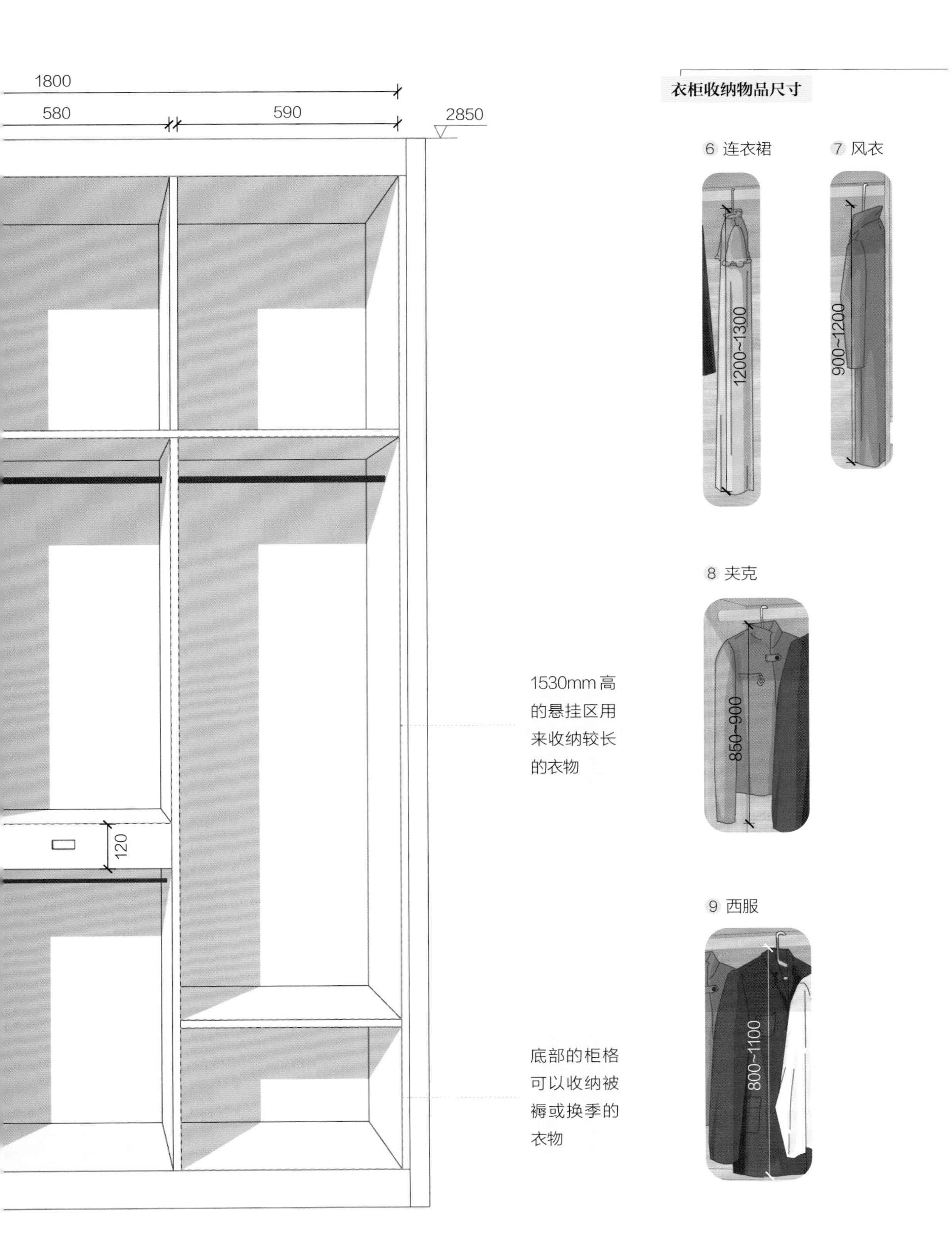
1800
580
590
2850
120
1530mm高的悬挂区用来收纳较长的衣物
底部的柜格可以收纳被褥或换季的衣物
衣柜收纳物品尺寸
6 连衣裙
1200~1300
7 风衣
900~1200
8 夹克
850~900
9 西服
800~1100

3. 满足收纳和工作需求的衣柜至少预留 1500mm 放办公桌

如果卧室面积足够，可以考虑将办公桌与衣柜定制在一起，只要给办公桌预留出 1500mm 以上的距离即可。衣柜的尺寸可以根据实际墙面长度决定，但不能低于 600mm 宽。

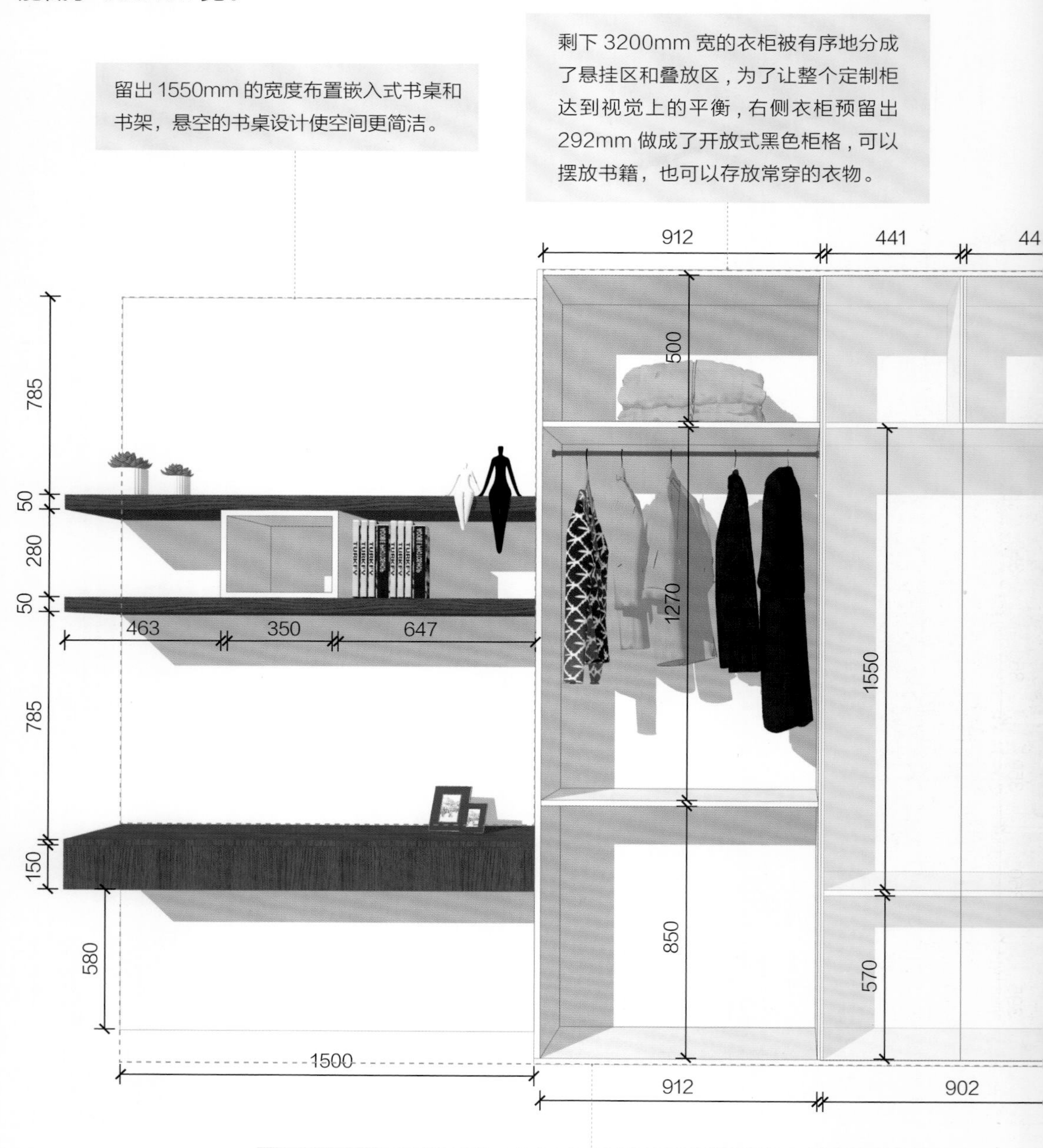

沿墙定制宽 4750mm 的超长衣柜，同时满足收纳和书桌的功能需求。

▲ 定制柜实景图

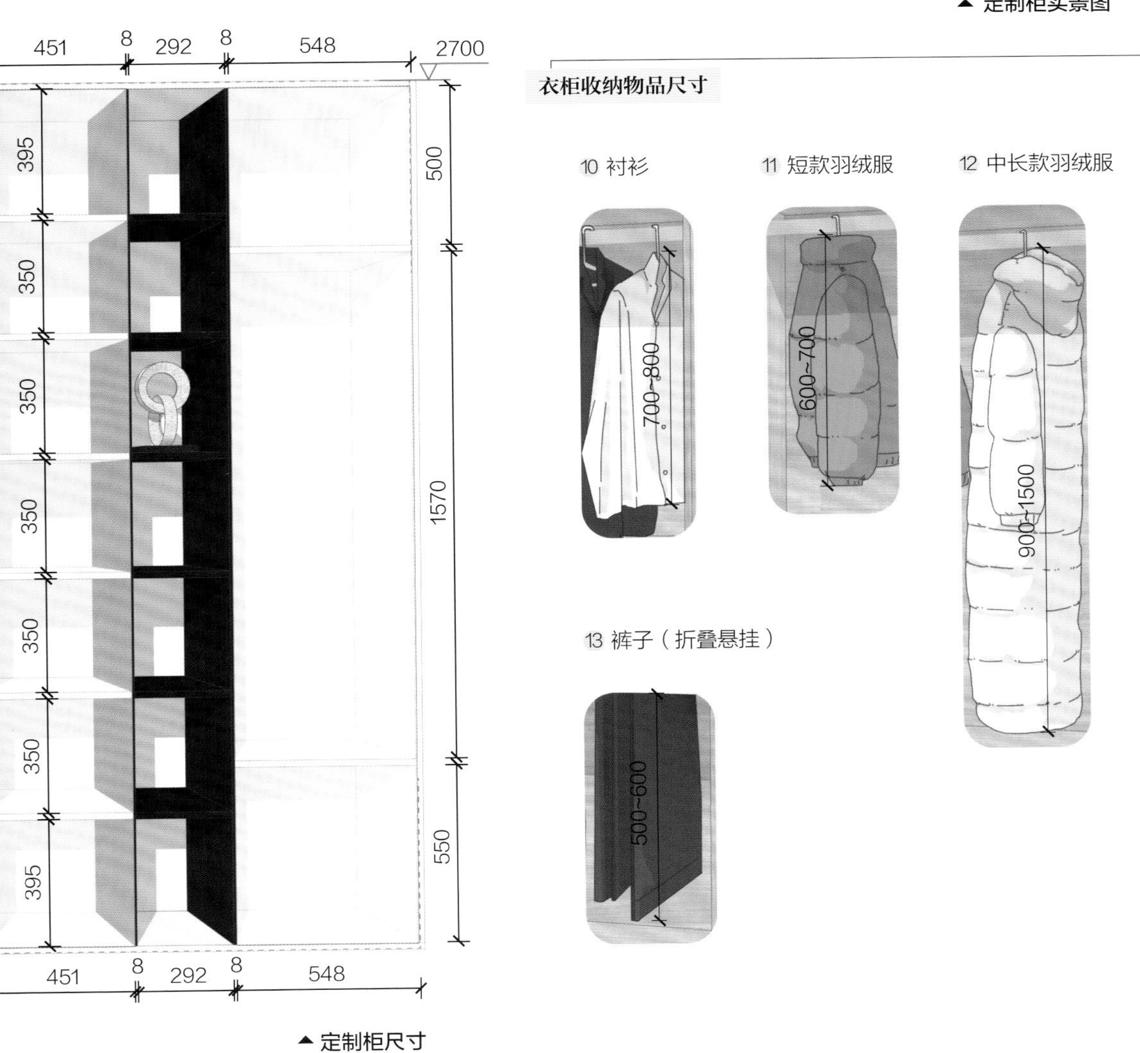

▲ 定制柜尺寸

衣柜收纳物品尺寸

五、书柜

1. 衣柜、书桌和榻榻米结合的定制柜

衣柜、书桌和榻榻米结合的定制柜可以提高空间的利用率，卧室最小 4.8m² 就能有休闲区、学习区，还能有惊人的收纳空间。衣柜可以收纳当季的衣物，榻榻米下的储物格收纳一些换季的衣物或用品。

▲ 定制柜实景图

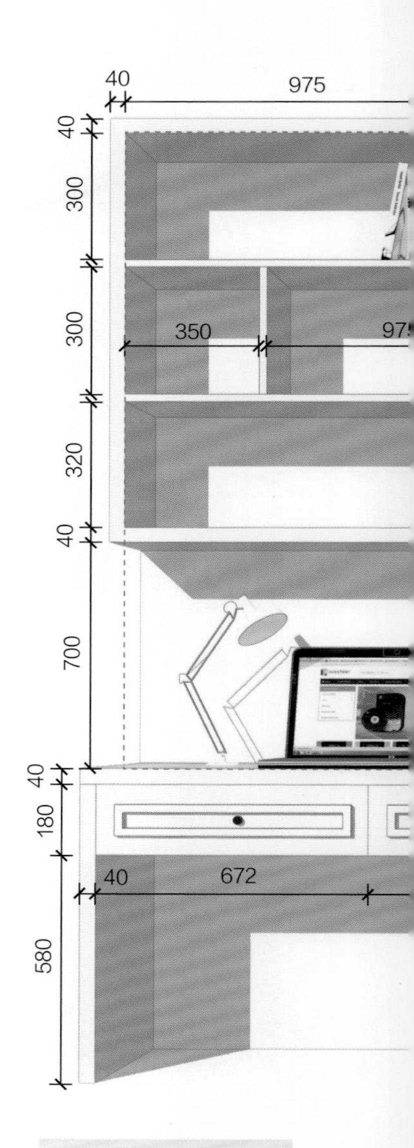

榻榻米被分为上掀门柜体区和抽屉区，超强的储物空间可以用来收纳换季的衣物和被褥等。

榻榻米的高度尺寸

① 300mm 以下只适合侧面做抽屉式储藏

② 300~400mm 可做上拉门式翻盖门

③ 400~500mm 考虑整体做成上翻门式柜体

衣柜的一侧延伸出 1424mm 的宽度设计一体式书桌柜，满足工作与阅读的需求。

衣柜分成了悬挂区叠放区、抽屉区，可以将衣物进行分门别类的存放，方便拿取。

◀ 定制柜尺寸

2. 基础型书柜单格宽度最多 600mm

基础型的书柜柜格的尺寸分布比较均匀、整齐，书柜的整体长度一般根据墙面长度决定，但单格的宽度最好不要超过 600mm，否则宽度过宽，板材会发生弯曲。如果摆放的东西较轻，宽度可以放宽到 1000mm。书柜的柜体可以做成完全封闭的样式，也可以做成完全开放的样式，具体可以根据喜好决定。

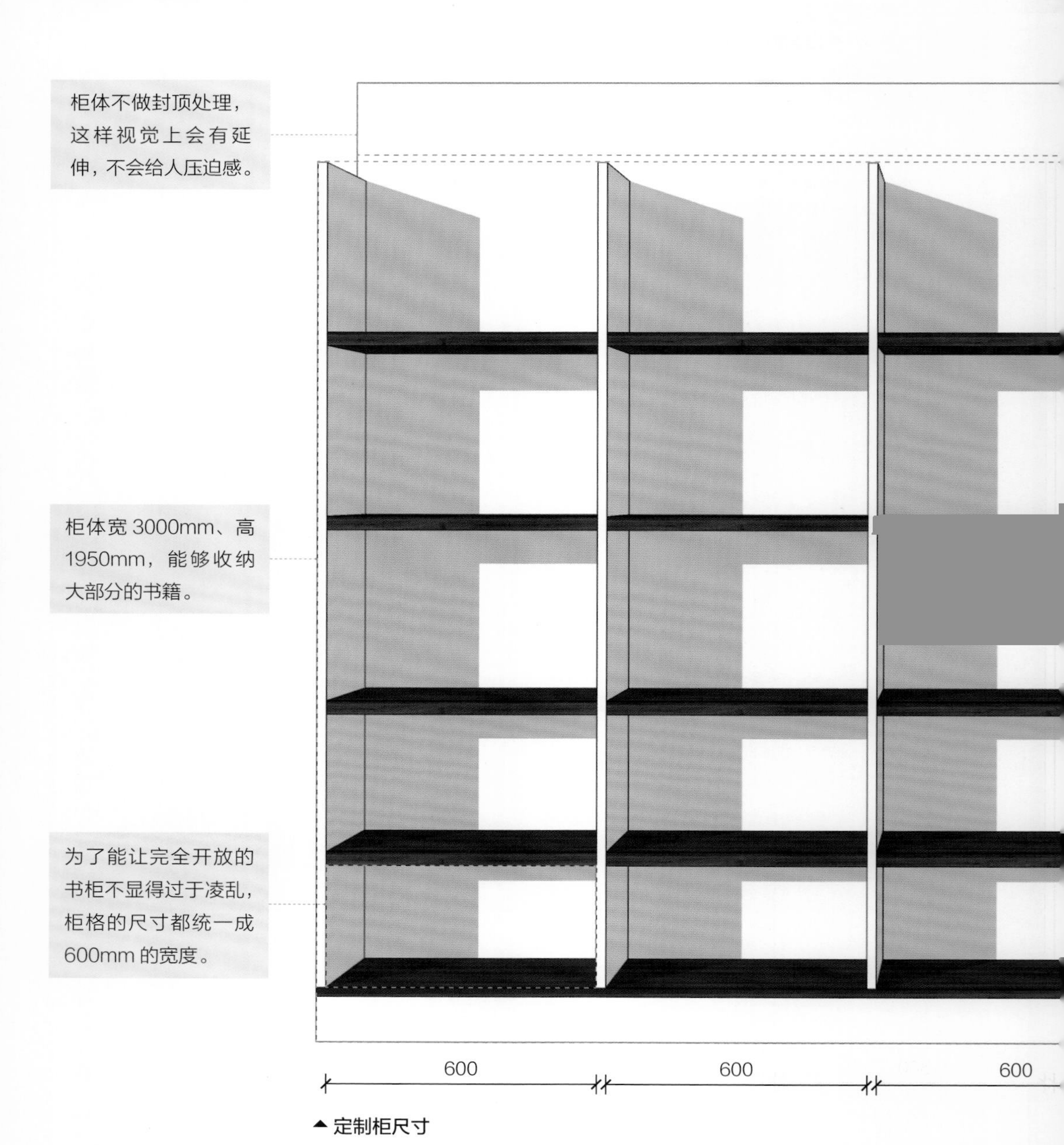

▲ 定制柜尺寸

▲ 定制柜实景图

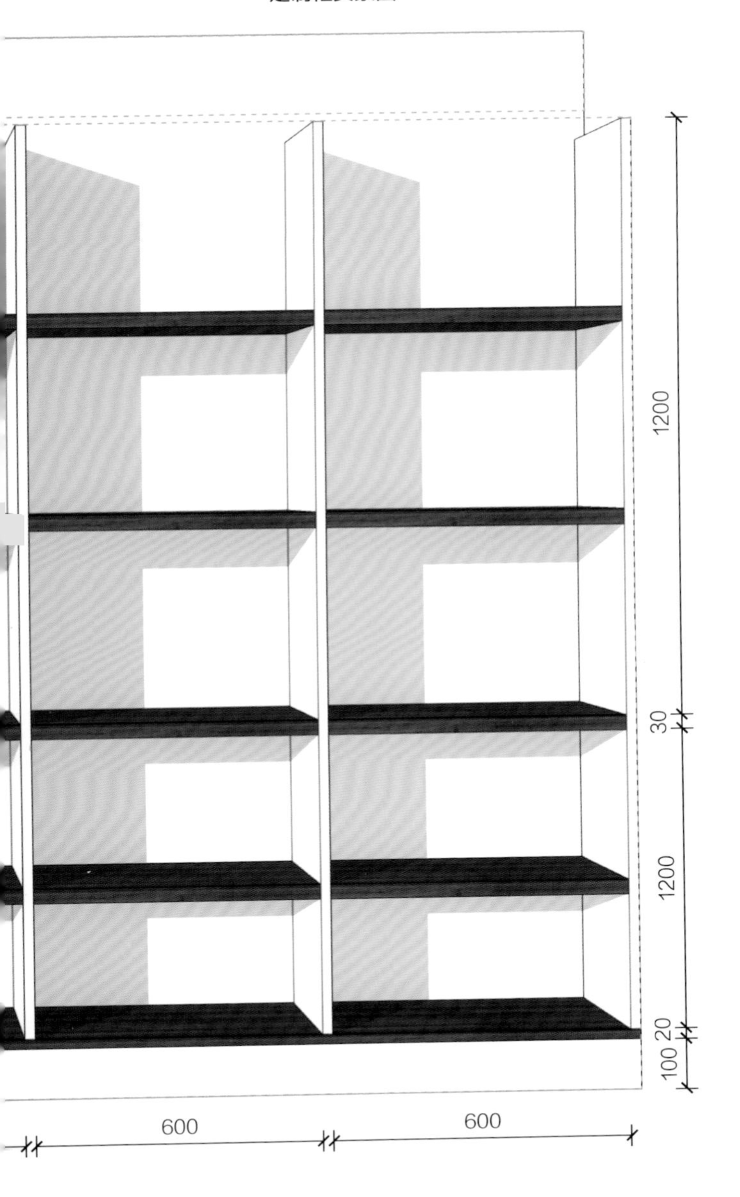

书柜收纳物品尺寸

1 书籍（B5 国际开本）

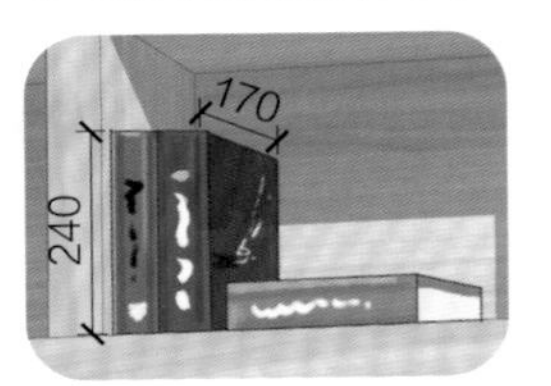

2 书籍（正 16 开本）

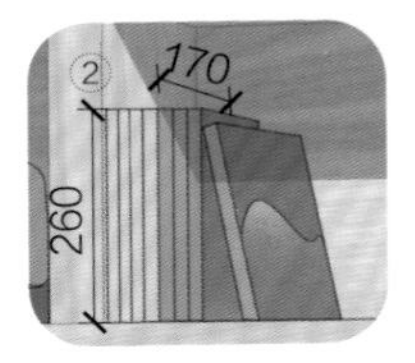

3 杂志（大 16 开）

4 文件夹

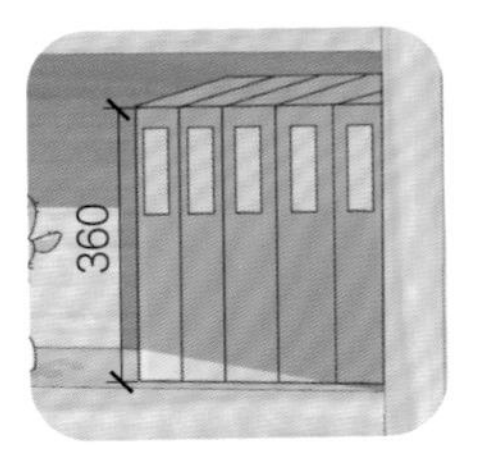

5 A4 打印纸

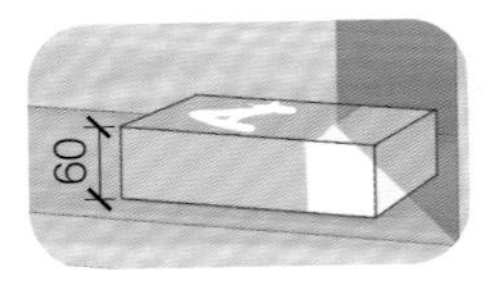

6 收纳纸箱

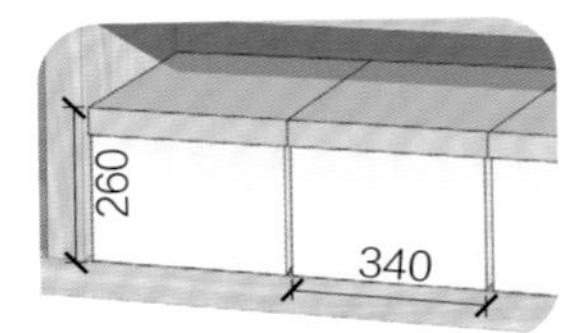

3. 适合二孩家庭使用的书柜适宜宽度为 3800mm 左右

对于有两个孩子的家庭来说，意味着书桌、书柜都需要购置两套，但如果定制一体化的书桌和书柜，那么既可以满足两个孩子的学习需求，同时又能节约空间。可以考虑将书桌与衣柜组合，这样可以提高空间的利用率，单张书桌的长度最少为 1200mm，衣柜最小宽度为 600mm。

左右两边做成完全对称的设计，各有一个 1164mm 宽的书桌空间，两个孩子都能有自己独立的学习和收纳空间。

整体 3800mm 宽的定制柜看上去是一个整体，但被巧妙地分成了两个区域。

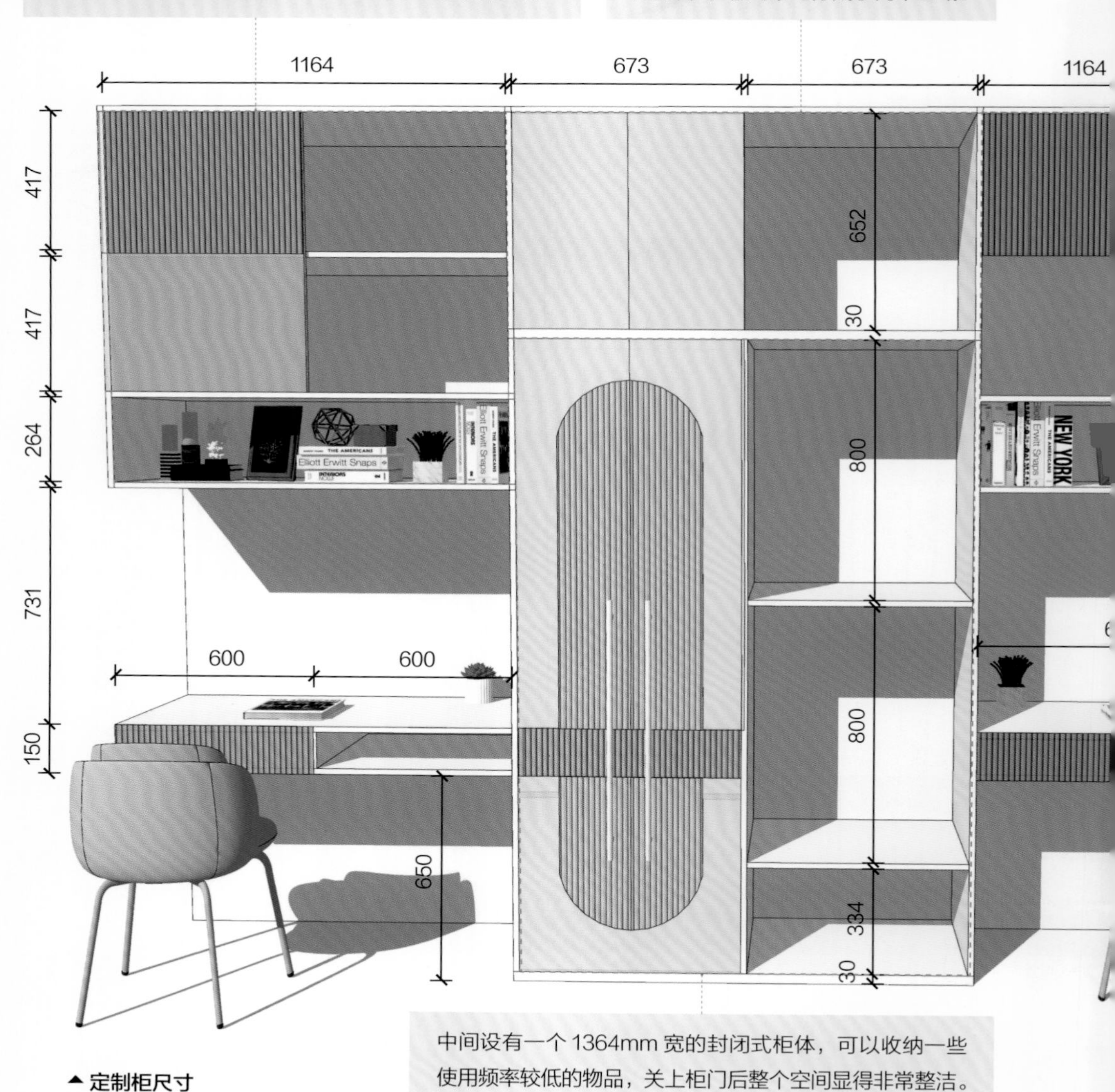

中间设有一个 1364mm 宽的封闭式柜体，可以收纳一些使用频率较低的物品，关上柜门后整个空间显得非常整洁。

▲ 定制柜尺寸

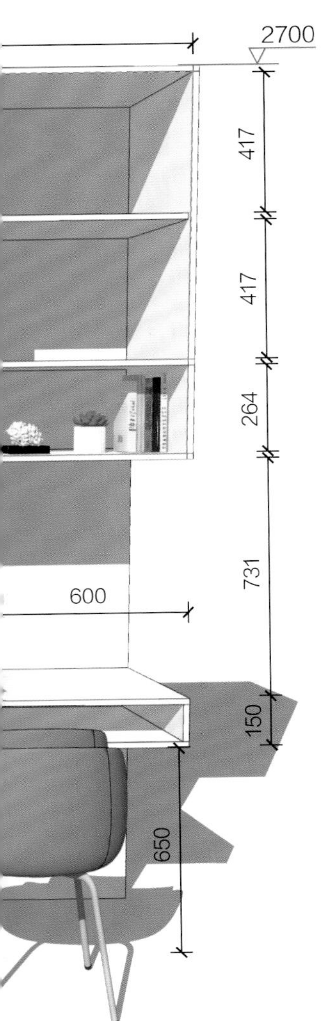

▲ 定制柜实景图

儿童身高与适合书柜高度

1 学龄前（3~6 岁）

2 小学前期（6~10 岁）

3 小学后期（10~13 岁）

4 中学阶段（13~18 岁）

六、橱柜

1. 两组吊柜 + 两组地柜就能满足厨房所需

厨房的格局不同，但厨房的基本工作相似，区别在于吊柜和地柜的数量。一般来说，两组吊柜加上两组地柜就能满足洗、切、炒、储这些基本需求。在此基础上可以增加不同的收纳空间，比如嵌入式洗碗机、蒸箱等。

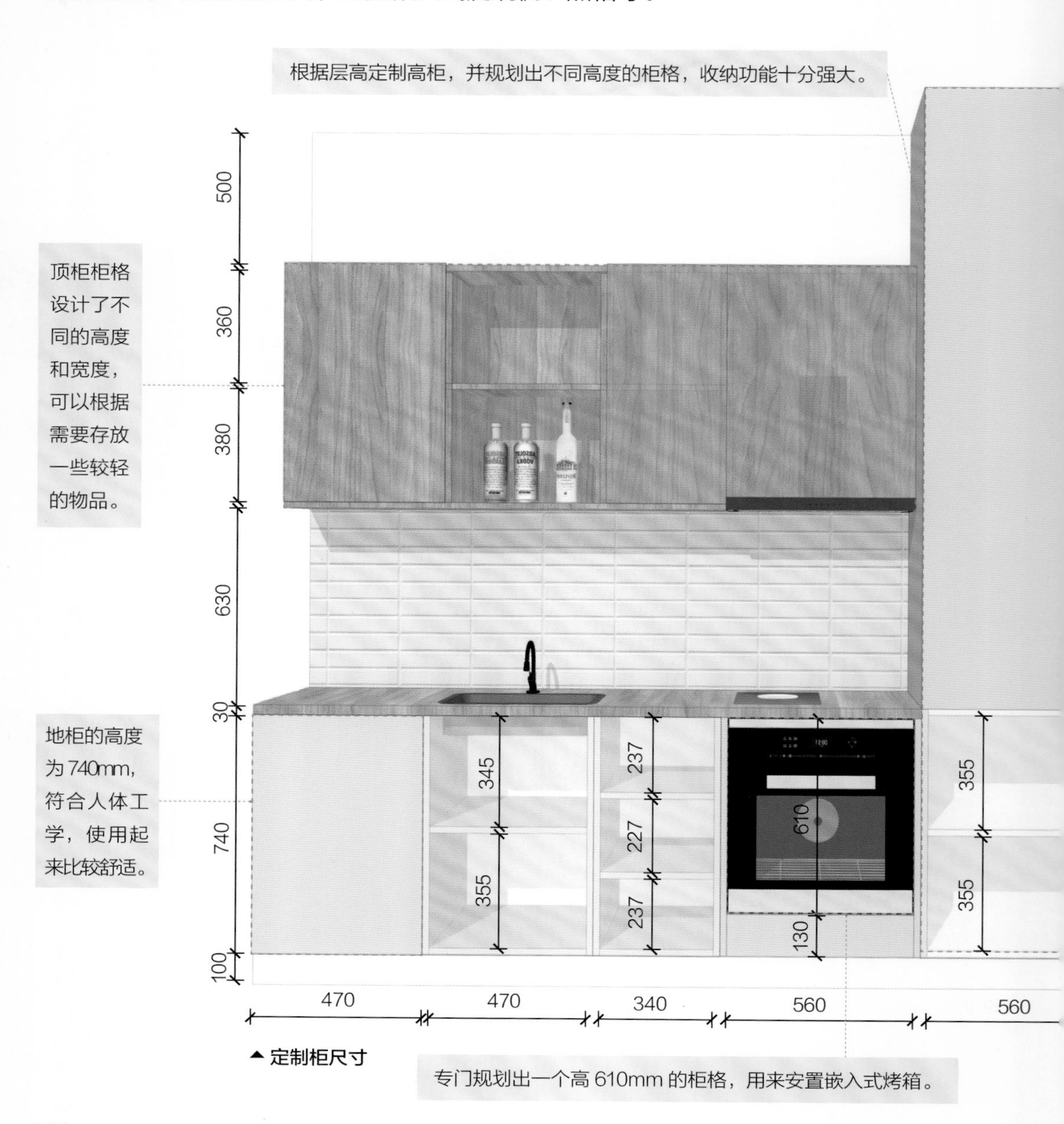

▲ 定制柜尺寸

定制柜实景图▶

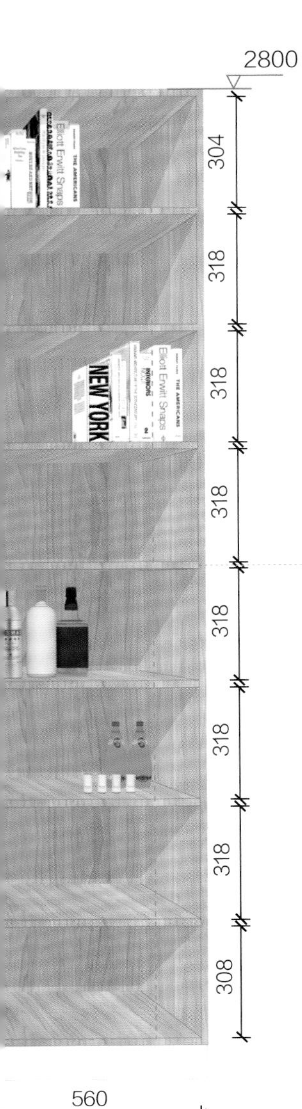

开放式置物架有效利用空间，且丰富了柜体的功能性，可以放置书籍、酒类等物品。

厨房布局动线参考

1 一字形厨房衫

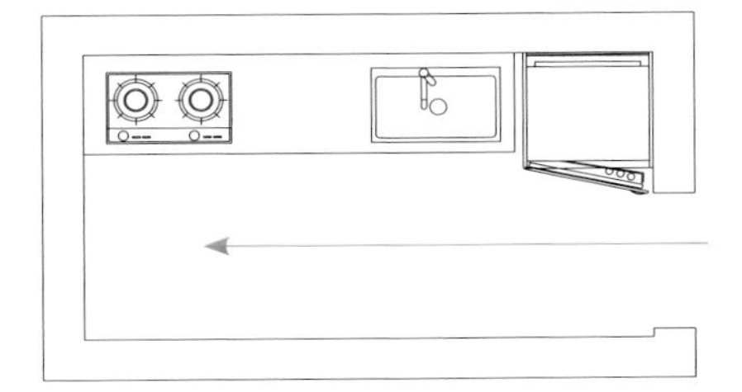

2 走廊形厨房

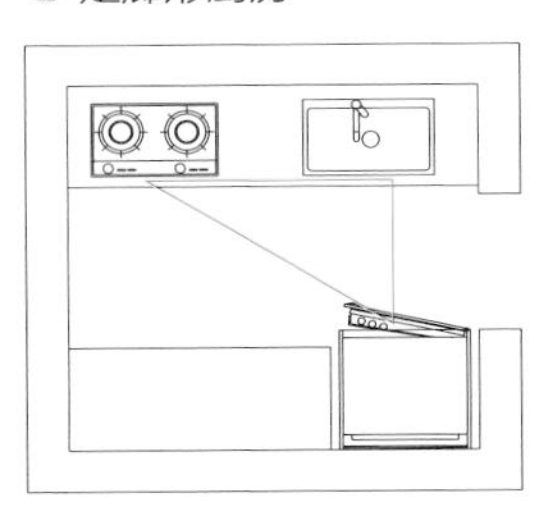

3 L 形厨房

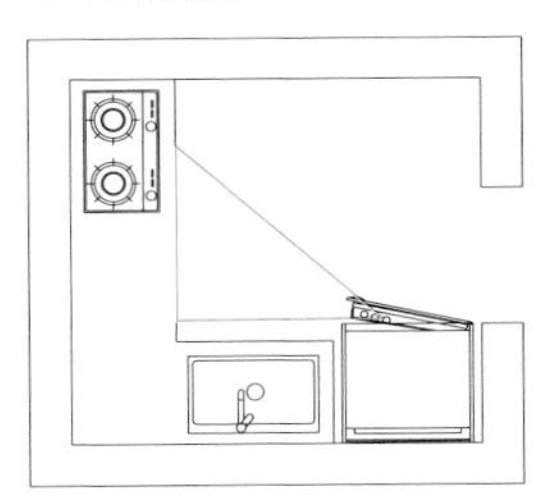

4 U 形厨房

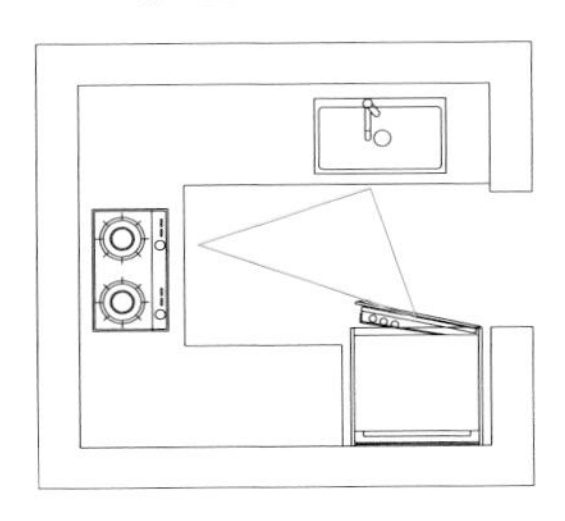

5 岛台形厨房

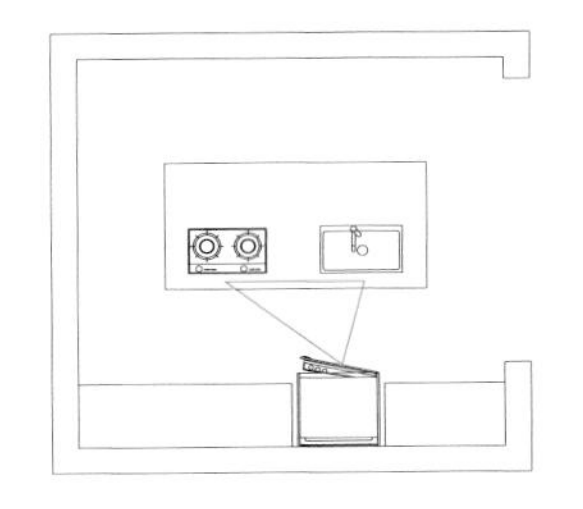

2. L 形橱柜高低差可以在 100mm 左右

L 形橱柜会在长边和短边分别设置水槽和灶台，此时建议台面做高低台处理，水槽所在的地柜可以稍微高出其他地柜 100~150mm，这样洗菜不用弯腰，炒菜不那么费劲，更加方便使用。

▲ 定制柜实景图

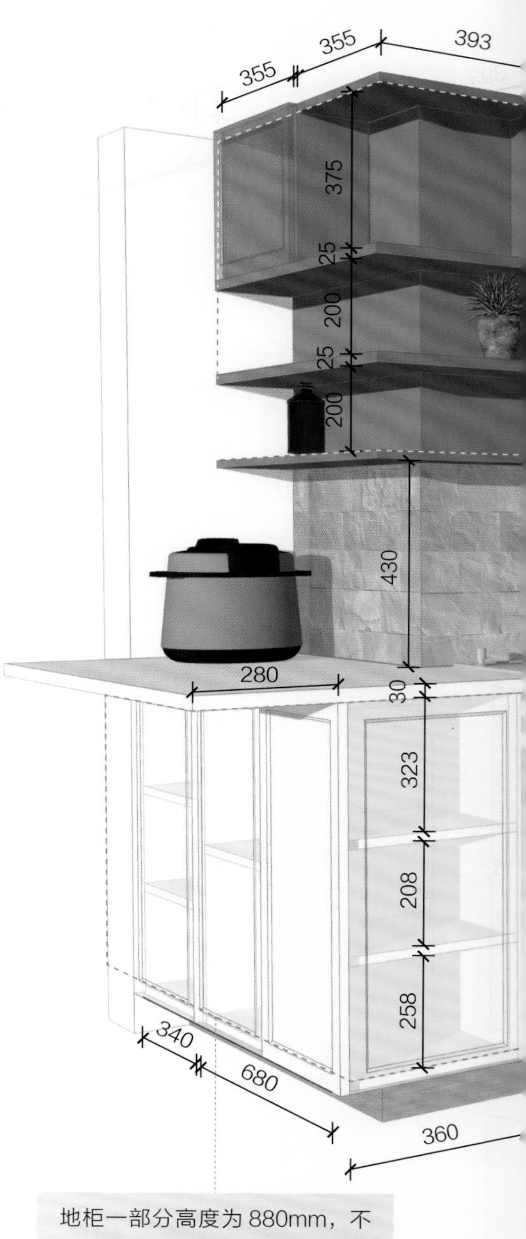

地柜一部分高度为 880mm，不仅设置了不同规格的柜格，同时还可以作为吧台使用。

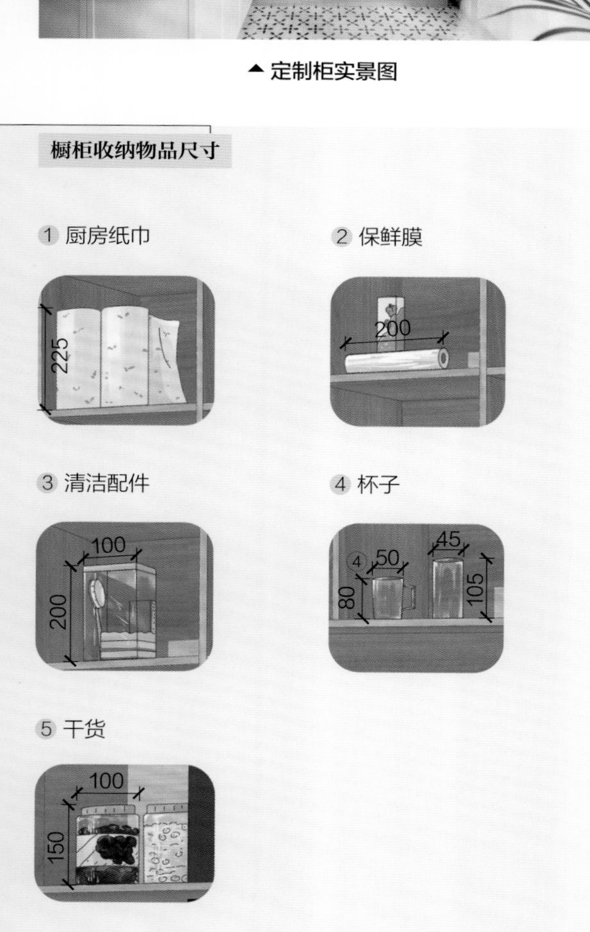

吊柜不仅有带柜门的形式，也有开放式搁板的形式，从视觉上说，具有丰富的变化性；从功能上说，可以满足多样化的储物需求。

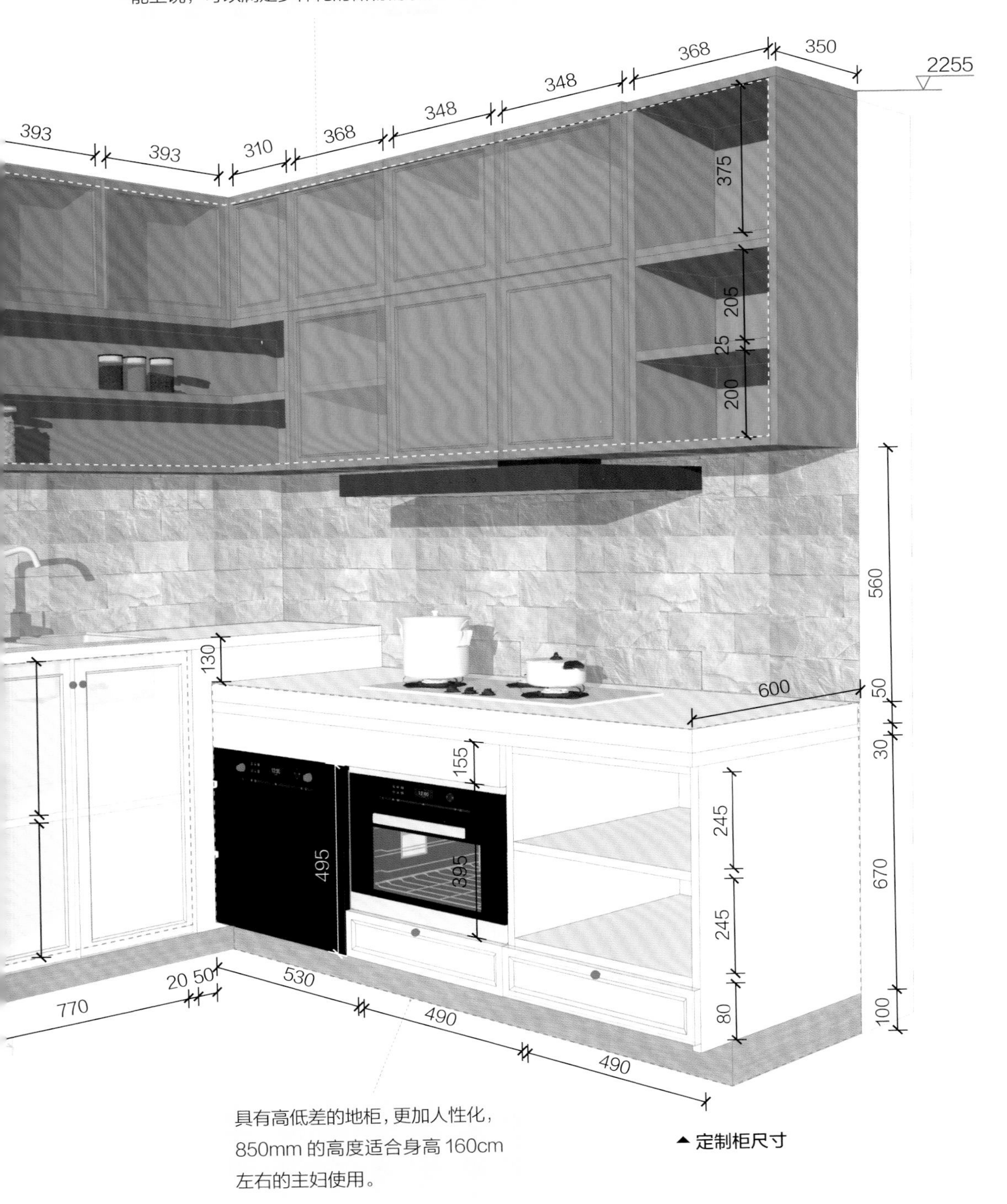

具有高低差的地柜，更加人性化，850mm 的高度适合身高 160cm 左右的主妇使用。

▲ 定制柜尺寸

3. 将空间最大化利用的 U 形定制橱柜

U 形橱柜是目前使用率最高的橱柜样式，因为它比其他形式的橱柜更节省面积，只要厨房面积大于或等于 4.6m^2 即可。U 形橱柜能够形成良好的正三角形厨房动线，但实现 U 形橱柜需要空间满足 3 个条件：厨房呈现规则长方形、厨房开门在长边方向和阳台门不能打断台面。

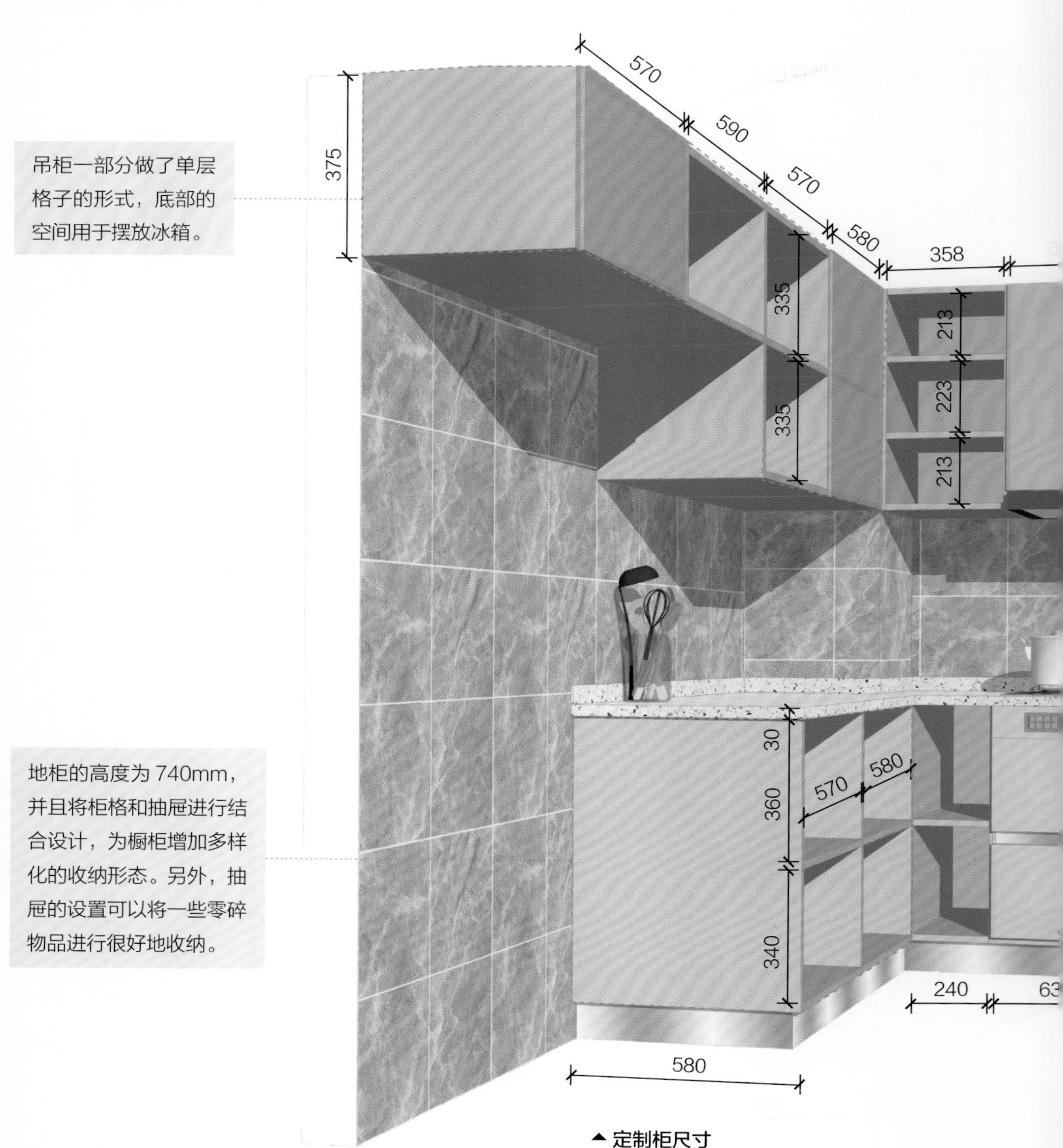

▲ 定制柜尺寸

定制柜实景图▶

吊柜台面上的部分高度为730mm，多柜格的形式可以分门别类地存放不同的厨房用品。

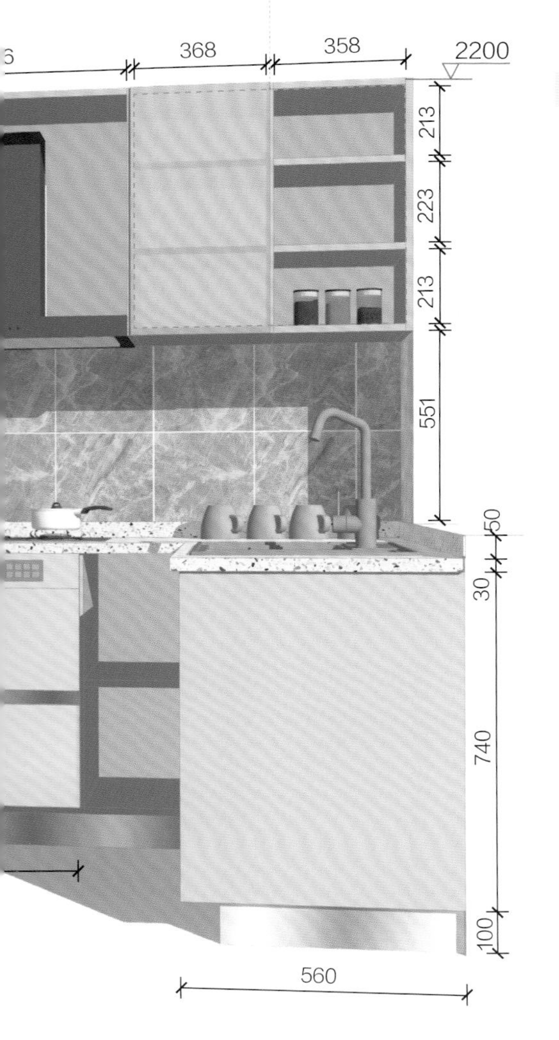

橱柜收纳物品尺寸

6 盒装五谷杂粮

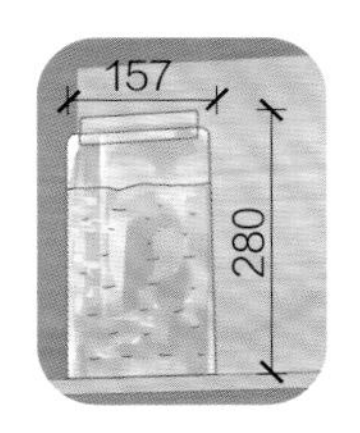

7 横杆

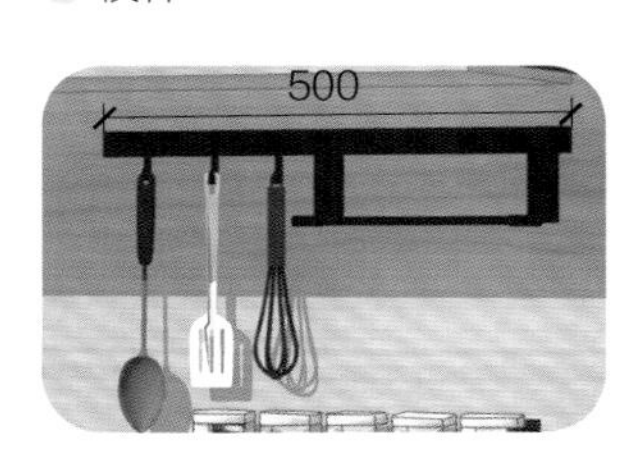

8 调料盒

9 油、酱油等

10 置物架

4. 与嵌入式电器结合的橱柜至少预留 600mm × 600mm

将烤箱、蒸箱等电器嵌入橱柜中，无疑是节约空间的不错选择。一般来说采用嵌入电器的柜体样式，烤箱和蒸箱各预留 600mm × 600mm 的尺寸，洗碗机预留 400mm × 600mm 的尺寸即可。

橱柜吊柜的高度接近 1300mm，被分隔成了多种规格，有藏有露的形式，创造了丰富的视觉变化。

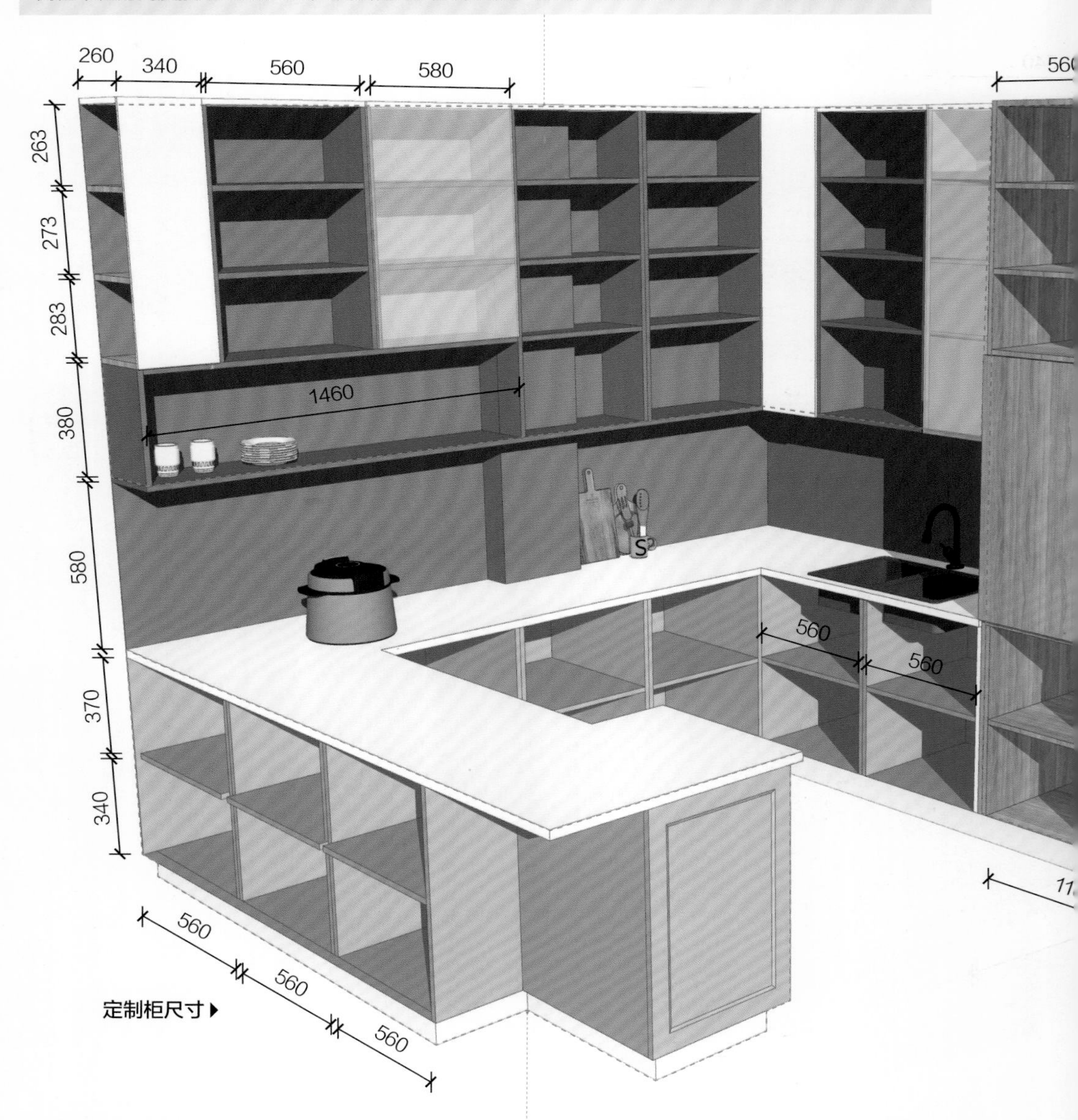

地柜的柜格划分同样呈现出精细化特征，并将吧台部分的柜体开门方向朝向外侧，使用起来更加方便。

U 形橱柜的长边预留出 2100mm 的长度来规划顶天立地式的收纳柜体，并将常用的厨房电器做嵌入式设计，非常实用，且收纳功能强大。

定制柜实景图▶

定制橱柜家电预留尺寸

1 嵌入式烤箱

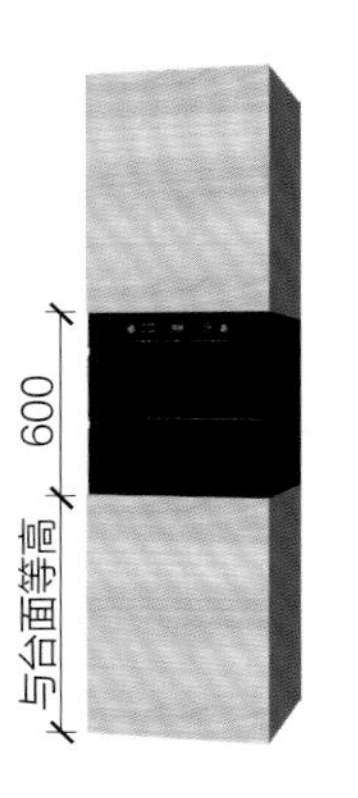

2 嵌入式烤箱 +13 套洗碗机

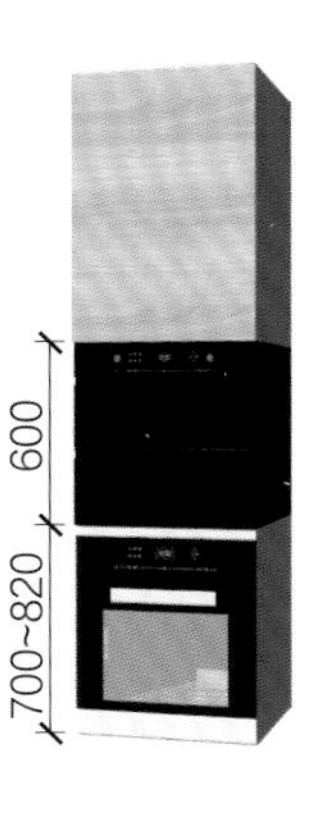

3 嵌入式烤箱 +8 套洗碗机

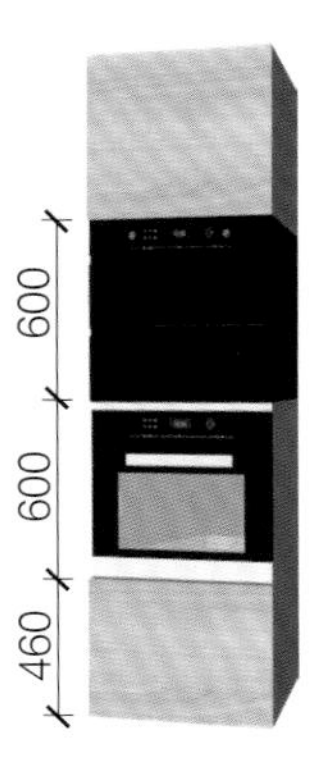

5. 带吧台的橱柜最小宽度 500mm

带吧台的橱柜让厨房增加了用餐的功能，如果是开放式的餐厨空间，吧台有时候还能起到分隔空间的作用，在视觉上产生分隔感。吧台的宽度可以和橱柜宽度一样为600mm，但最小不能小于500mm。如果吧台下面做柜体作为厨房的补充收纳，那么在另一侧一定要预留 180mm 深的放腿空间。

▲定制柜实景图

开放式厨房的定制柜造型可以尽量简单，顶柜的柜体尺寸多数统一为 600mm × 370mm，令柜体看起来更整洁。

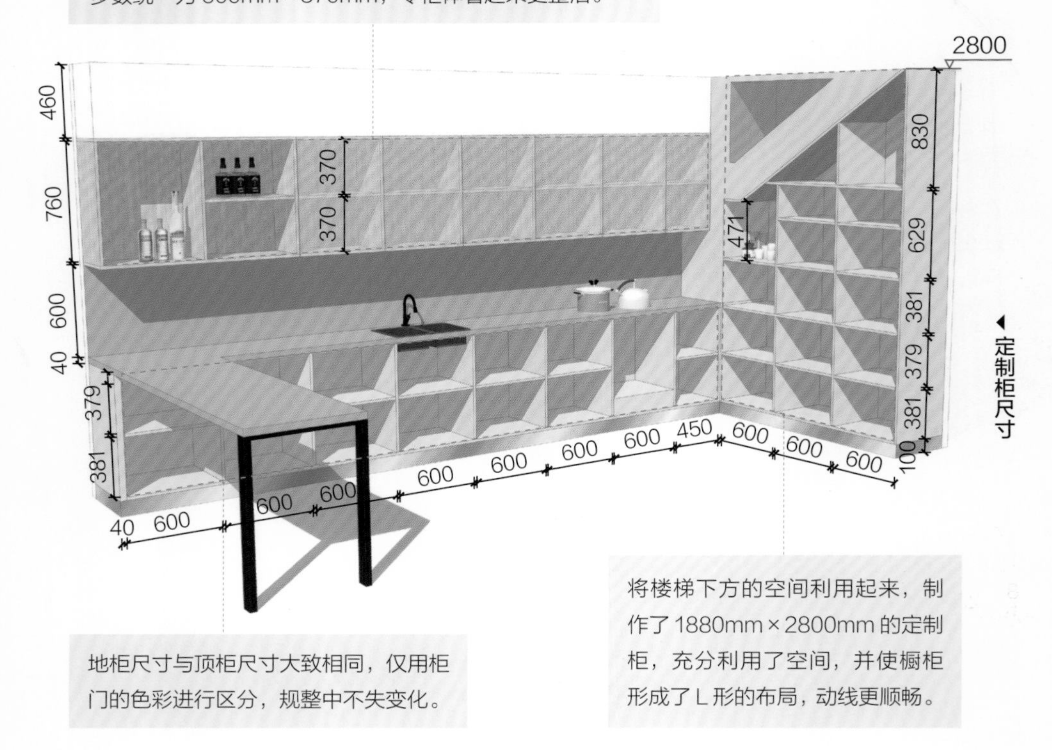

▲定制柜尺寸

地柜尺寸与顶柜尺寸大致相同，仅用柜门的色彩进行区分，规整中不失变化。

将楼梯下方的空间利用起来，制作了 1880mm × 2800mm 的定制柜，充分利用了空间，并使橱柜形成了 L 形的布局，动线更顺畅。